UI全书 上

UI设计师入门必读的书

ENCYCLOPAEDIA OF USER INTERFACE DESIGN

郗鉴 著

電子工業出版社
Publishing House of Electronics Industry
北京•BEIJING

内 容 简 介

本书透彻地讲解了入行UI所要掌握的完备的知识体系，分为上、下两册，共包含12章。本书从基础知识到从业经验分享都有系统的讲解，主要包括美术基础与设计史、平面设计相关知识、交互知识、相关法律常识、iPhone设计规范、网页设计相关知识、FUI、设计师面试指南等内容。另外，本书对Material Design和iOS设计均有详细的讲解。

本书结构清晰、内容翔实、文字阐述通俗易懂，具有很强的实用性。本书可作为高校和培训机构平面设计等相关专业的教材与参考用书，也可供从事UI设计相关工作的读者学习使用。

图书在版编目（CIP）数据

UI全书. 上册，UI设计师入门必读的书 / 郗鉴著. —北京：电子工业出版社，2019.5

ISBN 978-7-121-36196-8

Ⅰ. ①U… Ⅱ. ①郗… Ⅲ. ①人机界面－程序设计 Ⅳ. ①TP311.1

中国版本图书馆CIP数据核字（2019）第065705号

策划编辑：张月萍

责任编辑：牛　勇　　　特约编辑：田学清

印　　刷：北京富诚彩色印刷有限公司

装　　订：北京富诚彩色印刷有限公司

出版发行：电子工业出版社

北京市海淀区万寿路173信箱　　　邮编：100036

开　　本：720×1000　1/16　印张：27　字数：519千字　彩插：2

版　　次：2019年5月第1版

印　　次：2019年8月第2次印刷

印　　数：8001～11000册　定价：178.00元（上下册）

凡所购买电子工业出版社图书有缺损问题，请向购买书店调换。若书店售缺，请与本社发行部联系，联系及邮购电话：（010）88254888，88258888。

质量投诉请发邮件至zlts@phei.com.cn，盗版侵权举报请发邮件至dbqq@phei.com.cn。

本书咨询联系方式：010-51260888-819，faq@phei.com.cn。

推荐序

关于我对郗鉴的看法

我和郗鉴正式认识，是在 2015 年，但是知道郗鉴这个人，应该是 2015 年之前的两三年，我在设计论坛上看到他的作品。他给我留下的第一印象是美术基础非常扎实。

大约在 2013 年智能手机开始直线爆发，市场需求促使 UI 设计达到了前所未有的关注热度，尤其是系统皮肤的市场需求剧增，郗鉴在这方面的设计能力得到极大释放。他设计了很多非常优秀甚至是经典的手机主题皮肤界面，并获得了巨大的关注，可谓年少成名。

最近 3 年，郗鉴除了关注 UI 设计的前沿性研究和落地实现之外，还把一部分精力用在 UI 教学上，这就是我为此书写序的重要原因之一。

自己做设计和教别人做设计，是完全不同的两个系统，郗鉴在积累了丰富的教学经验之后写的这本书，与市面上的普通 UI 书完全不同，因为多了一个学习转化率的问题，而且这本书也和他本人的第一本 UI 书有所区别。

关于我对行业的看法

人类的信息传播方式一直都在改变，从结绳、刻石到报纸、电视，再到今天的大屏幕、小屏幕，进化的逻辑就是更快、更准确地接收信息。因此，智能手机出现的这 10 多年间，整个社会发生了巨大的信息变革。

UI 设计，其实出现的时间非常早，但是需求集中爆发是在移动互联网时代。众所周知，设计服务于技术，技术的进步也会促使设计随之进化，UI 设计也不例外。

过去的十几年，从 iPhone 4 的 960px×640px 到今天 iPhone XS Max 的 2 688 px×1 242 px，看似只是从 60 万像素变为 330 万像素，其实背后是从 3G 到 4G 再到 5G 的发展结果，更是硬件不断革新在支撑这些变化。

UI 设计这个行业的未来如何，会不会有一天忽然被新技术替代？很多人问过我这样的问题。我个人认为，只要人类还没有进化到不需要眼睛看东西，那么这个行业就有需求，就如平面设计行业，无论 UI 设计行业多么发达，也无法替代户外广告、无法替代书本。即使有一天已经发展到只需要脑电波可以接收所有信息，那这些信息也是要转换成图形的，我们只是换一个载体去做 UI 设计而已。

关于我对这本书的看法

这是我为第三本书写的序，我始终坚持一个原则，我需要把书整本看完才开始动笔写，因为我需要保证对这本书内容的 100% 准确判断，才可以推荐给我身边的设计师。

这本书的内容结构，完全反映了郗鉴老师对一个优秀 UI 设计师的能力定义。本书真正从底层知识架构说起，这是非常罕见和难得的，因为一个优秀的设计师，不是浮于表层去做一张好看的图、一个好看的图标、一抹看似漂亮的色彩，而是应该真正知道这个设计是为什么服务，如何更好地辅助业务。美术基础，构成设计基础是一名设计师必不可少的“基本功”。

这本书会为新人带来一套完整的知识体系，可以帮助其少走很多弯路，对已经工作一定年限的设计师，可以补充很多宝贵的知识，让大家可以更深刻地感受到，原来当好一个 UI 设计师，需要那么多的底层知识来支撑。

所以，我推荐给正在 UI 设计路上的你。

资深设计师、庞门正道公众号号主
庞少棠（阿门）

序

去年的生日比预想来得更快，至此之后，我去医院看病时填写病例都不太得劲儿：郗鉴，男，30 岁。此时的我已经毕业七年，在 UI 设计行业摸爬滚打了七个年头。回想起七年前，我刚刚从老家的大学毕业，只身一人揣着 2 000 元背着大包小包来到北京，追求自己的设计梦想。那时的我每天都窝在一个小隔断房里，抱着笔记本电脑熬夜做练习，直到腿麻得连厕所都走不到。后来，我甚至工作过了疲劳导致面瘫，脸部肌肉动弹不得。但是，所谓“莫道前途远，开航便逐风”，再后来，我终于进了心仪的公司，然后又从公司出来自己创业……现在想想这一切，就像一场梦一样。从事 UI 工作的这七年里，我遇到了许多不错的领导和优秀的团队，也学到了不少知识，并积累了大量经验。尤其是在创业之后，因为很多事都需要自己去做，使得自己有了很大进步。这些宝贵的知识和经验都是用时间换来的，有的甚至让我付出了不小的代价，走了不少的弯路。从一个懵懂的初学者到一名优秀的 UI 设计师，再到一名 UI 设计讲师，这一路辛苦地走来，我希望带给学生们的不仅仅是 UI 技术和知识，更重要的是培养学生们具备 UI 设计师所特有的励志拼搏精神和开拓创新的品质。另外，也衷心希望我的个人经历能够鼓舞和激励每一个刚刚踏入这个行业的人，以及那些处于不利境遇中仍苦苦坚持的人，只要您握紧手中的“画笔”努力地画下去，“逐日冰消鱼弄水，追风笔指雁浮云”，总有一天您会绘出一幅属于自己的精彩人生画卷，可以轻描淡写、娓娓道来，也可以跌宕起伏、波澜壮阔。因此，为了帮助更多想成为 UI 设计师的人，提醒大家不要重复我曾经走过的弯路，我决定将自己的心路历程都写出来，不仅仅是授业，也传道，也解惑。这是我写这本书的初心和初衷。

这一定会是一件很有意义的事情。

在最近一年半的时间里我都在写这本书，这个过程是痛苦和难熬的，毫不夸张地讲，我深刻地理解了“呕心沥血”的含义。在此期间，我拒绝了大大小小的项目和工作，带着书稿走遍北京、上海、广州，生病输液时写、飞机上写、深夜写……每写完一个章节，我都会把它传到网上和大家探讨，并诚恳地征求意见，力求减少每一篇的笔误。从第一篇文章发表起，每篇文章我都至少要修改五六遍，凑成一句“批阅一两载，增删五六次”。同时，为了保证书中内容准确、质量上乘，以免误导读者，在写关于法律知识方面的文章时，我专门聘请了一家知名律师事务所的律师作为常年法律顾问；在写关于 iOS 适配的文章时，我找到了程威——一位资深 iOS 研发工程师，并彻夜长谈；在写 Material Design 时，我把自己关在屋子里，一个星期没出门，参照英文版的最新专业术语规范一个字一个字地进行翻译。

终于，我写完了。这本书要和读者见面了！

所谓“一人计短，二人计长”，作为初版，书中难免会有一些不足之处，敬请各位读者包涵，并欢迎您批评指正。

我希望这本书可以成为您的 UI 工作字典，当您需要解决某个问题时，可以利用本书找到最精确的解决方法。我也希望这本书成为我们对话的桥梁，欢迎您和我探讨对 UI 设计的理解。我更希望这本书是一个引子，能够引导您和我一起向更专业的发展方向前进。

因为有您的爱，才有了这本书。

这是一本第一次介绍 FUI 的书；

这是一本第一次完整地讲解最新 Material Design 的书；

这是一本集成了高校设计教学方法论的书；

这是一本包含了我脑海中所有关于 UI 知识的书。

谨以本书献给专业 UI 设计师、设计爱好者及一切有梦想的人。

郗鉴

2018年11月28日

学习 UI 的方法

很多人有这样的经历：每天早晨起来先听一段什么思维讲 AI 多厉害，开始担心自己会不会下岗。然后打开设计群看看大家发的表情包和段子，听听谁又跳槽去腾讯了，你说大神求抱大腿，心里却想着自己的工作真没劲。刷朋友圈看了不知道哪儿来的赚了五个亿的设计师搞分享让你转发二维码，你贴到朋友圈了很多人给你点赞。中午吃饭的时候看到有人拉你进设计闲聊群，进群以后你又认识了一些社会设计人士。下班后看到有个设计公众号免费发了 50GB 的设计素材 PSD，你赶紧转了！结果你到现在也没想起来发截图到后台领素材。晚上手机响了赶紧翻看，发现有国外设计发布会，你看了两个小时饭都忘记吃。看完打开设计网站给你最喜欢的大神留言，大神回了个笑脸，你激动得不行，赶紧截图到设计群里说那个 ×× 和我交流啦！躺在床上的你觉得很累，似乎这样的日子很充实，觉得自己离目标又近了点。但事实是，你今天一点进步都没有。

我曾经也经历过这样的日子。因此，我希望这本书能够帮助你改变这种状态，把你真正需要认真学习和牢牢掌握的硬核 UI 知识全部传递给你；我也希望有了这本书的陪伴，你可以坚持多做练习，因为理论必须结合实践才可以真正有效地提升自己，同时，伴你度过虽说忙碌却有进步、有效果的一天。

对很多朋友来讲，学习 UI 的首选方式就是自学，而自学是可以学好 UI 设计的。我们在学习任何学科时，兴趣才是最好的老师，主动学习才是真正有效率的。假如一个人是被动地去学习、听课，听课的内容 90% 其实都是没有效果的。真正负责的老师会告诉你：主动学习才是真理。不要指望有谁能“带”你，因为谁也“代”替不了你的努力。自学就是自己主动去学习记忆知识点，同时逼迫自己努力多做练习提升效果。只要找对路线和方法，并保证输入的知识是正确的，方法是高效的，做到“每天进步一点点，再多坚持一天”，自学就会是一条很好的进阶之路。有的同学选择线上学习，毕竟现在网络课程很普遍。然而，网络课程的缺点是你无法和老师通过面对面的方式接受老师的监督，所以仍需要自我约束。总之，不管选择什么样的学习方式，最后还是要靠自己的努力。

非“科班出身”的疑惑——会有影响吗?

如果你大学的专业与设计有关，那么你当然会更有优势。很多在大学学过的科目都能用得上，如手绘、Logo 设计、排版设计、印刷等。但是 UI 这个行业是个“勤”行，有很多非设计专业的毕业生自知入行起点比别人低、困难比别人大，就努力地学习，泡在图书馆里、学习网站上。在得到了梦寐以求的设计师职位后，他们比设计专业出身的学生更珍惜这份工作。这样工作几年后，他们反而干得越来越出色。我身边有很多优秀的 UI 设计师同事，他们在大学里学的专业与设计关联并不大，有的甚至学的是古汉语、英语、化学之类与设计毫无关联的专业。“英雄不问出处”，不管你是什么学校抑或什么专业毕业的，你依然可以通过自己的能力和努力证明自己、成就自己。因此，不要怀疑自己，向着梦想，保持一颗谦虚的心努力奋斗吧！

郗鉴的二十三条忠告

1. 专注，专注，专注！
2. 简单的风格可以做几十个成套的作品。
3. 多看，以设计师的角度思考为什么这么做。
4. 简单的问题不要习惯性问别人，这会造成类似“习惯性骨折”的毛病。
5. 容易走的路一般是错路。
6. 交互不是学出来的，而是从实践中体会出来的。
7. 不要小看熟悉的工具。
8. 勇敢地去包装自己，尤其是作品。
9. 定期沉淀和总结是优秀的共性。
10. 参考素材是魔鬼！不要被它控制。
11. 没时间只是身体贪图安逸的借口。
12. 制定短期目标并完成它。
13. 你是自己意志力的主人，不是奴隶。
14. 设计要有所坚持，必要时为设计辩论。
15. 对事，不要对人。
16. 先把图做好再谈别的。
17. 设计方面成为公司的首席专家。
18. 不被评论所左右。
19. 心笔合一，时刻在心里作图，在脑海里想出软件和作图的步骤。
20. 拥抱变化。
21. 不要总看入门读物。
22. 不公平只是因为你没有发现内在的制衡。
23. 不要相信我说的前二十二条，不破不立。

USER INTERFACE

001

第1章　互联网设计师

Visual Designer

第 1 章　互联网设计师

1.1　互联网视觉设计师

UI设计师是什么？UI是User Interface Design（即界面设计）的简称。这个界面可以是手机界面、网站界面、软件界面、智能设备界面等一切人机交互可视化的媒介。人机交互指的是人类与计算机的交流，这种交流从最早的图灵计算机依靠纸条与计算机交流，到形形色色的屏幕上的按钮，再到目前的各类语音交互，以及像科幻电影一样的AR、VR或各类脑电波交互，由此可以看出，人类与计算机的沟通越来越方便。然而，目前人类与计算机最高效的沟通还是停留在屏幕上，屏幕仍然是人机交互方式中最有效率的，这样的交互界面就需要由UI设计师设计成效率更高、更容易让用户看懂的界面。也就是说，让大众更好地理解计算机的意图，就是UI设计师的职责。因此，**UI设计师的职责是设计供人机交互使用的图形化用户界面，并使界面更加易用和友好。**

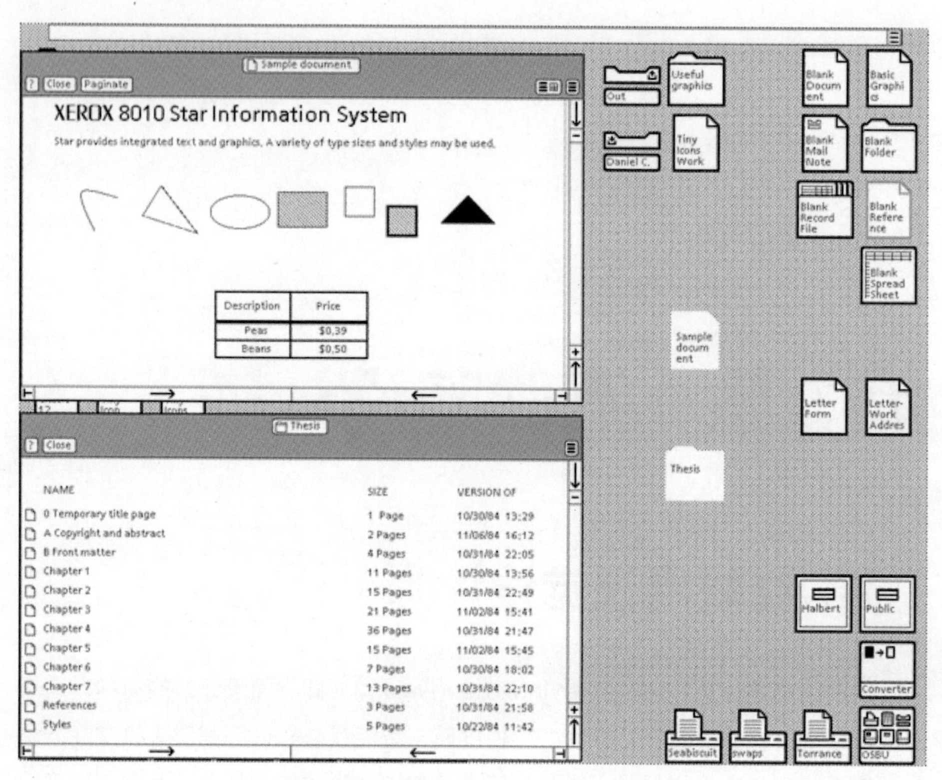

早期采用GUI设计的Xerox 8010 Star

UI设计师完成的图形化界面又称为GUI（Graphic User Interface），它具有易用性（Easy to Use）和友好性（Friendly）的特点。易用性，即界面不需要进行复杂思索即可容易地使用；友好性，即对用户友好，容易被理解。好的GUI应该是易用和友好的，如手机上微信和支付宝等为人熟知的App界面。随着互联网的发展，很多行业被重新整合，设计师也被重新定义。UI设计、动效设计、交互设计、平面设计被逐渐整合成一个职业，这个职业不仅能单纯地设计界面和排版，还要能够绘制图形、掌握平面能力、懂交互等。该职业还有其他的名字，如全链路设计师、全栈设计师等，但笔者认为最合适的称呼是互联网视觉设计师。目前国内名企招聘时也会使用这一名称，从而与只会排版和套用规范的界面设计师有所区分。互联网视觉设计师承担这个时代的主流媒介——互联网的设计工作。但是，无论采用哪种称谓，UI设计师的职责没有改变，即主要解决人机交互问题。

iPhone界面中的UI设计

互联网视觉设计师或UI设计师一般在互联网产品团队中工作，而不像平面设计师或服装设计师一样成立设计公司。与UI设计师打交道的人不一定都是同行，可能是互联网从业者中的其他角色，如产品经理、程序员、技术团队、运营团队等。如果团队中不是只有设计师，那么就需要有清晰的表达能力和足够的耐心使周围的人理解UI设计师的工作。UI设计师的工作主要包括移动端设计、网站设计、运营设计等。随着UI设计师的数量越来越多，行业越来越成熟，他们需要肩负的责任也就越来越多，如需要了解交互知识、懂得平面设计、擅长手绘等。UI设计涵盖的范围越来越广泛，成为UI设计师的门槛也越来越高。

1.2 互联网公司里的产品团队

美剧《硅谷》中的创业团队

互联网公司的产品线是一个流水线。互联网产品团队，指的是整个团队围绕一个产品进行打造，并且以设计、开发、完成该产品为目标，如微信团队、支付宝团队等。互联网产品有可能是移动端产品或电脑端产品，也可能是移动端和电脑端同时开展。按部门可以将产品团队划分为管理层、产品部、研发部、市场部。设计团队可能单独成立部门，也可能融合在产品部门中。互联网产品团队按角色不同可分为以下几项。

高层（Leader）

一个团队的领袖由董事会、董事会主席、首席执行官（Chief Executive Officer，CEO）、首席技术官（Chief Technology Officer，CTO）等组成，并负责决策公司的关键事务。

主要输出：想法。

使用软件：Office。

用研团队（User Research，UR）

通过用户研究的手段，调查管理层的想法是否靠谱。用研团队保障公司与用户之间的联系，确保研发的产品是用户所喜欢的。研发前、研发中、研发后的反馈都需要用户研究团队及时参与收集数据。

主要输出：用户研究报告。

使用软件：Office、眼动仪等。

产品经理（Product Manager，PM）

产品经理负责策划产品从无到有的过程，细化产品逻辑。产品经理（或交互设计师）需要设计原型图（原型图用于向管理层汇报和交付设计师）。产品经理首要的职责是在产品策划阶段向管理层提交产品文档。产品文档PRD通常包括产品的规划、市场分析、竞品分析、迭代规划等。然后在立项之后负责进度质量的把控以及各个部门的工作协调。在产品管理中，产品经理是领头人，是协调员，是鼓动者，但他并不是老板。作为产品经理，虽然针对产品开发本身有很大的权力，可以对产品生命周期中的各阶段工作进行干预，但从行政上讲，他并不像一般的经理那样有自己的下属，同时又要调动很多资源处理工作事务，因此做好这个角色是需要很多技巧的。

主要输出：产品需求文档（PRD）、市场需求文档（MRD）、原型图（Layout）等。

使用软件：文档书写软件（Office）、原型图软件（Axure RP、蓝湖、墨刀等）。

项目经理（Project Manager）

项目经理是指企业建立的以项目经理责任制为核心，对项目实行质量、安全、进度、成本管理的责任保证体系，同时为全面提高项目管理水平而设立的重要管理岗位。项目经理是为项目的成功策划和执行负总责的人。这个职位在很多公司可能由产品经理兼任。项目经理负责的是项目进度的把控和项目问题的即时解决。

主要输出：项目进度表。

使用软件：文档书写软件（Office）。

交互设计师（User Experience Designer）

交互设计师主要负责将产品需求文档优化成可交互的原型图交给设计师和技术人员。

主要输出：交互图（Prototype）。

使用软件：Axure RP、墨刀、Adobe XD等。

互联网视觉设计师或 UI 设计师（User Interface Designer）

互联网视觉设计师不仅是给原型上色，而且还应根据实际具象内容和具体交互修改版式，甚至重新定义交互等，同时需要提供给技术人员切图文件或PSD源文件。一些出现过的别名，如美工、全链路设计师、全栈设计师、UID、UI设计师、视觉设计师等，都是指互联网视觉设计师。接到原型图或交互图后，互联网视觉设计师会根据原型图的内容进行交互优化视觉设计，由总监确认后交付给开发人员。如果是对接网页项目，互联网视觉设计师只需要将PSD源文件、设计规范交付给开发人员；如果是对接移动端项目，互联网视觉设计师需要将切图文件、标注文件、设计规范交付给开发人员；如果对方是网页开发工程师（前端），互联网视觉设计师不需要切图而直接给PSD源文件即可，因为前端工程师最早和互联网视觉设计师并称“美工”，他们是有PS操作能力的。

主要输出：设计稿、设计规范、切图、标注等。

使用软件：Sketch、Photoshop、After Effects、Illustrator等。

前端开发（Research and Development Engineer，RD）

开发人员有数据库端和用户端两种，通常人们接触的是用户端开发，即负责还原设计。做网页用户端开发的工程师称为前端工程师；做安卓设备开发的称为Android工程师；做苹果设备开发的称为iOS工程师。他们做的都是用户端开发，用户端就是用户看到的一切界面。目前人们接触的用户端是电脑、安卓、iOS三种主流设备，它们开发使用的代码不同，所以对特殊效果（如动效、阴影等）的支持有所不同。

后端工程师或程序构架师（Research and Development Engineer，RD）

后端工程师或程序构架师的主要工作是数据存储。人们平时使用产品过程中产生的数据，如头像、昵称、聊天、对话、图片等，均是通过互联网传输到服务器再交换信息分发回去，这些资料存储的架构都是后端工程师的工作。

测试工程师（QA）

测试工程师在企业中一般称为软件开发测试工程师（Software Development Engineer in Test，SDET）。有丰富经验的测试工程师可以成长为产品/项目组的测试组长（SDET Leader）或软件质量经理（SQA Manager），负责软件质量的保证，同时进行测试管理、领导测试团队。软件质量的把控包括体验与视觉部分，通常设计师需要与测试工程师合作完成对产品视觉还原度的测试工作。

运营或市场拓展（BD）

产品完成后进入运营阶段，可能会根据运营情况调整产品设计或设计运营图等。运营直接面对市场，所以对市场的需求也更加明确。以此倒推出市场和运营的目的往往更加直接。有时运营的营利目的和产品以用户为中心的思想会发生冲突，这对设计师的要求就会更高，如何平衡设计审美、运营目的、以用户为中心几种需求就成了设计师的难题。

按照规模不同，可将互联网公司分为大型、中型、小型三种类型。

大型互联网公司

大型互联网公司人员配备较为齐全：高层负责决策；用研团队负责研究用户对产品的反馈；产品经理负责制定产品发布的时间表；交互设计师负责优化交互图；视觉设计师优化交互，并设计视觉后输出切图和标注，完成设计规范；前端工程师负责实现界面还原和与数据库的对接；后端工程师负责程序构架和数据库结构；测试工程师负责测试整个程序是否可用；商务部门负责后期运营。除了完整的产品线外，大型互联网公司还配备人力资源部门、后勤部门、协调部门等，分工比较明确。但是有些会出现“大公司病”，行动比较缓慢。

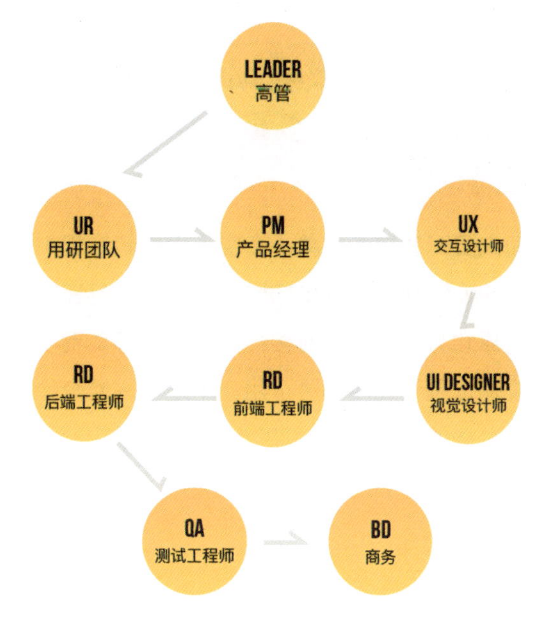

大型互联网公司结构图

产品流程的主要关系图，真实的工作中关系错综复杂，并不只是线性顺序。

中型互联网公司

中型互联网公司人员配备中等：高层负责决策；产品经理负责制定产品发布的时间表和优化交互图；视觉设计师优化交互，并设计视觉后输出切图和标注，同时完成设计规范；前端工程师负责实现界面还原和与数据库的对接；后端工程师负责程序构架和数据库结构；测试工程师负责测试整个程序是否可用；商务部门负责后期运营。中型互联网公司人员配备比较齐全，但是与大型互联网公司相比，设计师会承担更多的责任。

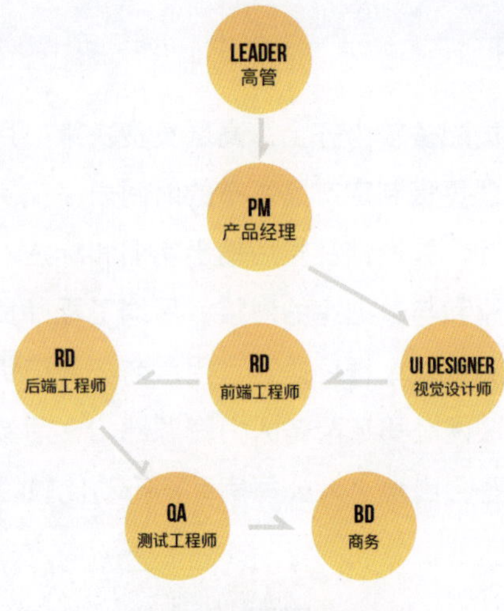

中型互联网公司结构图

小型互联网公司

小型互联网公司人员配备较为简单：高层负责决策和担负产品经理的责任；视觉设计师优化交互并设计视觉后输出切图和标注，并且完成设计规范；前端工程师负责实现界面还原和与数据库的对接；后端工程师负责程序构架和数据库结构；测试工程师负责测试整个程序是否可用。小型互联网公司人员很少，决策很快，但是由于每个人负责的事务太多，难免有学杂而学不精的状况，而且人员较少，因此所以进步更加需要依靠自己。

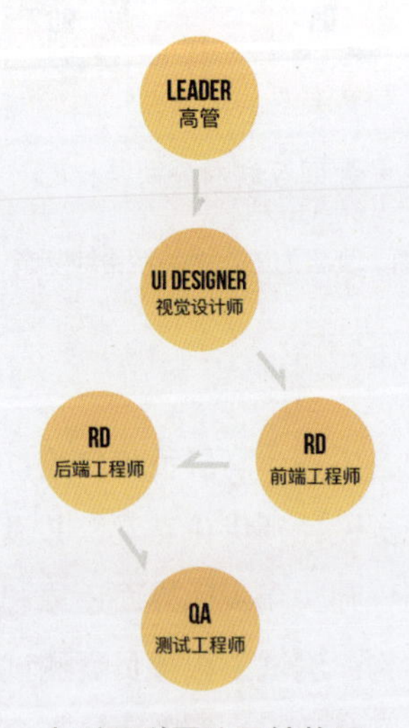

小型互联网公司结构图

1.3 分工

高层的工作

找投资：作为一个团队的领袖，第一要务是解决团队生存问题。人们在面试时总会看到某公司处于A轮或者B轮融资阶段，这是什么意思呢？投资根据项目成熟度分为路演、天使轮、A轮、B轮、C轮、上市等状态。相应的投资阶段也代表项目的成熟度。这一点人们也可以在找工作时加以权衡。

招合伙人：一个好的团队领袖不应该事事躬亲。除了首席执行官（CEO）之外，还应该找到首席技术官（CTO）等多个高层的人选。

用户研究的工作

用户研究的方式主要有可用性测试、焦点小组、问卷调查、用户访谈、眼动测试、用户画像、用户反馈和大数据分析。

可用性测试：通过筛选不同用户群对产品进行操作，同时观察人员在旁边观察并记录。可用性测试要求用户是产品的真实用户群体，不可以是互联网从业者。

焦点小组：一般由6～12人组成，1名专业人士主持，依照访谈提纲引导小组成员各抒己见，并记录分析。在焦点小组的房间会有一扇单向玻璃窗，用户看不到里面有谁。玻璃窗另一侧的房间里坐着的通常是开发团队，他们可以清晰地看到用户是如何吐槽他们的产品的，但是他们没有权利直接和用户进行解释。

问卷调查：可分为纸质问卷调查、网络问卷调查。依据产品列出需要了解的问题，制成文档让用户回答，并分析整理相关结果。问卷调查是一种成本比较低的用户调查方法。

用户访谈：邀约用户回答产品的相关问题，并记录，做出后续分析。用户访谈有结构式访谈（根据之前写好的问题结构）、半结构式访谈（一半根据问题一半讨论）、开放式访谈（较为深入地和用户交流，双方都有主动权进行探讨）三种形式。用户访谈设置时需要特别注意以下几点：用户不可以是互联网从业的专业人员；不可以对用户提出诱导性问题；不要使用专业术语。

眼动测试：使用特殊的设备——眼动仪，追踪用户使用产品时眼睛聚焦在哪里，盲区是哪里。网站通过眼动测试可以知道，用户视觉会自动屏蔽网站广告的常见位置，这时如果希望提高广告的点击率，就可以把广告放置于用户聚焦时间较长的位置。眼动测试的设备比较专业，通常在小公司较难开展。

用户画像：根据产品调性和用户群体，用户研究团队可以设计出一个用户模型，这种研究方式被称为用户画像。用户画像是由带有特征的标签组成的，通过这个标签可以更好地理解谁在使用这些产品。用户画像建立后，每个功能可以完成自己的用户故事，即用户在什么场景下需要这个功能。这样，互联网设计师所设计的功能就会更接近用户的实际需要。

用户反馈和大数据分析：根据市场提供的反馈和数据，得出客观的判断和合理的推测。用户反馈也是用户研究的一个重点，用户反馈主要是由用户通过产品的反馈入口，主动向开发者提出意见。

美剧《硅谷》中焦点小组测试桥段

产品经理的工作

产品经理负责协调整个团队的进程，工作十分复杂，他们的产出很大一部分是在沟通和协调上。如果单纯提炼输出文件，有PRD、MRD、原型图等。

PRD：产品需求文档（Product Requirement Document）。此文档的受众是项目组、开发组、测试组、策划组、体验组等。文档中表述了此产品的概念，规划了产品各个步骤的完成时间，产出内容包括产品界面、产品流程、功能需求、测试需求、体验需求等。

MRD：商业需求文档（Market Requirement Document）。此文档的受众是商务、运营、市场等人员。文档表述的是产品的业务模式，明确产品的用户人群，产出内容包括产品模式、业务模式、运营模式、市场模式等。

原型图：也称为线框图，用线条、图形绘制出的产品框架。

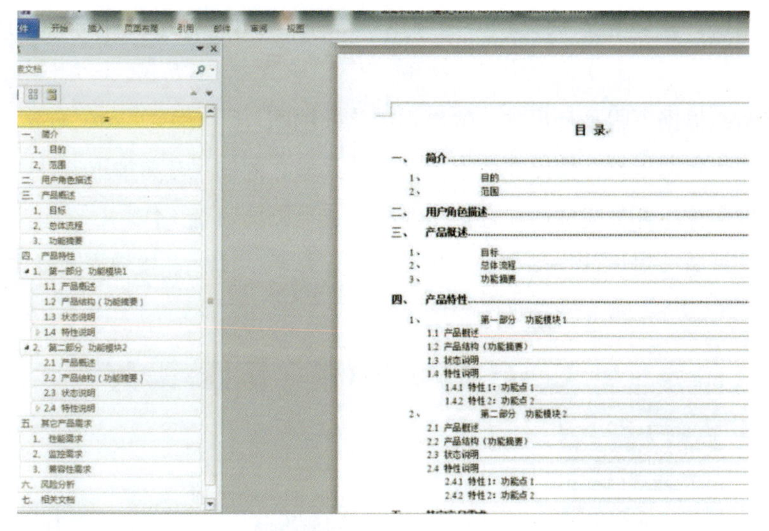

产品需求文档PRD模板

交互设计师的工作

交互图：表现出操作行为后对象之间的关系，以及触发的下一步信息。与产品经理设计出的线框图或原型图不同的是，交互设计师完成的交互图更加细腻，并且可以在手机上运行，模拟App完成以后的使用效果。

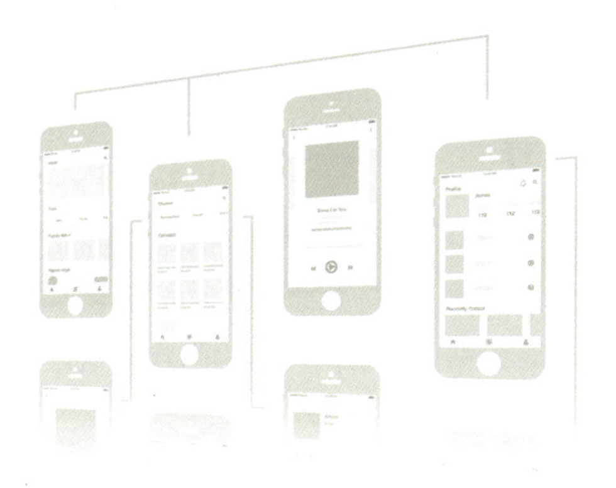

交互图案例

UI 设计师的工作

优化原型图：根据具体视觉元素对交互图提出优化方案。

视觉设计：依据人机交互、操作逻辑等原理，对原型图进行界面的设计与美化。

切图：根据不同平台尺寸，输出相应倍数的图片。

标注：利用工具在输出页面上标注各个元素之间的尺寸与情况备注。

项目走查：开发完成后，选择主流机型进行画面审查工作。

视觉总结：对设计作品中的字体、字号、颜色、Icon、模块等元素做出展示并说明。

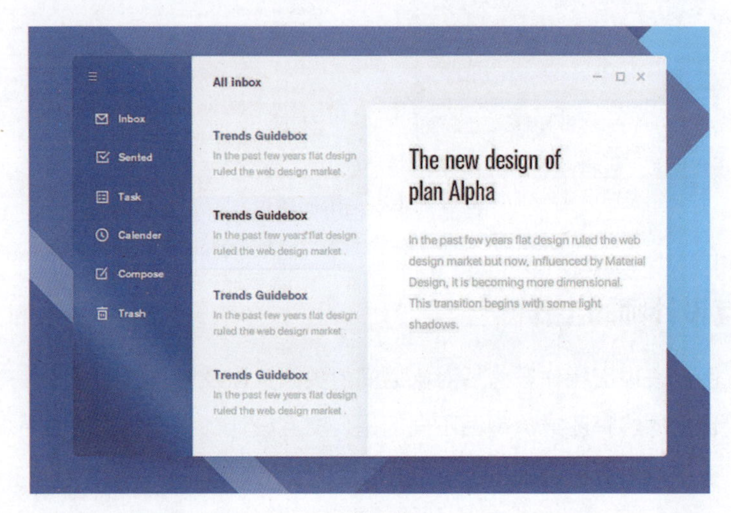

UI设计稿

前端工程师的工作

网页前端工程师：完成网页前端界面的编程工作；从视觉设计师手中接过PSD后切图并用网页代码重新组建好页面，同时和数据库端给到的接口联调，没有问题后放到服务器上，网站即可访问；使用的代码语言主要有HTML、CSS、JS等。

苹果软件工程师：完成iOS平台上App的程序开发；从视觉设计师手中接过切图和标注，完成客户端编译，并和后端工程师联调后上线；使用的代码语言主要有Object-C、Swift等。

安卓软件工程师：也称为Android开发工程师，完成安卓平台上App的开发，从视觉设计师手中接过切图和标注，完成客户端编译，并和后端工程师联调后上线；使用的代码语言主要有Java、Kotlin等。

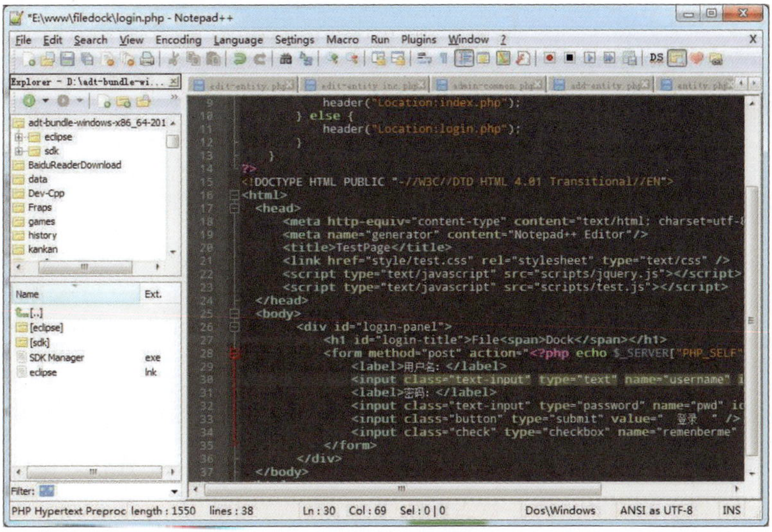
*E:\www\filedock\login.php - Notepad++
File Edit Search View Encoding Language Settings Macro Run Plugins Window ?
header("Location:index.php");
} else {
header("Location:login.php");
}
}
?>
<!DOCTYPE HTML PUBLIC "-//W3C//DTD HTML 4.01 Transitional//EN">
<html>
<head>
<meta http-equiv="content-type" content="text/html; charset=utf-
<meta name="generator" content="Notepad++ Editor"/>
<title>TestPage</title>
<link href="style/test.css" rel="stylesheet" type="text/css" />
<script type="text/javascript" src="scripts/jquery.js"></script>
<script type="text/javascript" src="scripts/test.js"></script>
</head>
<body>
<div id="login-panel">
<h1 id="login-title">File<span>Dock</span></h1>
<form method="post" action="<?php echo $_SERVER["PHP_SELF"
<label>用户名: </label>
<input class="text-input" type="text" name="username"
<label>密码: </label>
<input class="text-input" type="password" name="pwd"
<input class="button" type="submit" value=" 登录 " />
<input class="check" type="checkbox" name="rememberme"
</form>
</div>
</body>
PHP Hypertext Preproc length : 1550 lines : 38 Ln : 30 Col : 69 Sel : 0 | 0 Dos\Windows ANSI as UTF-8 INS

前端HTML代码

后端工程师的工作

数据库编程：分为网状数据库、层次数据库、关系数据库，利用数据库编程存储管理数据；使用的代码语言主要有PHP、JSP、Java等。

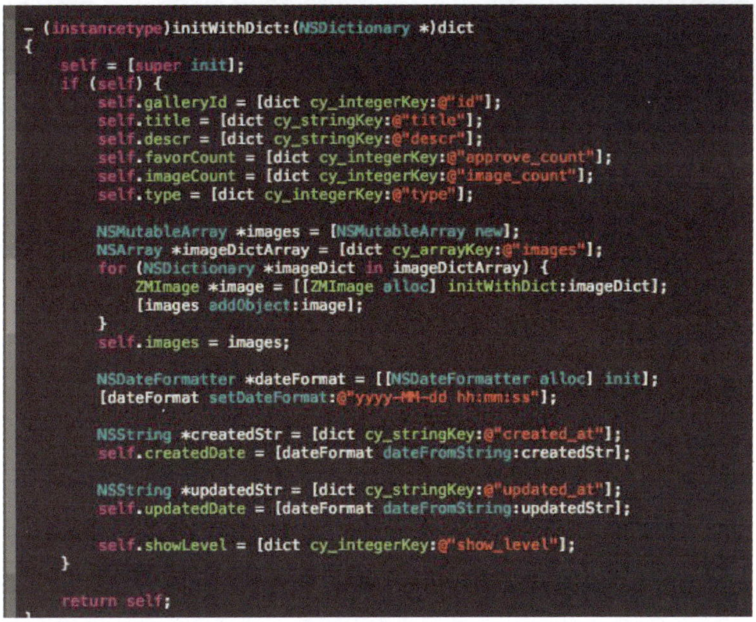
- (instancetype)initWithDict:(NSDictionary *)dict
{
self = [super init];
if (self) {
self.galleryId = [dict cy_integerKey:@"id"];
self.title = [dict cy_stringKey:@"title"];
self.descr = [dict cy_stringKey:@"descr"];
self.favorCount = [dict cy_integerKey:@"approve_count"];
self.imageCount = [dict cy_integerKey:@"image_count"];
self.type = [dict cy_integerKey:@"type"];
NSMutableArray *images = [NSMutableArray new];
NSArray *imageDictArray = [dict cy_arrayKey:@"images"];
for (NSDictionary *imageDict in imageDictArray) {
ZMImage *image = [[ZMImage alloc] initWithDict:imageDict];
[images addObject:image];
}
self.images = images;
NSDateFormatter *dateFormat = [[NSDateFormatter alloc] init];
[dateFormat setDateFormat:@"yyyy-MM-dd hh:mm:ss"];
NSString *createdStr = [dict cy_stringKey:@"created_at"];
self.createdDate = [dateFormat dateFromString:createdStr];
NSString *updatedStr = [dict cy_stringKey:@"updated_at"];
self.updatedDate = [dateFormat dateFromString:updatedStr];
self.showLevel = [dict cy_integerKey:@"show_level"];
}
return self;

后端编译部分代码

测试工程师的工作

黑盒测试：按照用户的视角进行摸黑测试。

白盒测试：按照产品需求文档的功能点逐一测试。

灰度测试：直接给30%的用户发送新版本升级，70%的用户没有发放灰度包。这种测试方法就是将产品直接发放给部分用户以听取反馈意见。

运营人员的工作

运营项目：运营的具体手段主要分为渠道运营、内容运营、活动运营、品牌运营等。通过各种手段进行不同的组合，将用户与产品更好地连接，得到特定数据的增长，并完善产品、持续其商业价值。

五谷杂粮　运营图插画

作者：冯珊珊

维护人员的工作

维护服务器：维护提供计算服务的设备。服务器的组成包括处理器、硬盘、内存等，与普通计算机类似，但是它的性能更强大、更稳定。一个互联网公司的服务器一般可以托管在服务器农场或者放在公司内部。如果不是托管，那么就需要维护人员实时关注。

人力资源的工作

招聘人员：确定人员需求、制订招聘计划、发布信息、人员甄选、办理入职等工作。

办理离职：告知离职信息、准备离职面谈、办理相关离职手续、配合交接工作、资料存档等工作内容。

福利薪酬管理：制定企业员工的福利薪酬制度，并负责日常考勤、绩效考核、福利发放等工作。

1.4 产品设计思维

UED

UED是User Experience Design（用户体验设计）的简称。用户体验设计师是进行产品策划的主力之一，他们能够用自己的互联网知识设计出行业专家想实现的操作，从而付诸商业营销。用户体验设计团队包括交互设计师、视觉设计师、用户体验设计师、用户界面设计师和前端开发工程师等。

UED是以用户体验为中心，以用户需求为目标而进行的设计。设计过程注重以用户为中心，用户体验的概念从开发的最早期就开始进入整个流程，并贯穿始终。由此可见，UED这种理念贯穿设计、代码、运营等方方面面。UED是一个以用户体验为原则的团队。

UCD

UCD（User Centered Design）是指在设计过程中以用户体验为设计决策的中心，强调用户优先的设计模式。在进行产品设计、开发、维护时从用户的需求和用户的感受出发，以用户为中心进行产品设计、开发及维护，而不是让用户去适应产品。无论是产品的使用流程，还是产品的信息架构、人机交互方式等，以UCD为核心的设计都时刻高度关注并考虑用户的使用习惯、预期的交互方式、视觉感受等方面的内容。

衡量一个好的以用户为中心的产品设计，有三个维度，即产品的有效性（effectiveness）、产品的效率（efficiency）、用户主观满意度（satisfaction）。

衡量产品设计的三个维度

需要特别说明的是，人们可能总是误会UED和UCD是某个部门。这是因为很多大公司专门设置了用户体验部门，如腾讯网UED、阿里巴巴国际UED等团队。所以，UED和UCD的含义不仅仅是特指某一个部门，更是指一种团队的模式。

1.5 设计师必备的能力

通过上文阐述的内容可以知道UI设计师在团队中的主要职责，主要包括以下几点：第一，根据原型图和PRD文档优化原型图与交互图的交互设计；第二，根据需求完成视觉设计并完成设计规范；第三，根据技术的需求完成切图、标注、命名PSD、设计动效等工作；第四，设计师有时还要担负公司的运营设计、企业形象设计以及公司内部的平面设计等职责。设计师的工作越来越趋于复杂化，因此要求所掌握的知识也越来越多。

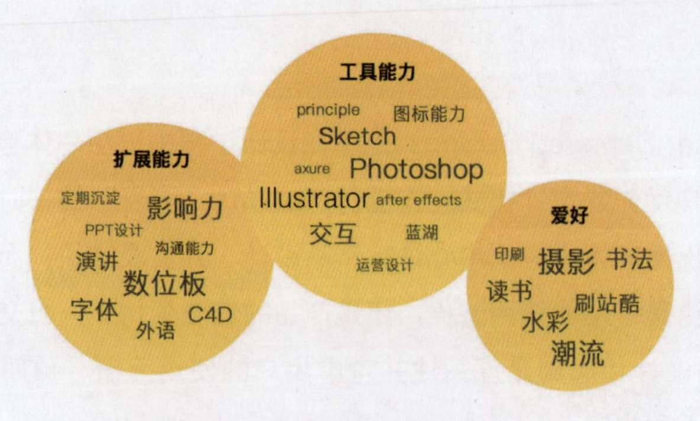

目前UI设计师需要具备的三种能力

从目前来看，UI设计师需要掌握的知识和能力主要包含排版能力、交互知识、图标绘制、插画绘制、手绘、运营图设计能力、专题设计能力、网站设计能力、移动端规范、基本代码原理、展示作品的能力、PPT设计能力、表达能力、H5设计能力、Logo设计能力等。

1.6 UI 设计师所使用的软件

界面设计软件

Adobe Photoshop 简称PS，是来自在行业具有垄断地位的Adobe公司开发出的软件，其好处就是不用担心研发公司因倒闭而导致软件停止更新。同样，由于Adobe公司的实力强大，因此Photoshop能够同时支持Windows平台和Mac平台。Photoshop在过去的几十年中推出的版本数不胜数，而最应该学习的永远是最新的版本。除此之外，Photoshop是Sketch和Illustrator无法代替的。

Adobe Photoshop

Adobe Illustrator 简称AI，该软件同样来自Adobe公司，其诞生时间比Photoshop略晚。由于这两款软件都是Adobe公司旗下的软件，因此它们的文件可以互通甚至可以直接相互复制，两者的配合度比不同公司的软件高得多。Photoshop在UI设计中主要负责界面设计和图形处理，而Illustrator可以负责线性图标的设计，设计后的文件可直接复制到Photoshop。之所以不能直接用Illustrator作图，是因为Illustrator不具备切图和标注、与团队合作等多种Photoshop可以轻松搞定的功能。

Adobe Illustrator

Sketch在作图的功能上更加接近Illustrator，不但拥有矢量图形的功能，而且其切图标注甚至比Photoshop更加方便快捷。遗憾的是它并非Adobe公司出品，所以和Photoshop、Illustrator文件之间在协作方面稍差。此外，由于该软件不是大公司出品，用户总有一些不放心。例如，其与苹果决裂后，用户使用Sketch需要在官方实物购买并安装软件包，而不可直接从苹果应用商店下载；又如，由于PC系统盗版现象严重，Sketch暂时在Windows系统下是不可用的；等等。即便如此，这款软件现在依然受到UI设计师的喜爱。

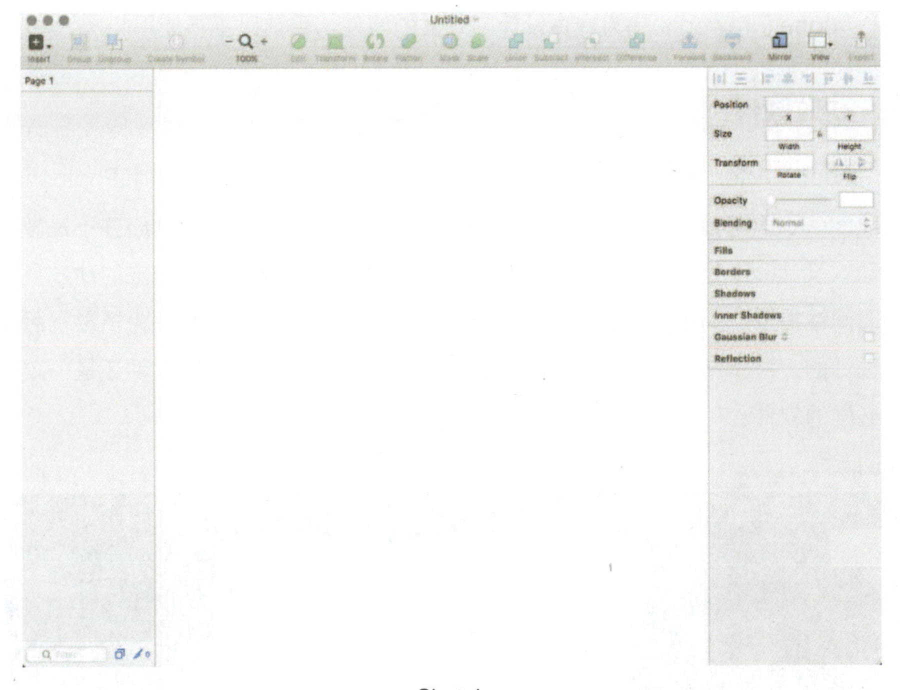

Sketch

Adobe XD 的全称是Adobe Experience Design，是一款集原型、设计和交互于一体的设计软件，有人认为它将是Sketch的劲敌。强大的厂商背景决定了它同样支持Windows操作系统，而且XD的优势是原型图和设计都可以搞定，并且在Windows和Mac两个平台都可以免费使用。目前使用XD的设计师也越来越多。

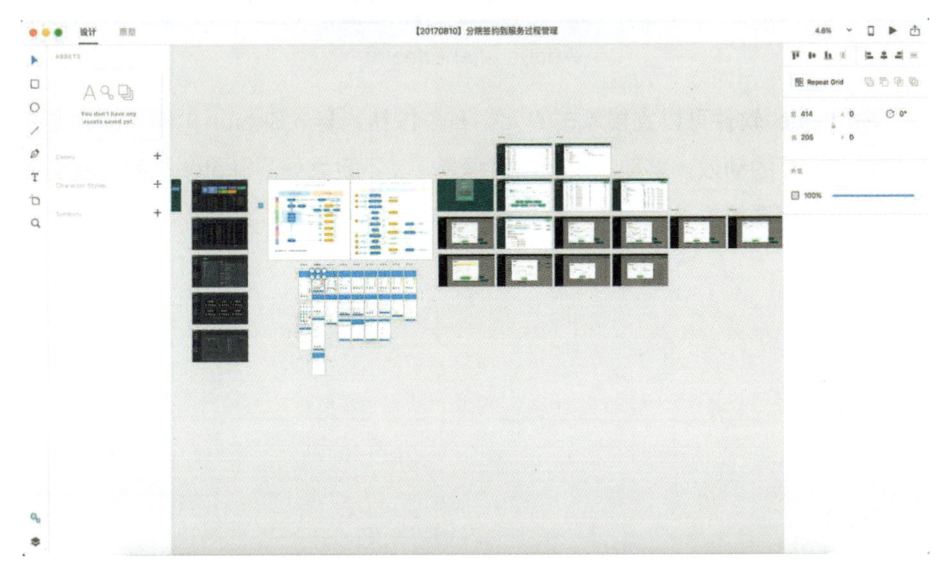

Adobe XD

Adobe Fireworks 是为网页设计师开发的软件，目前已不再使用。

动效软件

Adobe After Effects 同样来自Adobe公司，因此该软件的文件和Photoshop及Illustrator都可以直接导入，无障碍互通。然而，因为该软件的初心并不是做UI的动效设计，而是做影视后期，所以美中不足的是使用这款软件完成的动效只沿着时间线播放，而不可以交互。此外，这款软件复杂的插件也都是为了影视后期而设计的，对于新手来说学习起来比较困难。但是总体来说这款软件还是一款大家必学的软件。

Adobe After Effects

Principle 软件可以直接单击“大钻石”按钮，导入Sketch文件并设计出在手机中可交互的动效，堪称UI设计师的福音。其不足之处与Sketch相同，就是不支持Windows系统。

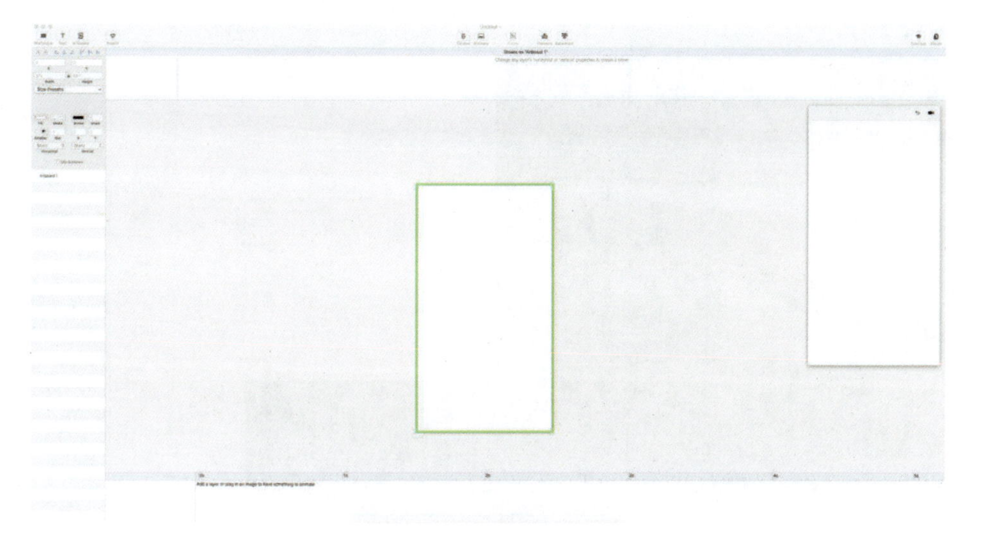

Principle

Flinto是一款交互原型利器，只可以在Mac平台使用。

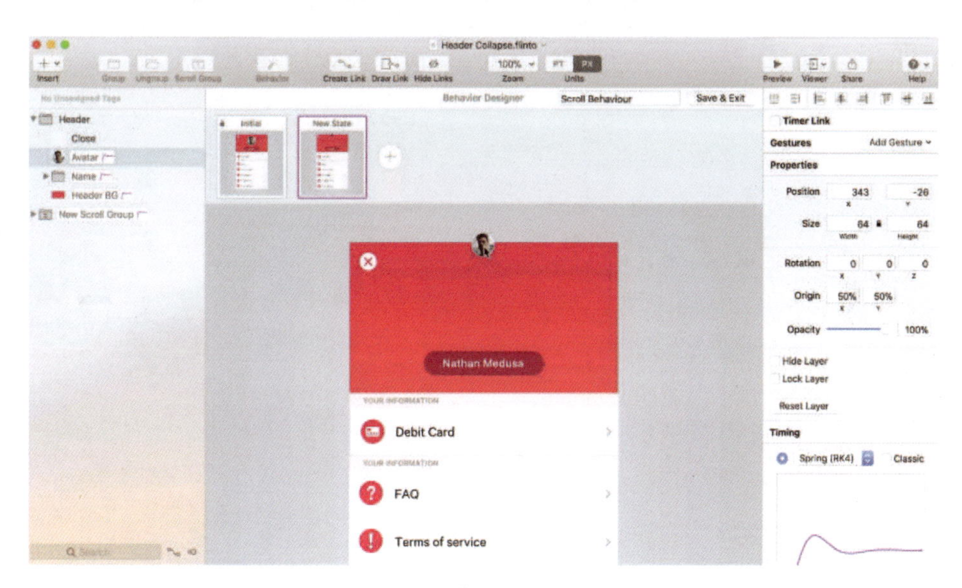

Flinto

Origami是交互原型和动效方面一个轻巧的工具，只可以在Mac平台使用。

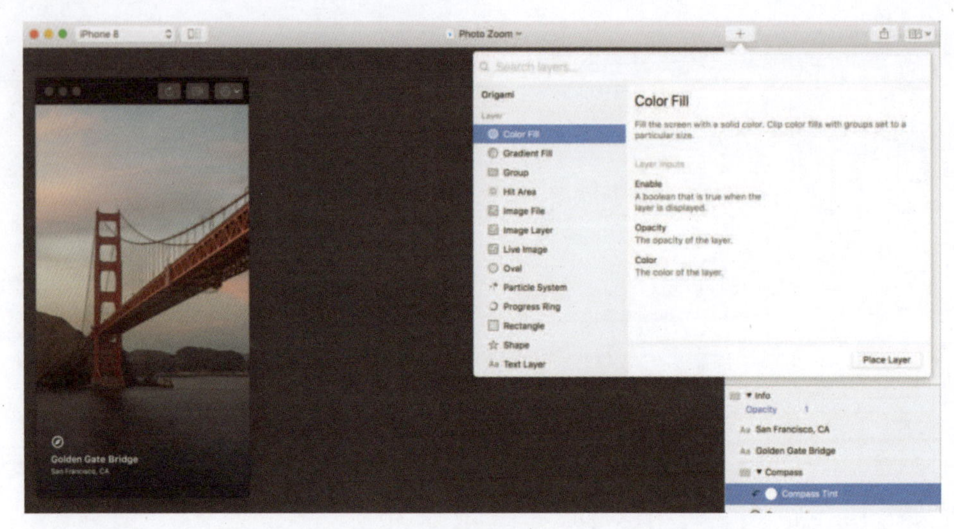

Origami

Framer 是交互设计和原型图设计工具，偏代码方向，只可以在Mac平台使用。

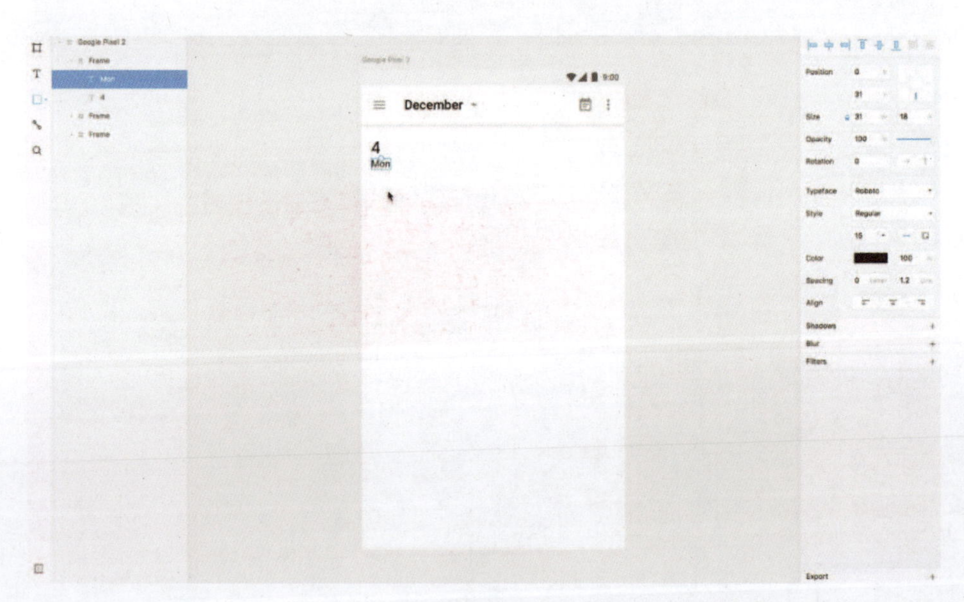

Framer

原型图工具

墨刀是国产原型图工具，中文语言优势加上服务器响应速度快，并且是一款Web应用，也就是说，通过浏览器访问网站即可设计出原型图。

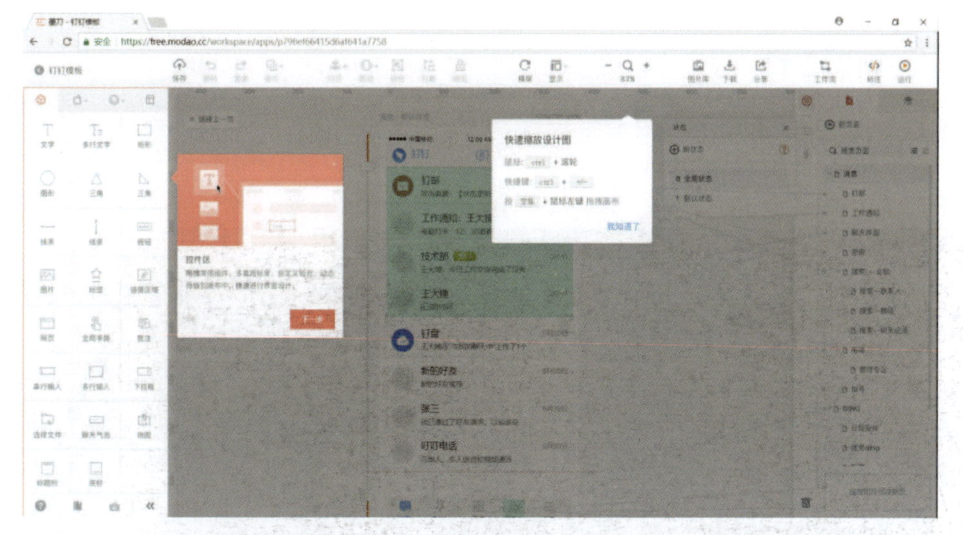

墨刀

Axure RP 是产品经理常用的老牌原型设计工具，有多种多样的插件可以实现多种效果的原型图。

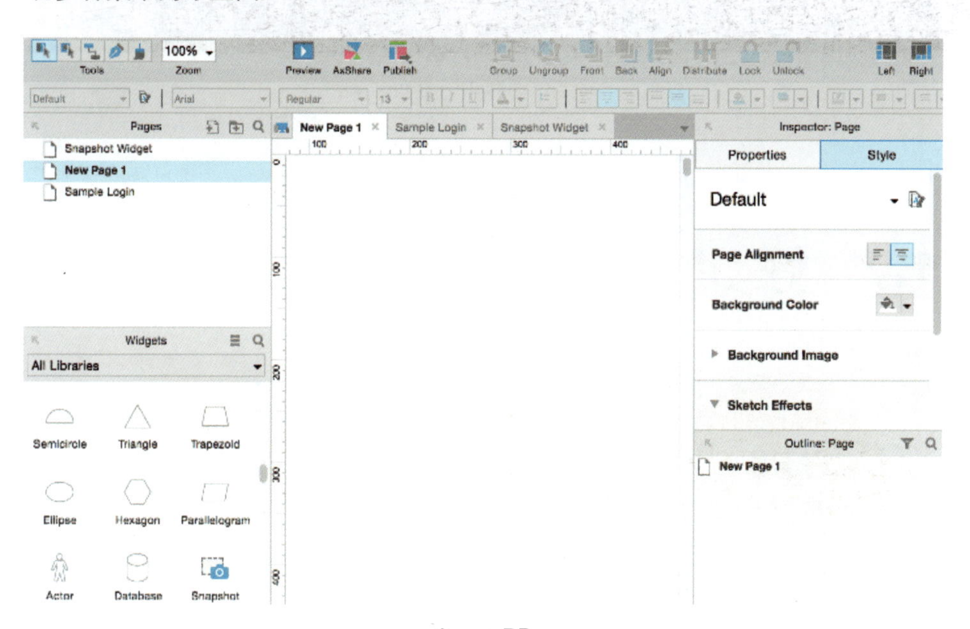

Axure RP

前端工具

Adobe Dreamweaver 是前端编译工具，由Adobe公司生产，有设计和代码模式。

Adobe Dreamweaver

1.7 好 UI 的标准是什么

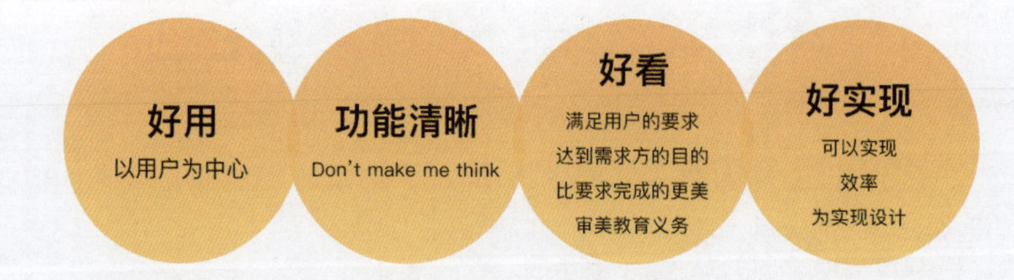

好用

以用户为中心。

功能清晰

Don’t make me think.

好看

满足用户画像群的审美。

达到需求方的目的。

比要求完成得更美。

审美教育义务。

好实现

可以实现：设计必须可以实现。

效率：必须考虑对载体效率和性能的影响。

为实现设计：可以根据实现角度进行调整。

无论做什么，只要拥有一套好的方法论加上刻苦练习都会获得很好的结果。UI设计是崇尚经验的工作，随着经验的积累和方法论的沉淀，每个人最终一定能够取得不错的成绩。所有真正喜欢并执着于互联网设计的人都能够实现自己的职业目标。

第 2 章　美术基础与设计史

2.1　美术的重要性

任何分类的设计师都需要有一定的美术基础，甚至也要具备一定的手绘能力。设计师在用计算机设计图形时，其实也在潜移默化地在使用其储存在大脑中的美术知识、运用自己的审美能力。即使再先进的人工智能，也不能代替设计师的审美和美术知识，因为软件仅仅是工具而已。如果要提升图形的审美水平和设计感，那么就需要补充美术基础的相关课程。目前在互联网视觉设计中手绘所占的比重也在逐渐增多。对于UI设计师来说，手绘也逐渐成为一项不可忽视的技能。但是，不要过度紧张——UI设计师不需要成为手绘大师或者插画师，只需要掌握一定的美术知识再勤加练习即可。那么，如果UI设计师掌握了美术知识并可以手绘出具有一定水平的作品，对其有什么好处呢？

“Outlaws” Playing Cards（一）

作者：Mike

美术在草稿中的优势

在UI作品创作的初期，设计草稿对设计师的构思起了很关键的作用。例如，在App项目、运营图、图标绘制及一些图形化的设计中常常会遇到这样的情形，很多设计师会首先打开电脑直接开始作图，然后就陷入对工具选择的困惑：究竟是应该选择钢笔工具勾形状，还是应该选择画笔工具？其实在成稿初期设计师没有必要过早地纠结这些问题。设计师只需拿出纸和笔，手绘出脑海中思考的图形即可。草图完成之后，再打开电脑逐步地对作品进行完善。

“Outlaws” Playing Cards（二）

作者：Mike

美术在提案中的优势

在正式提案会议之前通过手绘将自己的想法画出来，再与上司或者客户讲解自己的提案方向，即先通过设计大纲，再逐步丰富设计细节。这种方法的优势是可以避免上司因为对电脑图形设计某些细节的不满意而影响对整体观感的评价，进而避免提案被全盘否定，同时设计师也可以有充足的时间完成细节。例如，配图中的一个图标，从最初提案到最终定稿，中间可能需要经历20多版的手绘稿件。如果这20多版稿件每次都是以Photoshop输出效果提交，在电脑绘制中需要考虑的色彩细节就会更多，同时也会浪费大量的时间。

手绘完成的原型图

作者：Anne

美术在原型图中的优势

在开始视觉设计前，原型图的沟通可以节省双方很多时间。用软件设计出的原型图有些抽象，人们无法了解界面具体内容搭配下的情况。而手绘的原型图可以给人们提供更多思考空间。手绘的原型图不仅可以用于沟通方案，还可以在后期包装展示时放入，让自己的作品与他人的作品进行区分。

手绘风格的运营图设计

作者：valiant_kwok

美术在实际项目中的优势

越来越多的视觉稿都在运用手绘插画，以增加视觉冲击感，为用户带来全新的体验。例如，H5、网页、App等项目，“WALKUP”App更是运用了大量的插画表现。以往在浏览某些设计时，很多人总会看到并吐槽一些特别不好的素材，然而自己工作时依然会选择这些平庸化的素材。可是这些习以为常的素材即使再精致有时候也不如一些手绘原创的图形，因为手绘的图形插画能减少素材感，给用户耳目一新的视觉体验。尤其是闪屏、弹窗、运营图，采用手绘图表现形式已经是常态化。手绘图可能没有那么精细或美观，但是却能给人一种很独特、很有氛围感、很吸引眼球的感觉。如果设计师总是运用素材作图，不妨尝试一下自己手绘原创一个图形，这样独创设计的分量与价值会更大。在尝试手绘之前，应先具体了解绘画的原理。

手绘在实际项目中的使用

作者：甘地xi

2.2 三大基本关系

首先，设计师要了解的是美术中最重要的三大基本关系，即结构关系、素描关系、色彩关系。简单来说，结构关系包括物体的透视关系（也就是近大远小的空间关系）和物体的基本结构（可以把一个复杂的物体拆解成基本的圆形、三角形、正方形、长方形等简单容易描绘的结构）等，结构关系是理解形体的基础。素描关系主要是研究光影的关系，一个物体在光源下肯定会产生如黑、白、灰等不同的明暗变化，这就是素描关系。素描关系中最重要的就是“三大面”“五大调”，下文将详细阐述。色彩关系是研究不同的色彩互相融合所产生的影响，如邻近色、互补色等，两个物体的颜色不一样也会产生环境色、固有色等。所以，通过手绘或者电脑绘图描绘物体时，可以运用这三大基本关系审视对象，这样就会描绘得更加准确。

三大基本关系

结构关系

在结构关系中最重要的知识点就是透视。透视是绘画理论术语，透视是一种在平面绘画物体空间关系的方法。物体由于具有近大远小的空间关系，因此从观察者的视角看物体形态就容易出现变化，这种变化和空间位置正相关。在图画中能够准确描绘出近大远小就能暗示出空间关系，所以，透视是画准结构的必要前提。

灭点指的是立体图形各条边延伸所产生的相交点，即透视点的消失点。换言之，灭点是指在透视中两条或多条代表物体平行线的线条向远处地平线伸展直至相交的一点。平行的线能在灭点上推进而聚合的原则同样是以肉眼观察到的现象为依据的。

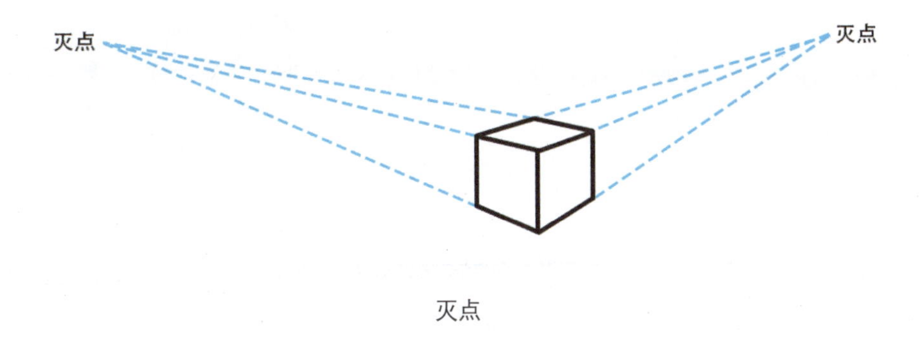

灭点

第一种透视：平视

一个物体如果是正面或者没有近大远小的关系，那么该物体横竖对齐即可。

笔者的理解就是，看一个物体，正面看就是没有透视。边条的延伸和观察者的视线是平行的，没有任何偏离。

图中的物体就是平视，没有近大远小

第二种透视：一点透视

一点透视，即透视来源于一个点，形状的变化与该点的距离相关。一点透视可以理解为在一个空间内多个物体产生的近大远小的关系。

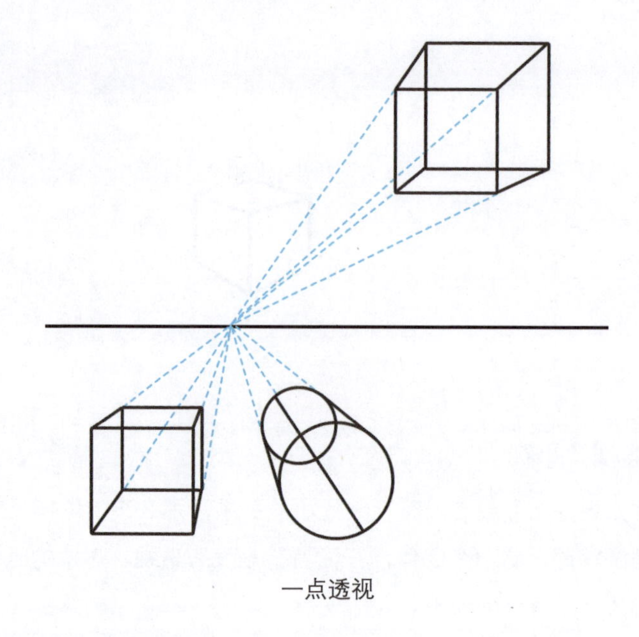

一点透视

第三种透视：两点透视

两点透视，即通过两个灭点建立透视。例如，观察者站在一个比较庞大的物体面前，这个物体的两侧都会产生近大远小的关系。如果把近大远小的线延伸，它们会相交于视平线上的两个灭点，这就是两点透视。

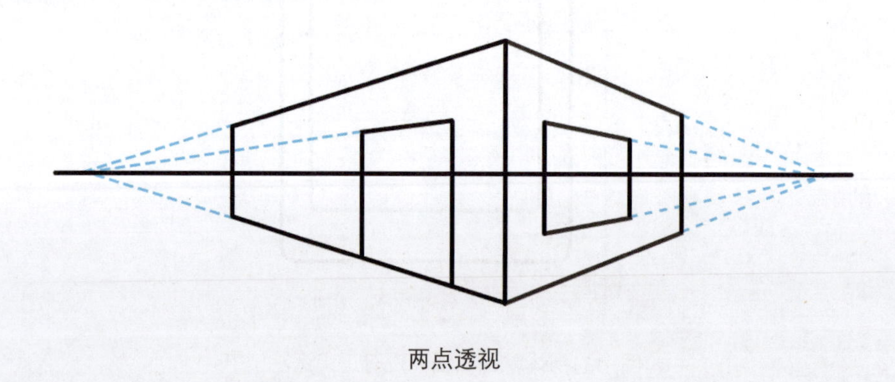

两点透视

第四种透视：三点透视

三点透视，通过两个灭点和延长线进行辅助。一个高于观察者的物体除了产生两点透视之外也会在其顶部产生另一个灭点，三个灭点都存在，可称之为三点透视。

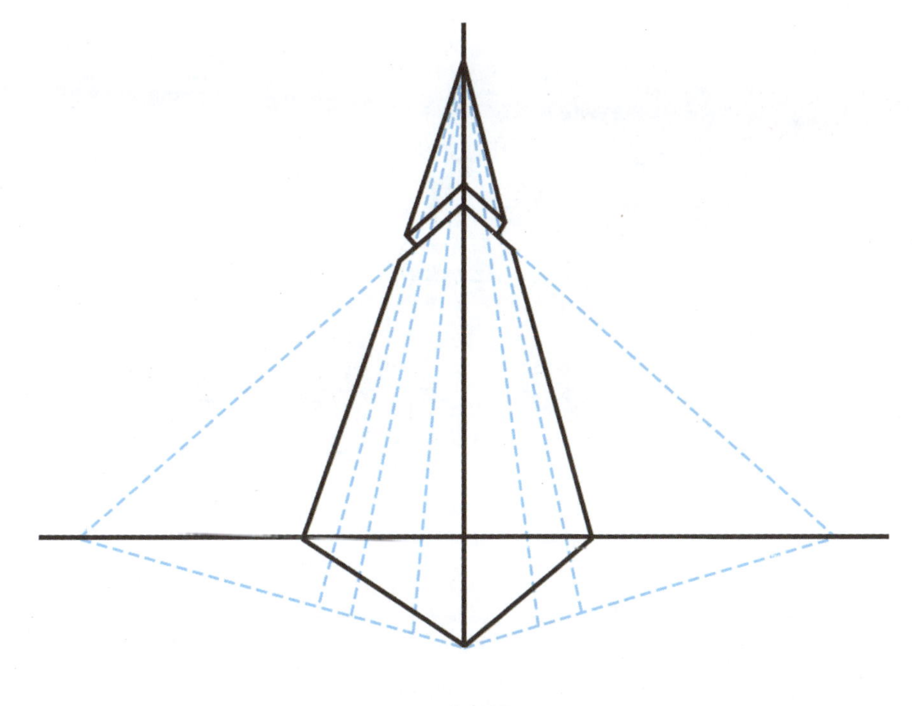

三点透视

【练习方法】结构素描

结构素描，又称“形体素描”。这种素描的特点是以线条为主要表现手段，不施明暗，没有光影变化，强调突出物象的结构特征。结构素描以理解和表达物体自身的结构本质为目的。结构素描的观察常和测量与推理结合起来，透视原理的运用自始至终贯穿在观察的过程中，而不仅仅注重于直观的方式。这种表现方法相对比较理性，可以忽视对象的光影、质感、体量和明暗等外在因素。大家可以尝试在纸上绘制以表现结构为主的结构素描作为练习。对于美术基础较差的同学，只要用尺子和圆规等工具搭配合适的自动铅笔即可进行结构素描的练习。

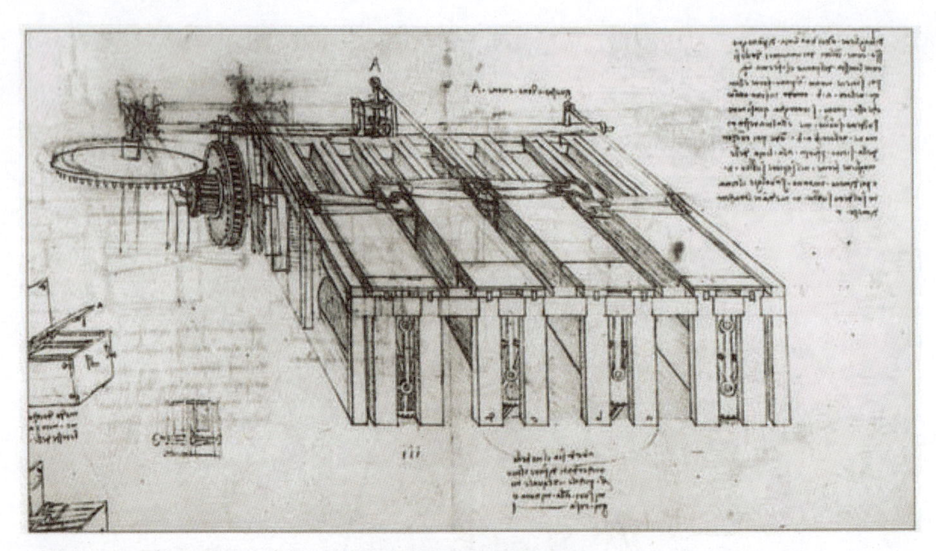

达·芬奇的结构素描练习（一）

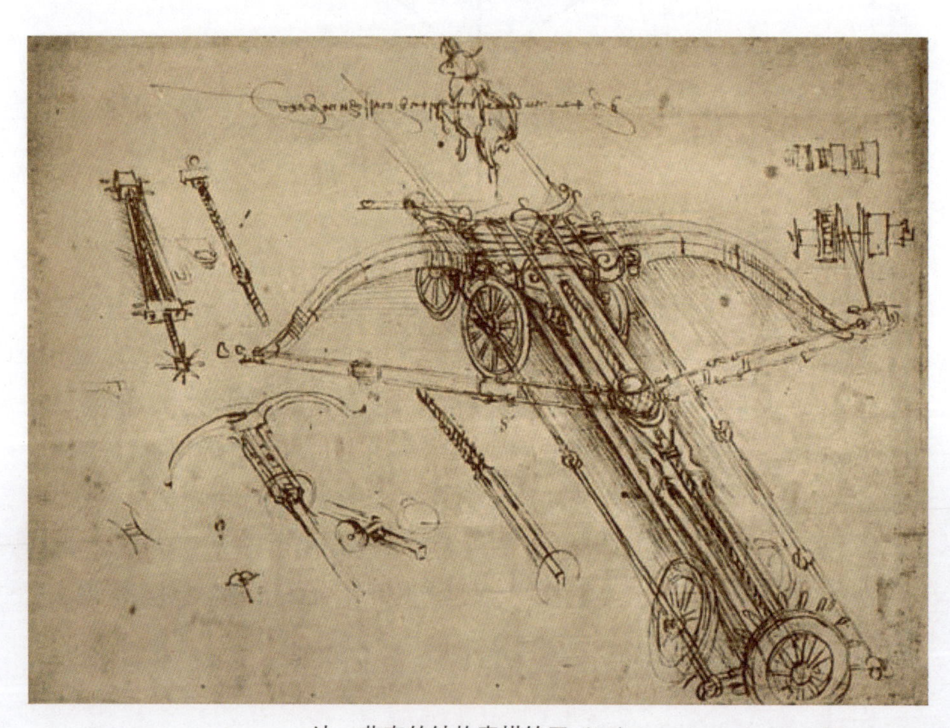

达·芬奇的结构素描练习（二）

素描关系

三大面：黑、白、灰

设计师经常会说黑、白、灰关系，其实这个黑、白、灰关系就是下面要介绍的“三大面”。三大面是因受光程度不同而产生的：光打得多就是受光面，光打得少就是侧光面，光有折射或者被完全遮住就是背光面。以地球为例进行说明，热带地区就是受光面，温带地区就是侧光面，而处于极夜时的北极和南极就是背光面。黑、白、灰与光源的距离和位置有关，越朝向和接近光源越亮。立体形状的物体在光源的照射下都有黑、白、灰三个面，大家可以观察和分析身边的静物。

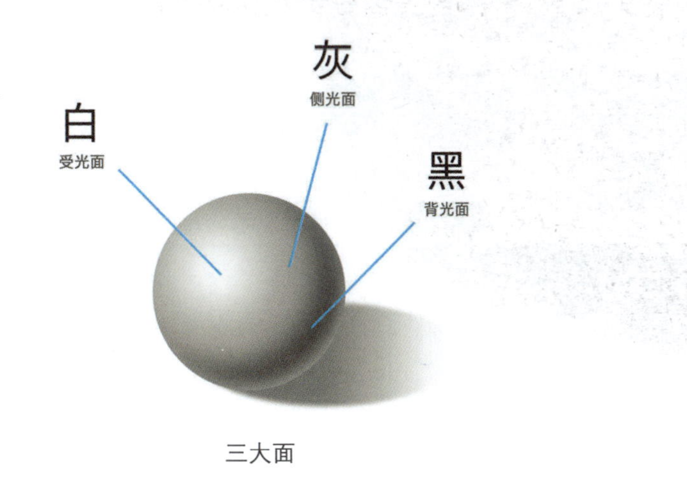

三大面

五大调：灰面、亮面、明暗交界线、反光、投影

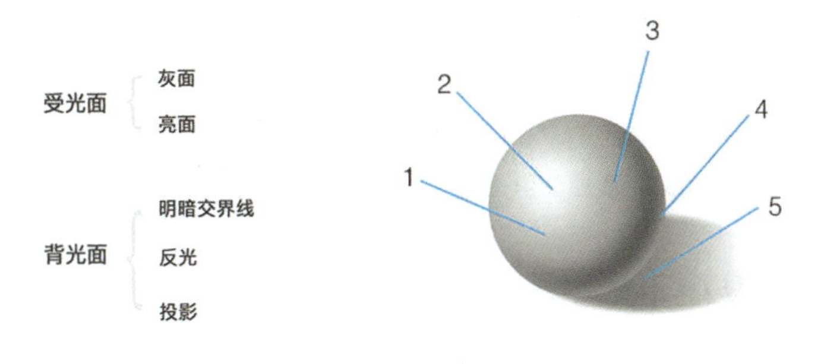

五大调

1—灰面；2—亮面；3—明暗交界线；4—反光；5—投影

五大调同样是分析光影问题的，通过描绘光影可以塑造立体感。应该说五大调是三大面的细分。三大面、五大调是每位设计师都需要牢记在心里的。在绘制一些拟物造型或者相关专题时，为了塑造更逼真的感觉，设计师必须检查自己绘制的造型是否有三大面、五大调。

三大面、五大调

亮面：受光物体最亮的部分，表现的是物体直接反射光源的部分。

明暗交界线：区分亮部与暗部的区域，是物体的结构转折处。明暗交界线不是一条真实的线，但是这个区域一般会决定亮面和灰面的“势力范围”。明暗交界线也会跟随形体而变化，所以非常重要。

灰面：高光与明暗交界线之间的区域。

反光：物体的背光部分受其他物体或物体所处环境的反射光影响的部分。

投影：物体本身遮挡光线后在空间中产生的暗影。

【练习方法】黑白素描练习

黑白素描的练习就是用铅笔描绘对象物体的明暗变化。这种素描相对于结构素描来说比较难，需要练习上“调子”。调子就是用铅笔排线而产生的明暗，这需要一定的技巧。

丢勒的素描作品

色彩关系

三原色：三原色是指色彩中不可再分解的三种基本颜色。三原色相互混合可以产生所有的颜色。黑、白、灰属于无彩色。色彩三原色是红、黄、蓝。其中，红＋黄＝橙，黄＋蓝＝绿，红＋蓝＝紫。屏幕三原色为红（Red）、绿（Green）、蓝（Blue），也称色光三原色，是加色模式，相加混合为白色。但是RGB依赖于电脑屏幕，不同的电脑由于对色彩值的检测和重现都不相同，因此存在色差。家用彩色电视屏幕就是由红、绿、蓝三种颜色的小点组成的，将这三种颜色按不同比例混合，就可以产生千变万化的色彩。

屏幕三原色 RGB

印刷三原色为青（Cyan）、品红（Magenta）、黄（Yellow），是减色模式，混合时为深灰色，并不能产生黑色，所以在印刷时需要额外加上黑色油墨，才能产生纯正的黑，这就是CMYK模式。

印刷三原色

色彩三属性

Hues

色相

色彩的相貌即冷色、暖色、中性色

Brightness

亮度

色彩的明亮程度

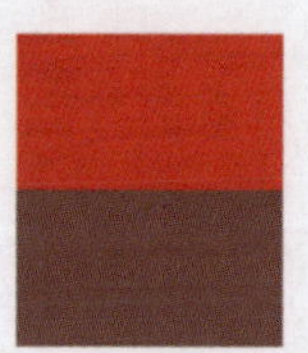

Saturation

饱和度

色彩纯粹程度

色相：色相就是颜色的样子，就像人的脸一样，都是独一无二的。色相也可以理解为色彩的相貌，即冷色、暖色、中性色，是色彩最突出的特点。简单来说，色相决定“是什么颜色”。光谱上的红、绿、蓝等就是不同色彩的色相，黑色是没有色相的中性色。不同的色相在人眼中的差异是色相本身对应光的波长不同而造成的。红色的波长最长，紫色的波长最短。通常将红、橙、黄、绿、蓝、紫6种颜色，以及处在它们各自之间的红橙、黄橙、黄绿、蓝绿、蓝紫、红紫6种中间色合起来作为12色相环。12色相环能够使人清楚明了地看出色彩平衡和冷暖色、对比色等。由12色相环也可以衍生出更多的色相环。

亮度：亮度可以这样理解，亮的反义词是暗，说明亮度与颜色的明暗程度有关。色彩的明亮程度，简单来说就是颜色从黑到白的变化。色彩的亮度最低时是黑色，亮度最高时是白色。颜色深浅的不同程度，与光波的幅度有关，也取决于环境中反射光有多强。亮度高的色彩会给人清新、明快的感觉，让人联想到蓝天、白云和青春；亮度低的色彩则会给人沉重、稳定、坚硬的感觉，让人联想到石头和钢铁。

饱和度：饱和度从字面上的意思理解是比较饱和，太饱和可能会非常刺眼，所以与明度有关。色彩纯粹度，是色彩的纯净程度、鲜艳程度。饱和度越低，颜色的色相就越不明显。饱和度也与光波的幅度有关。饱和度低的颜色给人一种很灰、不明亮的感觉；饱和度为0的颜色为无彩色，就是黑、白、灰。在一张图中，饱和度高的地方给人的感觉很靠近，而饱和度低的地方则给人的感觉很遥远。高饱和度和低饱和度的色彩都给人坚硬的感觉。

互补色、对比色、邻近色、同类色

互补色：红＋绿＋蓝＝白色，在色环上相隔180°是对比最强的色组。在三原色中，两种相隔180°的色光等量相加会得到白色。经典互补色有黄色和紫色（如科比的球衣）、黄色和蓝色、红色和绿色。互补色在视觉上具有非常大的冲击力，所以在使用上常给人一种潮流、刺激、兴奋的感觉。

对比色：指在色环上相距120°～180°的两种颜色，也是两种可以明显区分的色彩，包括颜色三要素的对比、冷暖对比、彩色和消色的对比等。对比色能使色彩效果表现更明显，形式多样，极富表现力。需要指出的是，互补色一定是对比色，但是对比色不一定是互补色。因为对比色的范围更大，包括的要素更多，如冷暖对比、明度对比、纯度对比等。

邻近色：指相互接近的颜色在色环上相距90°，或者相隔五六个数位的两色。邻近色色相相近，冷暖性质相近，传递的情感也较为相似。例如，红色、黄色和橙色就是一组邻近色。邻近色表现的情感多为温和稳定，没有太大的视觉冲击。

同类色：指色相性质相同，但色度有深浅之分（在色环上相距15°以内）的颜色。

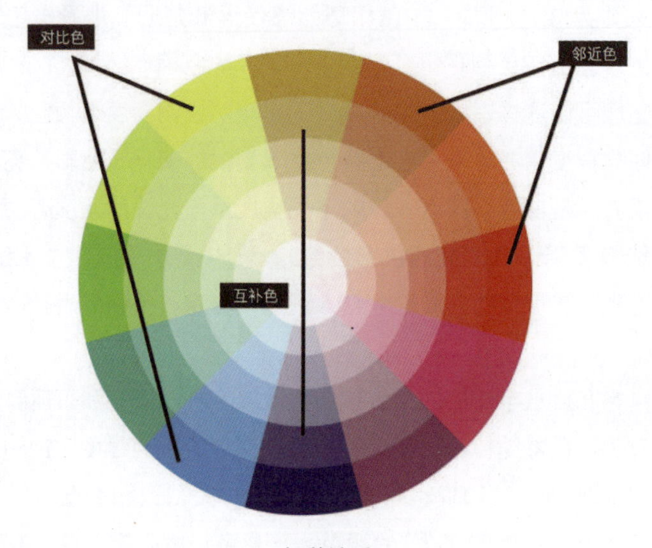

色彩关系

固有色、光源色、环境色

上文讲述了色彩的基本知识，下面讲述色彩和光源的关系。如果想描绘好对象的色彩，那么就必须了解对象的固有色、光源色、环境色及它们之间的关系和变化。

Workplace

作者：Igor Kozak for Rocketboy

固有色：最简单的理解是物体本身的颜色。物体的固有色并不存在，在绘画过程中为了观察方便经常引入“固有色”这一概念。固有色是指在光源条件下物体占主导地位的色彩，如红色的罐子、绿色的植物等。

光源色：一切物体只有在光源的点亮下才能观察到它们的色彩。光源有自然光源（太阳、天光）和人造光源（灯），这些光源都各自具有不同的颜色。太阳光是白的暖色光，月光是偏青的冷色光，阴天则更多的是蓝灰色的天光，普通灯光是偏黄色的暖色光。光源的颜色对物体的颜色影响很大，一个置于红色光源照射下的蓝色物体会是什么颜色呢？

环境色：物体周围环境的颜色就是环境色。环境色对物体的影响非常大，如在红色背景下的白色石膏方块，由于光源打到红色背景上的背景反射光也会“染”到白色石膏方块身上，因此白色石膏的部分表面会浸染上一层淡红色的色彩。所以，设计师在用电脑作图时也需要考虑并想象环境色的影响。

【练习方法】三大构成

三大构成指的是平面构成、色彩构成、立体构成。三大构成起源于包豪斯建筑学院，这所学院是一所在设计历史上非常重要的学术机构。三大构成是美术知识过渡到设计领域中最重要的一个转折。掌握了美术知识并练习熟练到一定的程度后，就可以开始三大构成方面的练习。三大构成的练习方法具体如下。

平面构成：点、线、面是画面最小的单位。如果需要从无到有构建一个画面而不知所措时，可以尝试从点、线、面开始。同时，也可以尝试用点、线、面作为命题进行设计练习，这都是大多数高等院校对设计专业学生所采用的最有效的训练方法。

色彩构成：上文讲述了色彩原理的邻近色、对比色、互补色、环境色、固有色等，将这些知识融入练习之中，如用紫色和黄色创作一个对比强烈的画面，这就是色彩构成的练习方法。

立体构成：练习方法是通过对比、重复肌理、骨骼等三维空间物体，完成一组设计练习。通常UI设计是二维平面的图形设计，立体构成练习强度可以适当减少。但是如果大家对立体构成比较感兴趣，则可以查找一些相关资料进行了解。

Cocktail Hour

作者：Hayden Walker

The Lamp

作者：MUTI

Pattern

作者：Steve Wolf

2.3 色彩心理学

色彩心理学是美术知识学习中非常重要的一部分。它所研究的是色彩通过对人视觉上的刺激，而引发人情感和感官上的变化，通过日常生活中人们对应用色彩的经验积累而归纳总结出人类对色彩心理上的预期感受。在生活中，色彩心理学对人们有关颜色方面的认知有很大的影响。例如，人们常用“亮不亮”“艳不艳”“淡红”“苹果绿”等词语形容物体的色彩。如果开一家快餐店，选用什么颜色作为品牌的主色最合适？为什么交通灯用红色表示停止通行而不是绿色呢？这都涉及色彩心理学的相关知识。这里并不是说色彩本身就具有这些含义和情感，而是社会和人为的认知产生了情感上的思维定式，是关于社会、生活的情感心理学总结。运用好色彩心理学的作品可以带给用户极佳的视觉体验，引导用户的内心情感和思维沿着设计师预期的方向发展，进而影响用户的感知和行为，同时也可以反过来促进UI设计师自身的发展。

黑色

黑色是一种代表品质、权威、稳重、时尚的色彩，同时含有冷漠、悲伤、防御的消极情感。它是所有色彩中最有力量的，同时能够很快吸引用户的注意力。黑色可以吸收所有光线并且不产生反射，可以说是没有任何光进入视觉，它和白色相反。一般人们不想引人注目或打算专心处理事情时常用黑色。黑色作为一种无彩色，能使和它配合的其他色彩看起来更亮。所以，在界面设计中，黑色常与其他色彩搭配，使产品的颜色显得更加亮丽和时尚。黑色即使是和暗色系的色彩相搭配也会很好看。一般来说，黑＋红会特别引人注目，黑＋黄会显得活力突出、有亮点。黑色也有神秘、科技、稳重的色彩情感，很多科技产品都会使用黑色，或者选用黑色作为背景色。黑色是一种永远流行的主要色彩。

Personal Website Final Concept

作者：Jamie Syke

白色

白色是所有可见光进入视觉，包含光谱中所有色光的颜色，白色经常被认为是“无色”。白色的明度是最高的，并且没有色相。在RGB模式中，红、绿、蓝混合得到白色。白色传递一种简单、纯真、高雅、精致、信任、开放、干净、畅快、朴素的情感。单一使用白色通常不会引起任何情感，但是当白色与其他颜色配合使用时，白色可以是很好的衬托，大量的“留白”能让其他元素脱颖而出。在界面设计中，作为无彩色的白色，常用于背景色，以缓和各种颜色的冲突，衬托其他色彩，同时可以提高画面的明度，提高文字的可读性。虽然黑色和白色是极端对立的两色，但是黑色与白色搭配总是非常完美，永远都不过时。

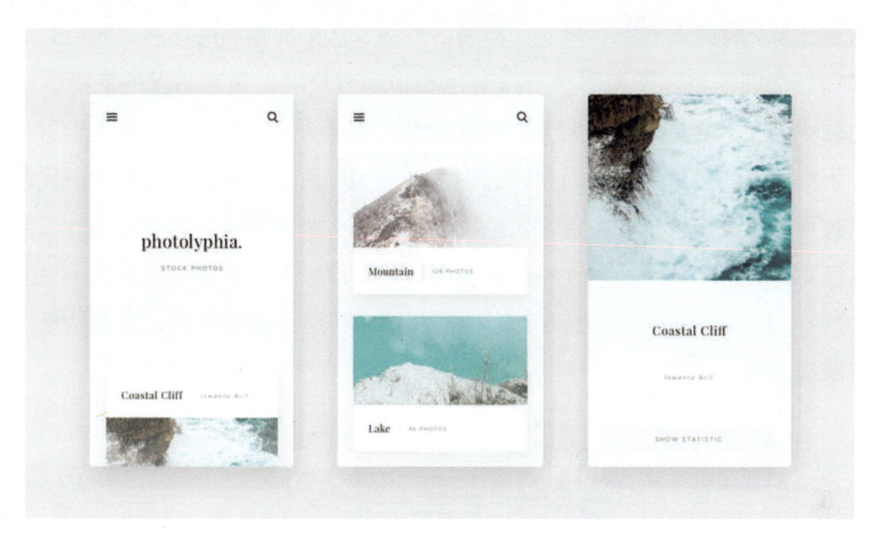

Stock Image Website

作者：Anton Chandra

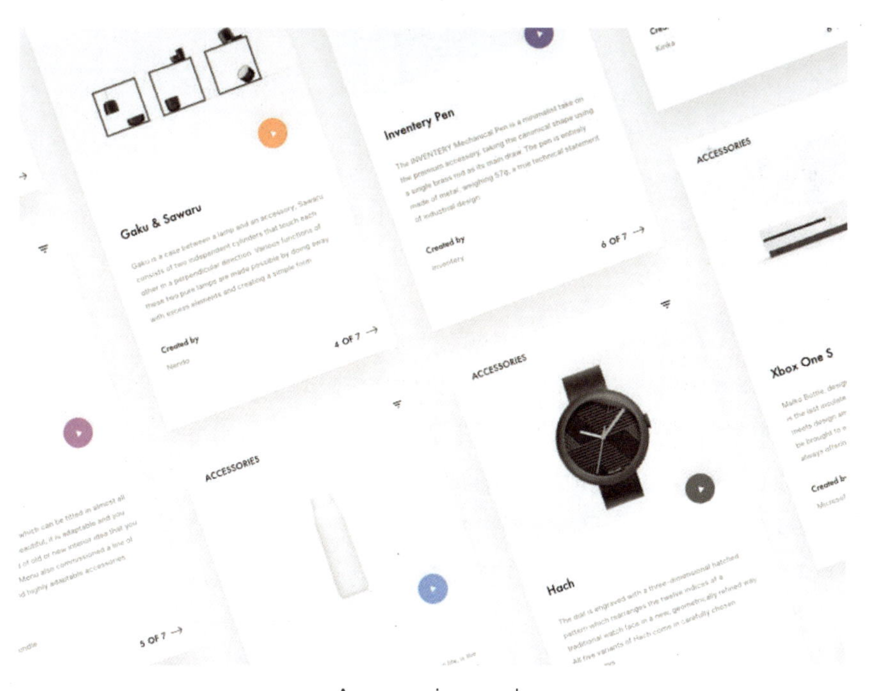

Accessories cards

作者：Nicola Baldo

灰色

灰色是一种代表睿智、老实、执着、严肃、压抑的情感的色彩。灰色介于黑色和白色之间，也属于无彩色，没有色相也没有纯度，只有明度的变换。使用灰色很少会犯严重的错误，因为它和任何颜色都能搭配。灰色也常常用于背景色或用于突出其他彩色。在画面中，很少会出现纯黑色，一般都是用深灰色代替黑色，也可以用浅灰色代替白色。灰色不像黑色那么坚硬刺眼，它更有弹性，并且比黑色更有深层次的力量。在RGB模式下，红、绿、蓝三色数值相等为中性灰，当R=G=B=128时为绝对中性灰。中性灰图层常用于商业修图、人像精修中调整皮肤质感等。

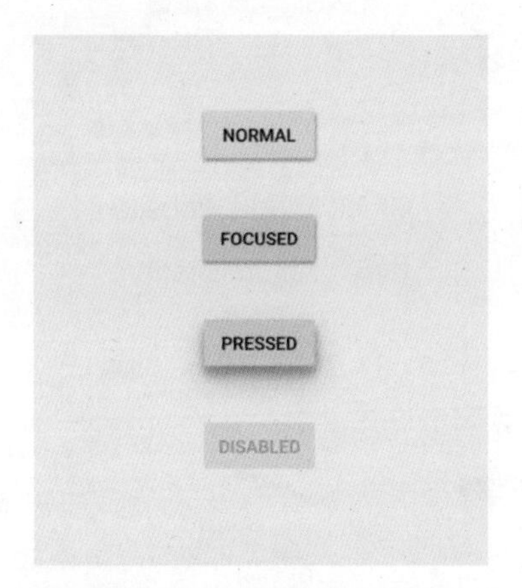

灰色按钮在设计中通常代表不可点击

红色

红色可以传递喜庆、自信、斗志、权威、性感的情感。红色是最能刺激人的视觉的一种颜色，甚至能够引起一些生理反应，如心跳加速、呼吸加快等。红色容易使人鼓舞勇气，引起人们的感情波动，引发冲动消费，所以快餐、电商行业的品牌设计多使用红色，目的就是引发冲动，引导消费。例如，麦当劳、京东、小红书等，其品牌设计都使用了红色元素。红色的色感温暖，性格刚强而外向，但容易造成人的视觉疲劳。红色也是备受中国人喜爱并被广泛运用的一种传统色彩，在中国传统文化中代表了吉祥、团圆、喜庆。红色是血液的颜色，因此在西方文化中红色也代表了警示、告诫，在界面设计中常用红色的文字和按钮警示用户慎重操作。

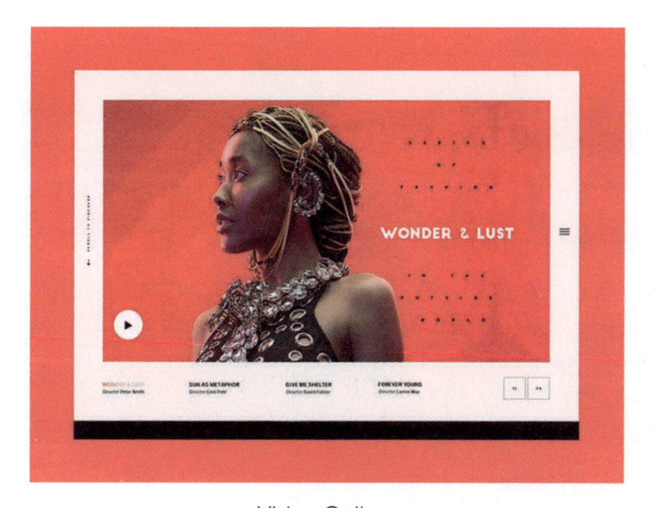

Video Gallery

作者：Mikha Makhoul

绿色

绿色是自然界中最常见的颜色，代表生命力、青春、希望、宁静、和平、舒适、安全的情感。绿色是黄色＋青色，是冷暖色之间的过渡颜色，它既可以是偏向黄色的、温暖的黄绿色，也可以是偏向青色的、高冷的蓝绿色。所以，绿色很灵活，可以和各种颜色搭配产生不同的感觉，发挥平衡和协调的作用。绿色在生活中被广泛运用，如安全出口的颜色就是绿色。但绿色的饱和度要适当控制，如高饱和的绿色也会令人兴奋，引起注意。

Illustrator of web design

作者：Zoeyshen for Radio Design

蓝色

蓝色是三原色中的一种，代表永恒、灵性、清新、自由、放松、舒适、宁静、商务、忠诚的情感。在国外的App中，蓝色是最常用的颜色。蓝色是天空的颜色，是大海的颜色，几乎没有人会对蓝色反感。深蓝色往往会为其他性格活跃、极富表现力的色彩提供一个深远、平静的平台，给人一种强大而可靠的感觉。蓝色被淡化后依然有很强的个性，给人清爽、自由的感觉，这种感觉还能转化为一种信任，吸引人们使用。即使在蓝色中加入少量的其他颜色，也不会对蓝色的性格产生太大的影响。蓝色可以使人的内心感到平和，有助于人的头脑变得冷静。

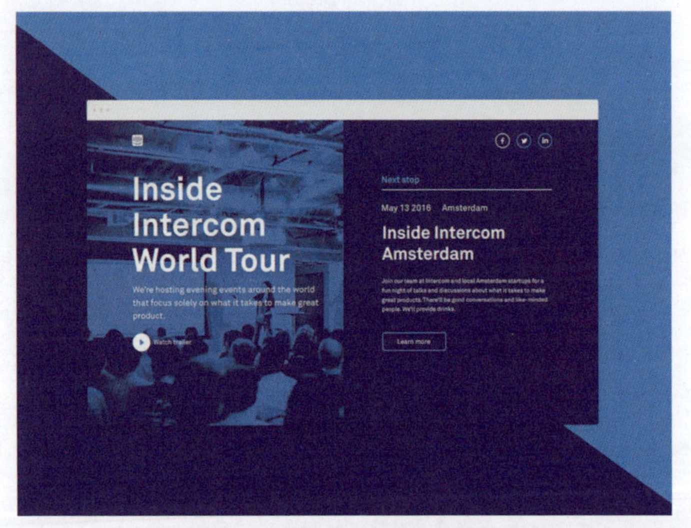

Inside Intercom World Tour case study

作者：Frantisek Kusovsky

紫色

紫色是一种代表优雅、浪漫、高贵、时尚、神秘、梦幻、灵性、创造性的颜色，也是儿童和有创造力的人十分喜欢的颜色。紫＝红＋蓝，在色盘上位于红色和蓝色之间，是冷暖色的交汇。紫色的明度在所有有彩色的颜色中是最低的，与不同的颜色结合会展现出不同的风格特色。紫＋粉常用于女性化的产品调性；黄色是紫色的对比色；紫＋黑略显沉闷、压抑；紫＋白可以使紫色沉闷的性格消失，变得充满女性魅力。

Urban Culture — Presentation Slides

作者：Hrvoje Grubisic

黄色

黄色是一种代表阳光、青春、活力、时尚、尊贵、年轻、轻快、辉煌、希望的颜色。红色＋绿色可产生黄色，黄色和蓝色是互补色。黄色是四个心理学基色之一。黄色的明度极高，极为显眼，尽管在警示效果上没有红色那么明显和强烈，但是还是能给人很醒目、很危险的感觉。同时因为过于明亮，黄色也是一种难以运用的颜色，性格不稳定常会有偏差，和其他颜色配合使用时容易失去本来的性格。黄＋白看起来很刺眼，而黄＋黑则会很有亮点。例如，ofo小黄车和站酷都是黄＋黑的组合。黄＋蓝也很流行，它可以唤醒蓝色的沉静，造成一个高对比度的视觉冲击。在我国古代封建社会皇室中，黄色也有特殊的含义，代表着尊贵和权威。明度较低的黄色则会显得很脏。

Webdesign

作者：Firman Suci Ananda

2.4 极简设计史

UI设计师必须要了解一些基本的设计历史和美术知识，这样才能对自己的工作有一个全面的认识。为了补充非设计专业毕业的朋友的设计历史知识和美术知识，笔者通过本节进行简单介绍。设计史是一个内容非常丰富、知识点非常繁杂的庞大体系。假如没有投入足够的学习时间，很难系统地搞清楚，所以一般想速成的人没有太大的兴趣花费时间阅读太长的文章。但在设计作品中又需要设计师了解一些设计风格和设计历史背景。为了解决这个问题，本节用最简短的方式简洁地介绍设计历史中设计师必须要了解的几个阶段，希望大家对其内容进行大概了解。

设计的工匠时期（Craftsmanship Times）

设计可分为很多门类，如建筑设计、广告设计、字体设计等，其历史相当久远。我国的设计最早可以追溯到秦朝。而在19世纪的欧洲，设计并不是“阳春白雪”与赏心悦目，而是真实的生产力与皇家用于炫耀权势的摆设。姑且将人类史上工业革命之前的设计统称为工匠时期，因为这个时期的设计师更接近于能工巧匠。在欧洲，设计慢慢地走向了更烦琐、更花哨的设计风格。这种变化是顺应法国王朝浮夸的要求而产生的。法国王朝的炫耀权势和贪图奢华，催生了巴洛克风格（Baroque）和洛可可风格（Rococo）这样的复杂设计风格。当代社会偶尔还能在一些家装中找到一点巴洛克和洛可可设计风格的影子。有时在一些婚纱摄影类网站或公司网站设计中也会应用一些比较接近这种富丽堂皇特点的设计风格。

巴洛克，是一种代表欧洲文化的典型艺术风格。该词最早来源于葡萄牙语（Barroco）“不圆的珍珠”一词，最初特指形状怪异的珍珠。在法语中，“Baroque”为形容词，有“俗丽凌乱”的意思。作为一种艺术风格，巴洛克最早起源于16世纪下半叶的意大利。到了17 世纪，巴洛克风格开始在欧洲盛行，艺术批评家认为巴洛克是一种堕落瓦解的艺术。

巴洛克风格

洛可可风格是指产生于18世纪的欧洲，特别是在法国路易十五时期盛行的一种设计风格。法国国王路易十五在执政后期宫廷生活糜烂，追求复杂和奢华的生活，对这种洛可可风格喜爱有加。洛可可风格的特点就是妩媚和矫揉造作，主要代表人物有华托（Jean Antoine Watteau，1684－1721）、布歇（Francois Boucher，1703－1770）和弗拉戈纳尔（Jean Honore Fragonard，1732－1806）等。

洛可可风格

工艺美术运动（The Arts & Crafts Movement）

18世纪下半叶至19世纪上半叶，工业革命在英国如火如荼地开展起来，伦敦世界博览会上展出的新鲜工艺技术让当时的人们大开眼界。于是各国纷纷开办了工厂，产生了资本家和工人阶级。但是，本书讲的主题是设计，那么设计在那个时代随之发生了什么样的改变呢？由于当时的机器生产工艺无法做出巴洛克和洛可可风格的产品，因此产品设计变得很粗糙、很低端，于是艺术家和设计师就只能把目光重新放回到巴洛克和洛可可以前。由此产生了一次“设计还是以前好”的运动，这次运动被称为工艺美术运动。在工业美术运动中开始重新重视旧风格（如哥特式风格），并且崇尚手工工艺，反对机械生产的粗糙产品设计。

哥特（Goth）是最早流行于中世纪时期（5—15世纪）的艺术风格，以恐怖、超自然、死亡、颓废、巫术、古堡、深渊、黑夜、诅咒、吸血鬼等为元素。哥特式风格表现出一种黑暗、恐惧、孤独、绝望的艺术主题。哥特一词原指哥特人。还有一种说法是“Gothic”一词源于德语Gotik，词源是Gott，音译为“哥特”（意为“上帝”），因此哥特式也可以理解为“接近上帝的”的意思。哥特式风格被广泛地运用在当时的建筑、服装、产品设计上，是一种目前看来稍显非主流的艺术形式。

哥特式建筑风格的教堂

德意志工业同盟（Deutscher Werkbund）

给设计一点时间，设计就会还你一个惊喜。工艺美术运动和新艺术运动之后，在当时工业革命设计水平最领先的德国，设计师们成立了德意志工业同盟。这时因为工业的发展，民众产生出一种对繁复和装饰过度的厌恶情绪，当然这种情绪的盛行也是因为当时的机器生产工艺很可能无法很好地演绎巴洛克和洛可可设计风格。于是，以彼得贝伦斯（Peter Behrens）为代表的德国设计师设计了一大批简洁风格的作品，这些作品的审美直到今天仍有很深的影响力。例如，目前很多人喜欢某些品牌的简洁设计，而父母总会给电视遥控器套一个洛可可或巴洛克风格的防尘套子。

彼得贝伦斯

彼得贝伦斯的作品（一）

彼得贝伦斯的作品（二）

彼得贝伦斯的作品（三）

1919年的4月1日，第一次世界大战的硝烟刚刚散尽，在德国的魏玛市就诞生了一所专科学院——包豪斯建筑学院。此时的德国作为一个战败国，经济混乱，社会动荡。不幸的是这所学院成立不久就卷入了当时复杂而畸形的政治斗争中，于是学院被迫解散。虽然这个学院持续存在的时间与人类文明的历史长河相比微不足道，但是这所学院创立之初的光辉理念却一直照亮人类设计史。直到今天，包豪斯的三个精神对界面设计仍具有深刻影响：第一，设计是艺术与技术的统一；第二，设计的目的是人，而不是产品本身；第三，设计必须遵守自然法则。这些都是以用户为中心的设计思想。包豪斯在互联网还没有出现之前就已经有了这样的原则。学院被解散后，一大批教师和学生前往美国、英国等地，为世界设计的发展做出了极大的贡献，如蒙德里安就曾是包豪斯建筑学院的老师。

包豪斯建筑学院

蒙德里安作品

现代主义设计（Modernism Design）

受包豪斯的影响，在第一次世界大战之后诞生了现代主义设计。第二次世界大战之后出现了后现代主义设计。但是无论怎样变化，现代主义设计都是目前设计风格的基石。例如，苹果电脑、苹果手机、SONY都是现代主义设计风格。现代主义设计时期诞生了很多大师，如柯布西耶（Le Corbusier）、密斯·凡德罗（Ludwig Mies Van der Rohe）、迪特·兰姆斯（Dieter Rams）、菲利普·斯塔克（Philippe Starck）等。

New York Chair（纽约椅）

日本品牌无印良品网站，现代主义设计风格

安藤忠雄的建筑作品

耐克官网多使用矩形、减少装饰，现代主义设计风格

其他现代风格

虽然我们生活的时代没有大规模的设计风格变迁，但是在现代主义之后还是出现了后现代风格、解构主义等不同的风格。这些风格与之前历史上的风格汇聚交融，诞生了一个多元化的时代。加之互联网、移动互联网的诞生和飞速发展，设计艺术的风格空前多元化。

拟物风格（Realism）

拟物风格是在智能手机流行后才逐渐兴起的。当时手机的图标和界面为了让大众更容易接受，于是就做成一块黑镜上可以点击的按钮形状的图标和界面，而且往往将其设计成具有皮子的质感或者玻璃的质感。这样可以更好地理解设计师的目的——这里是可以点击的，引导用户的思维和行为。拟物风格流行了很长时间，直到大家完全适应了屏幕化的人机交互形式，才发觉这种模拟真实世界的设计其实有些“多余”“充满噪声”。但拟物仍然是目前UI设计中一个不可或缺的重要风格。

拟物风格的图标设计

乔布斯发布的初代iPhone 搭载了出色的拟物风格设计

扁平设计风格（Flat）

相较拟物风格而言，扁平设计风格强调简洁和克制，不允许设计师使用大量的材质和质感，而是用形状和色彩进行表达。最初的扁平化风格要求更加苛刻，只允许使用纯色和形状。但是由于用户无法接受，后来扁平化风格演化成了带有一些阴影和渐变的风格。有些人把这种风格称为微拟物或者微扁平，这都是可以的。扁平化风格其实就是在信息传递的噪声和表达情感之间取一个中间值。

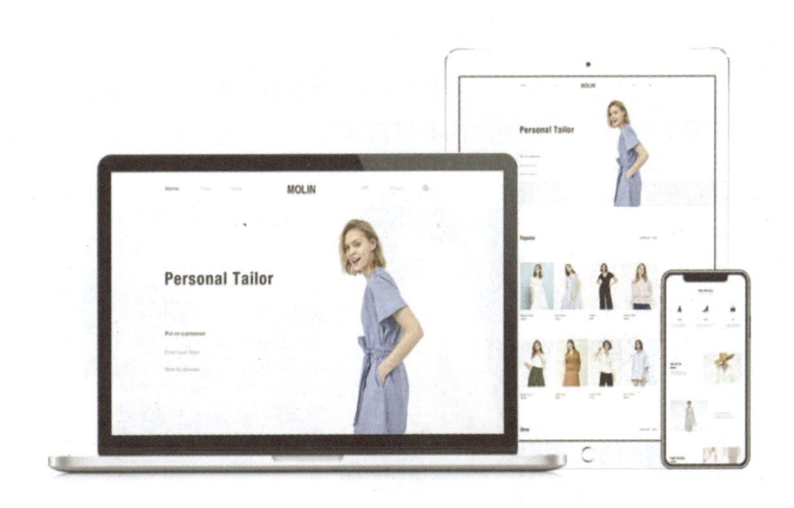

扁平化的网页设计

波普艺术（Pop Art）

波普艺术来源于商业美术，是将大众文化的一些细节（如一些名人等虚拟肖像）进行放大和复制。波普艺术于20世纪50年代后期在纽约发展起来。20世纪60年代中期，波普艺术代替了抽象表现主义而成为主流的前卫艺术。在日常设计的运营设计中，可以经常见到波普艺术的身影。

著名的波普艺术作品

蒸汽波艺术（Vaporwave）

蒸汽波是蒸汽和波普的混合，起源于音乐，并在音频中发扬光大，那它究竟是一种怎样的音乐风格呢？vapor是蒸汽的意思，加上很“浪”的wave组成充满复古腔调、妖艳配色的风格。这种风格给人一种复古的潮流感。蒸汽波在中国互联网设计圈广受欢迎，也受到用户的高度喜欢。

《攻壳机动队》海报

淘宝新势力周运营图

赛博朋克风（Cyberpunk）

赛博朋克（Cyberpunk是英语生化人“cybernetics”和朋克“punk”的结合词），是科幻小说的一种风格。有些地区的一些建筑因为地形地貌的原因往往会表现出一种后现代的科幻感。很多电影也会在这些城市取景采风，并设计自己的赛博朋克风格。

中国香港——赛博朋克感觉很强的地区

电影《银翼杀手》概念图

蒸汽朋克风（Steampunk）

蒸汽朋克也是一个合成词，由蒸汽steam和朋克punk两个词组成。蒸汽代表以蒸汽机作为动力的大型机械，朋克则是一种边缘文化。蒸汽朋克的作品往往依靠某种假设想象出来的新技术，如通过新能源、新机械、新材料、新交通工具等方式，表现一个平行于19世纪西方世界的架空世界观，并努力营造它的虚构和怀旧等特点。蒸汽朋克风格略带颓废和黑暗的感受，与上文介绍的哥特式风格有些接近。

蒸汽朋克风的标志 ——黑死病时期的鸟头面具

孟菲斯设计风格（Memphis Style）

孟菲斯，1981年由意大利设计师Ettore Sottsass倡导成立的设计师团体，被称为“孟菲斯集团”。孟菲斯的设计风格颠覆了传统设计观念，将对立的不同元素进行拼接和碰撞，使用明快的色彩和怪诞的元素表达其极具风格的文化内涵。孟菲斯风格在色彩上打破配色规律，使用一些纯度高、颜色亮的色调，尤其是粉红、粉绿等鲜艳的色彩，再加上多样的图形与线条完成设计。孟菲斯设计可以尝试用于互联网运营图中。

西班牙设计师Álvaro Peñalta的作品

Camille Walala为伦敦设计节做的空间设计

Lee Broom为英国瓷器品牌Wedgwood设计的孟菲斯系列

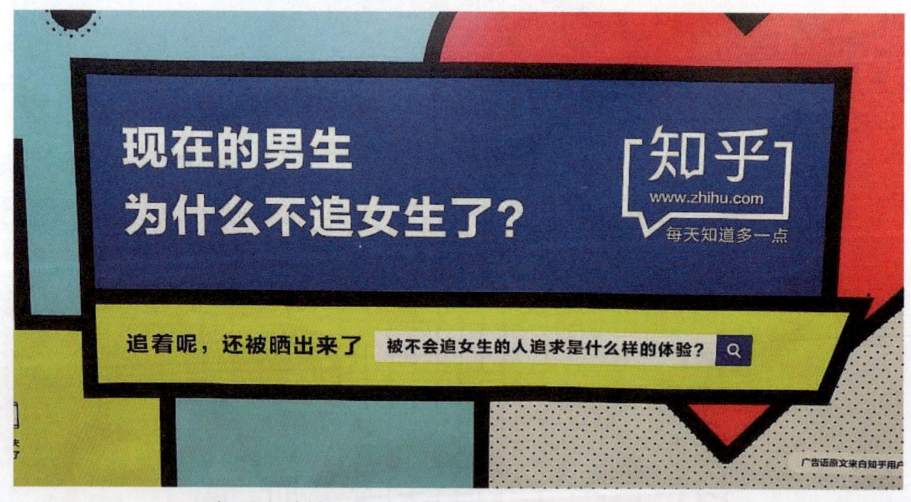

知乎在地铁内投放的带有孟菲斯设计风格的广告

设计风格的现状

目前是一个艺术繁荣、设计多样的时代。一些以现代设计为主的品牌，加之其他诸如洛可可和巴洛克、哥特式等许多不同风格的设计产品，组成了大众的生活审美。设计师在做设计时甲方或者产品经理总是在提“高端、大气、上档次”，实际上他们可能是在描述现代主义设计；“奢华”可能是在说巴洛克和洛可可的复杂风格。所以，下一次甲方或产品经理再提设计需求时，设计师可以为他们简单普及设计的不同风格和发展历史，引导需求方用更精准的设计术语表达他们对设计师的要求，更恰当地说出他们心中想说的话。

美术知识和设计历史非常有意思，真诚地希望通过上述介绍大家可以对设计师必须掌握的知识体系产生浓厚的兴趣，并对此有一个整体的把握。但知识终归无法代替练习，如果大家想学习手绘，还是需要拿出纸和笔多加练习。

第 3 章　设计师的版式基础

3.1　关于平面设计知识

提起平面设计，人们很容易联想到平面设计师。其实平面设计不仅是一种职业，还是一个重要的设计知识体系。多年的UI设计工作经历使笔者清楚地认识到，平面设计知识应当是UI设计和其他设计领域中必备的能力。然而提到平面设计，有很多朋友会理所当然地认为“平面设计是属于纸媒行业的事”，从而忽略这部分知识对UI设计的重要性。有鉴于此，本章将平面设计知识体系中最重要的知识点梳理出来，简明扼要地进行介绍，以供大家学习。平面设计（Graphic Design），也称为视觉传达设计，是指在二维平面内通过多种设计组合传递信息的视觉表现设计。平面版式设计需要使用字体知识（Font）、视觉设计（Visual Design）、版面（Layout）等方面的专业技巧达到创作计划的目的。平面设计非常重视版式的设计，而版式并非只有纸媒才需要重视。如果想做好移动端设计、网页设计甚至是其他领域的设计，就一定要加强学习平面版式的基础知识。

3.2 平面构成

学习平面版式基础之前，需要先了解平面构成原理。平面构成是运用点、线、面和其他技法构成基本元素的设计方法。它是设计师在工作之前必须要学会的视觉设计语言。如果有时间就一定要多多练习。只有边练习边摄取知识，知行合一，效果才能更好。

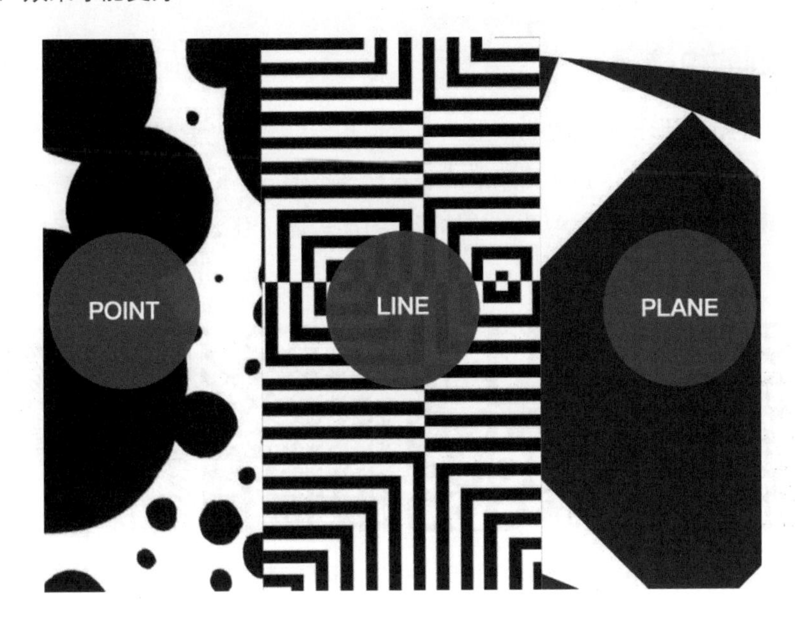

点的构成

点是平面构成的基础要素。点可以是不同大小的、不同疏密的、不同虚实的点；也可以是整齐的点、随意排列的点。在一个画面上点可以有大小、疏密、虚实、整齐和随意对比之分，对比就会产生韵律感。当仅仅依靠点构建画面时，设计师会想方设法地使画面丰富，用心布置点的变化。

线的构成

常用的线有垂直线、水平线、斜线、曲线等。垂直线和水平线都会给人以稳定的感觉；斜线会让人觉得更加有冲击力；曲线带给人的感受则更加柔和。将不同粗细、不同韵律的线条组合起来运用，作品将会有更强的视觉引导效果。

面的构成

面的种类有不规则形状和几何形状两种。在风靡全球的《纪念碑谷》手游中有个词——“神圣几何”，笔者非常喜欢。几何图形真的是很神奇的存在，是可以用严谨的数学语言表达出来的。大家在小学和初中时就已开始接触学习几何图形，如三角形、圆形、矩形、正方形、椭圆等。这些几何图形在视觉上给人的感觉非常舒适。当设计师在创作的过程中没有灵感时，可以从几何图形中寻求灵感。不规则形状其实也可以分解成多个不同的几何图形。

平面的构成

平面构成的形式有重复构成形式、近似构成形式、渐变构成形式、发射构成形式、特异构成形式、密集构成形式、对比构成形式、肌理构成形式等。设计师如果发现自己在平时工作中图形的排版能力比较差，那么笔者建议多多了解平面构成的形式并加以练习。

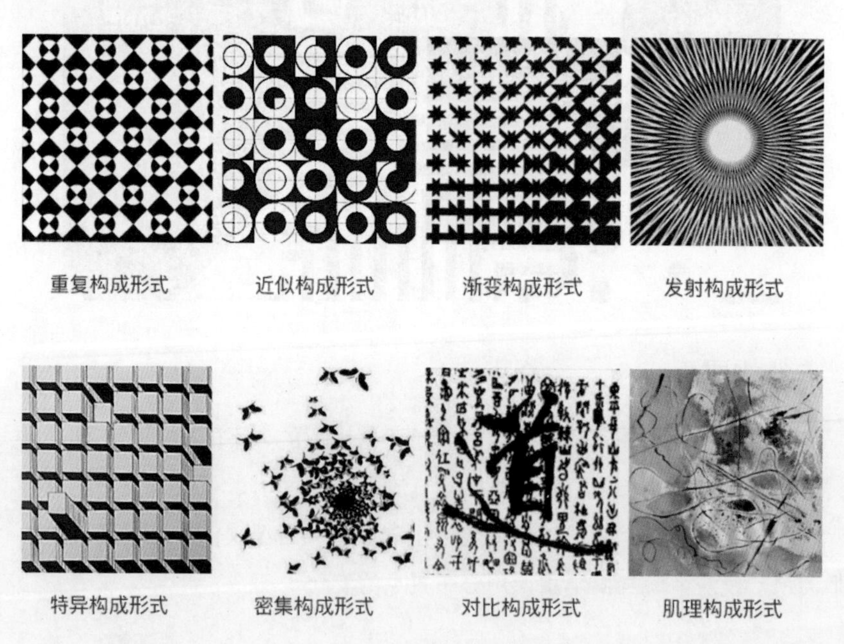

重复构成形式　近似构成形式　渐变构成形式　发射构成形式

特异构成形式　密集构成形式　对比构成形式　肌理构成形式

重复构成形式

重复构成形式是用一个基本的元素在一定的形式下重复排列，重复排列对方向和疏密会产生一种秩序的美感。重复构成的两种方式如下：第一种是二方连续，二方连续是图案的一种组织方法，是由一个单位纹样向上下或左右两个方向反复连续而形成的纹样；第二种是四方连续，是由几个纹样组成一个单位向四周重复地连续和延伸扩展而形成的图案样式。

近似构成形式

近似构成形式是使用相似的元素进行构成的一种方式。近似构成讲求在统一中带有变化，设计上采用基本形状之间相加、相减求得近似的基本形。基本形类似的构成形式就是近似构成形式，总的来说就是看着一样，实则要有变化。

渐变构成形式

渐变构成形式是把基本元素的大小、方向、虚实、色彩等关系进行渐次变化排列的构成形式。渐变可以通过颜色、方向、虚实的变化完成，也可以通过外形的变化完成。总之，渐变构成不一定是人们通常理解的颜色渐变。

发射构成形式

发射构成形式是以一个点或多个点为中心向周围发射扩散的，具有较强的动感及节奏感的形式。发射构成首先需要有骨骼线，骨骼线就是画面走向的一个看不见的线索，然后选择使用离心式、向心式、同心式等几种发射方法进行设计。

特异构成形式

特异构成形式是在整体画面都有规律、有固定形态的情况下进行小部分的变异，以突破单调画面的形式。特异构成可以通过颜色、形状、线条等部分的变异进行。很多运营类设计也会应用到特异构成形式。

密集构成形式

密集构成就是在画面中使用大量重复密集的元素，给观察者一种压迫感，使其感知元素与留白的对比的形式。密集构成很容易给观察者造成震撼和心理压力。

对比构成形式

在做对比构成时，可以通过使用元素的形状、大小、方向、位置、色彩、肌理等进行对比，也可以使用重心、空间、有与无、虚与实的关系元素进行对比。对比会产生强烈的反差和感官刺激。

肌理构成形式

物体表面图案的纹理称为肌理，以肌理为构成的设计就是肌理构成。在做肌理构成时如果用Photoshop软件会非常方便，可以用图案、贴图等方式完成肌理的制作。

3.3 排版中的元素

排版中的元素

在平面设计过程中，设计师其实是在组织图片、文字、按钮、图标等最小元素的信息架构。这些元素是画面中的最小单位，它们本身就附带某个信息，如作品的标题、某项功能、展览会场的地址、某个景点的照片等。作为必要的信息，这些元素不能因为不好看而被删减，需要将它们放在画面中，并根据其重要性进行排列组合。

3.4 字体知识

字体是排版中最重要的元素，也是最直接的信息传达方式。一般来说，设

计师需要了解的字体通常有中文字体和西文字体两种。西文字体由来已久，从最早的罗马字体到目前苹果手机中的SFUI字体，西文字体经历了许多设计上的变革。西文字体可以分为罗马字体（Roman）或衬线体（Serif）、无衬线体（Sans-serif）、手写体（Script）、雕刻字系（Glayphic）、典籍体字系（Classical）、装饰体字系（Decorative）、展示体字系（Display）、当代字体字系（Contemporary）、符号字系（Symbol）等。由于开始时期人们不够重视版权，中文字体的发展并没有西文字体那么顺利，数量上也远远落后于其他字体。但中国设计正在崛起，在一大批设计师的努力下，中文字体的数量正在呈指数级别增加。中文字体主要分为以下三种：第一种是黑体（笔画上没有装饰的字体），黑体也有不同的具体字体，如苹方、微软雅黑、思源等；第二种是由书法作品演变而来的字体，如宋体、楷体、仿宋体、行楷、隶体、魏体、舒体、颜体及钢笔书写的字体等；第三种是美术字体，如综艺体、美黑体、水柱体、娃娃体等。

字体

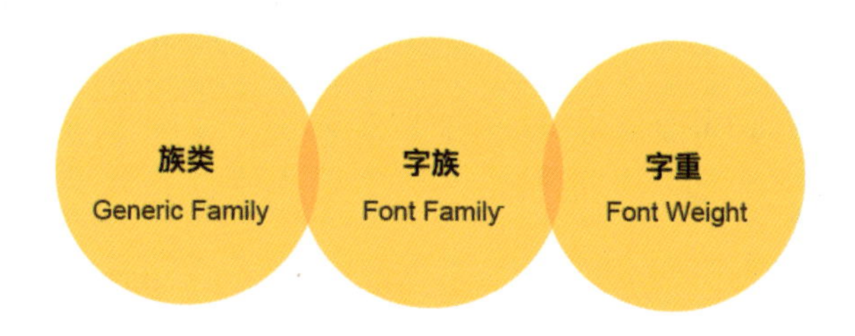

族类（Generic Family）

本节笔者引用了前端工程师在CSS样式表（一种用于表述网页样式的代码）中族类的概念。常见的字体族类有衬线体（Serif）、无衬线体（Sans-serif）、手写体（Script）、梦幻字体族（Fantasy）、等宽字体族（Monospace）五种。衬线体的特点是笔画结尾处有装饰性的处理，如Times New Roman、Georgia、宋体等。非衬线体粗细比较均匀、现代，并且在字号较小的情况下依旧可以保持可读性，如Arial、Helvetica、幼圆、楷体等。手写体就是由手写而产生的字体，如迷你简黄草、Caflisch Script等。梦幻字体族听上去稍显非主流，但也是字体中不可忽视的“一支力量”，常见的梦幻字体族有WingDings、WingDings 2等。等宽字体族是将26个英文字母全部变成等宽，这样做的好处就是排版将会非常轻松。常见的等宽字体族有Courier、Prestige等。总体来说，字体的族类是衬线体和非衬线体两个大类，衬线体就是笔画处有装饰的字体族类，非衬线体就是笔画粗细接近的字体族类。

字体分类

字族（Font Family）

一个族类包含不同的字体，然而一个字体又可能有好几个字族。如果电脑中安装了Helvetica，在Photoshop中会发现字体选择器下包含30多个前缀是Helvetica的字族。这是因为数字体设计师除了设计从A到Z的大小写字体、从0到9的数字、标点符号之外，还设计了同样字体的不同族类协助人们在不同的使用场景下表达合适的意思。字族一般有正常（Regular）、窄体（Narrow）、斜体（Italic）、粗体（Bold）、粗斜体（Bold Italic）、黑体（Black）等。虽然字体的字族有多有少，但是一般都具有正常、斜体、粗体、粗斜体四种基本字族。在应用场景上，通常粗体表示强调，斜体表示引用，正常表示正文内容。笔者发现很多设计师喜欢乱用斜体，其实斜体的设计并不是为了好看，而是在书中代表“本段文字引用的是另一个著作”的含义。

现举例如下：“*设计的作用在于寻找功能和社会间的接点，在功能足以说明一切的前提下，装饰成分是可以节制的，如何把握节制的度是考验一个设计师是否成熟的标尺。*”（引自田中一光的《设计的觉醒》）

Helvetica Light

Helvetica Neue LT Pro 56 Italic

Helvetica Neue LT Pro 75Bold

Helvetica 86 Heavy Italic

Helvetica Neue LT Pro 55Roman

Helvetica 87 Heavy Condensed

Helvetica 65Medium

Helvetica Neue LT Pro 33 Thin Extended
Helvetica Neue LT Pro 35 Thin
Helvetica Neue LT Pro 36 Thin Italic
Helvetica Neue LT Pro 37 Thin Condensed
Helvetica Neue LT Pro 37 Thin Condensed ...
Helvetica Neue LT Pro 23 Ultra Light Exten...
Helvetica Neue LT Pro 23 Ultra Light Exten...
Helvetica Neue LT Pro 25 Ultra Light
Helvetica Neue LT Pro 26 Ultra Light Italic
Helvetica Neue LT Pro 27 Ultra Light Cond...
Helvetica Neue LT Pro 27 Ultra Light Cond...
Helvetica Neue LT Pro 43 Light Extended
Helvetica Neue LT Pro 45 Light
Helvetica Neue LT Pro 46 Light Italic
Helvetica Neue LT Pro 47 Light Condensed
Helvetica Neue LT Pro 47 Light Condensed...
Helvetica Neue LT Pro 53 Extended
Helvetica Neue LT Pro 53 Extended Oblique
Helvetica Neue LT Pro 55 Roman
Helvetica Neue LT Pro 56 Italic
Helvetica Neue LT Pro 57 Condensed
Helvetica Neue LT Pro 57 Condensed Obliq...
Helvetica Neue LT Pro 63 Medium Extended
Helvetica Neue LT Pro 63 Medium Extende...
Helvetica Neue LT Pro 65 Medium
Helvetica Neue LT Pro 66 Medium Italic
Helvetica Neue LT Pro 67 Medium Condens...
Helvetica Neue LT Pro 67 Medium Condens...

不同的字族

字重（Font Weight）

一个字族中的任何一个字体都会有不同笔画粗细的变化。这种字体的粗细变化称为字重（Font Weight），字族后面的字重选项如“Thin”“Light”“Regular”“Book”“Bold”“Black”“Heavy”都是一个字族下字体的不同粗细变化。实际上，国际标准化组织（ISO）规定了九种字重，由于有些字重不常见，通常人们记忆以上七种字重即可。中文字体也有相应的字重，如“极细”“细”“标准”“常规”“中等”“粗”“特粗”等。在使用场景中，如果需要强调某部分内容，如标题，一般会用粗体；在正文的设计中，一般会用常规或标准字体。英文也是如此，这些字重是为了突出文字而使用的。需要注意的是，在Photoshop中，可以通过字体面板为文字人工加粗，添加这种加粗效果后，如果想要转变成形状时会提示“该字体使用了加粗样式，不能变换”，可见这种人工加粗是有缺陷的。

Roboto Thin
Roboto Light
Roboto Regular
Roboto Medium
Roboto Bold
Roboto Black
Roboto Thin Italic
Roboto Light Italic
Roboto Italic
Roboto Medium Italic
Roboto Bold Italic
Roboto Black Italic

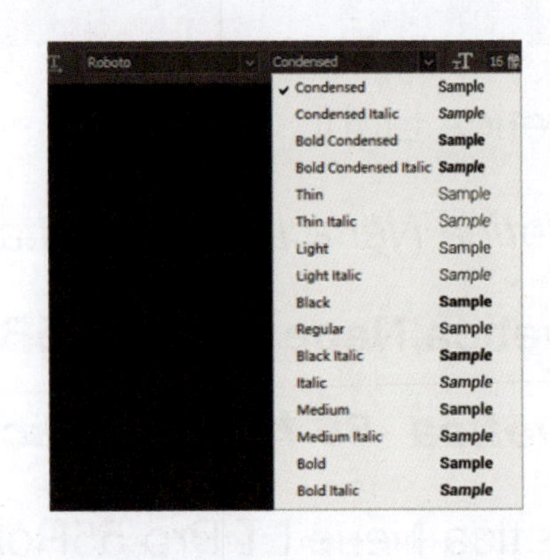

不同的字重

字体的气质

任何字体本身都会带有独特的气质，如一款圆角萌萌的字体会给人温柔调皮的感觉；边角锋利的字体会给人一种强硬的感觉；书法字体会让人觉得充满个性和中国风的意味；瘦长纤细的字体会给人一种未来感；等等。每个字体都能带给人特定的感受，这与色彩心理学中每种颜色能带给人不同的感觉一样，字体的外形和笔画也会给人一些心理暗示。

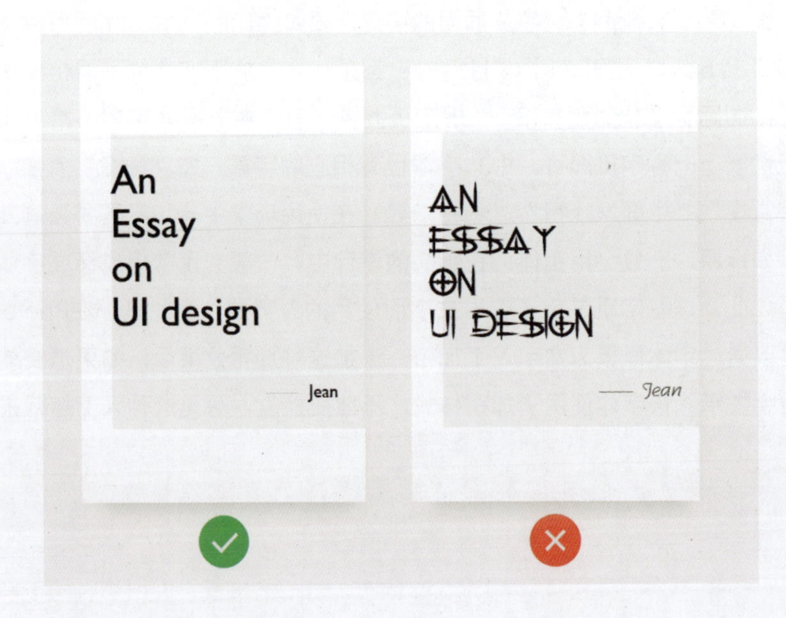

全角与半角

全角是指一个字符占用两个标准字符的位置。中文字符、全角的英文字符、国标GB 2312—1980中的图形符号、特殊字符都是全角字符。半角是指一个字符占用一个标准字符的位置。

通常情况下，英文字母、数字键、符号键等都是半角字符。半角和全角主要是针对标点符号来说的，因为正常情况下没有打全角英文的需求。

半角英文：english

全角英文：ｅｎｇｌｉｓｈ

半角符号：,.' ";:{}_+!@#$%^&*()

全角符号：，。’”；：｛｝＿＋！＠＃＄％＾＆＊（）

计算机编程基于英文，也就是半角字符，所以编程中的符号一定都是半角的，如：

```
name="郗鉴"
```

如果选用全角符号编程就会无效，如：

```
name＝“郗鉴”
```

设计师设计作品时也一定要记得中文搭配全角符号，英文搭配半角符号。否则会出现如“好的．”或者“ｔｈａｎｋｓ。”这样的错误。全角和半角的切换在中文输入法状态按“SHIFT＋空格”组合键可相互转换。这个知识点虽然非常基础，但的确是设计中经常出错的地方。

文字排版八条定律

第一条，保证文字是可读的。

第二条，不要在一个版面中使用三种以上的字体。

第三条，当英文作为标题或英文单独进行排版时，尽量全部使用大写而非首字母大写。中文作为标题或中文单独进行排版时结尾不需要句号。

第四条，文字之间的间距在UI设计中一般设置为0，行距一般为字号本身的1.5～2倍。但是考虑到用户使用场景，如用户在地铁内阅读新闻时，可能地铁会出现晃动的情况，导致阅读时文字串行，这时就需要考虑增加行距。总之，字间距、行距及文字大小都要依据实际场景进行决定。

在UI设计中，文字大小的单位须设置成px（像素），数字必须是偶数，如24px、26px、28px等。

第五条，阅读时文字需要与背景明显区分，如黑纸白字和白纸黑字的原则。

第六条，中英文混排已经过时，尽量避免在一个版式中使用中英文混排。

第七条，文本需要两端对齐，可以通过Photoshop中的段落面板、设置间距组合和避头尾法则实现对齐。遇到半角符号时可能会有点棘手，此时可以选择调整间距和空格等方式尽量使文本对齐。

第八条，中文前面需要空两个全角字符的空格，英文前面无须空格，但需要首字母大写。

3.5 西文字体

SF UI

San Francisco

San Francisco的中文译名为圣弗朗西斯科（又译旧金山），是美国加利福尼亚州第四大城市。在旧金山湾区内，坐落着全世界最著名的高科技产业区——硅谷，Google、Facebook、惠普、英特尔、苹果、思科、英伟达、甲骨文、特斯拉、雅虎等众多电子和软件领域的大公司总部都在这里落户。本节介绍的第一款西文字体就是以San Francisco命名的字体，它的开发者正是苹果公司。苹果字体San Francisco最早出现在Apple Watch 上，逐渐替换之前久负盛名的

Helvetica Neue字体成为iPhone / iPad / iMac 系列设备的默认字体。新出来的字体替代Helvetica Neue的具体原因如下。

第一，Helvetica Neue缩小以后不清晰。

苹果在Apple Watch的研发阶段就发现，供印刷的Helvetica Neue在如此小的屏幕下文字显示不清晰，于是热衷于开发新字体的苹果公司决定使用自家字体——San Francisco。

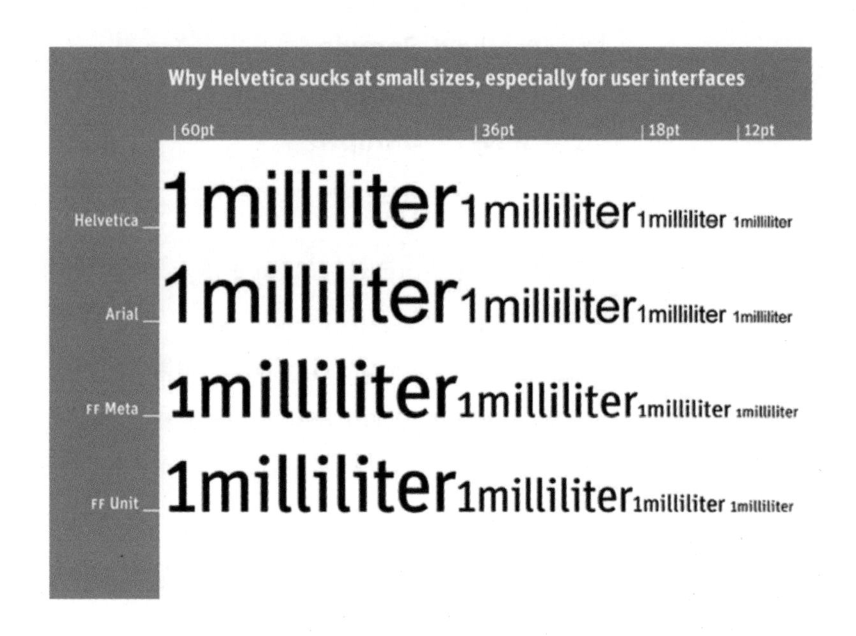

“Helvetica sucks” – Erik Spiekermann

Helvetica Neue在小屏幕显示很差

第二，San Francisco是为屏幕设计而非纸媒。

San Francisco 自诞生之日起就是为现代电子设备的屏幕显示而设计的。屏幕设计字体和传统纸媒的印刷品所使用的字体本来就有很大的区别：屏幕设计要求无论多大尺寸的屏幕、多少像素的文字，都能够清晰显示。而Helvetica字体诞生于1957年的“计算机新石器时代”，是一款经典的非衬线字体，下文将详细介绍这款字体。所以毋庸置疑，San Francisco的“天性”就适合在各种各样的屏幕中显示。当下载这款字体后会发现，这款字体有两款字族。例如，在Photoshop工具下的一个字体旁边会有一个框，可以选择这款字体更粗、斜体、更细等，这就是一个字体的不同字族。最典型的字族是由四种字体组成的，而它的名称——通常取自字族中“常规”分量的正文字体。正文字体、粗体、斜体及粗斜体，这四种补充字体构成一个完整的字体组合。

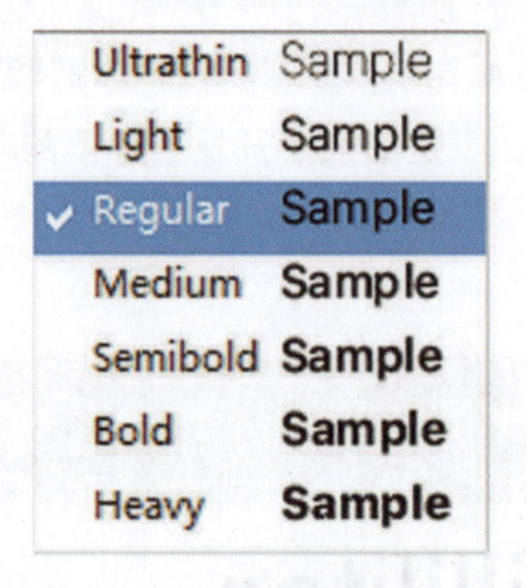

不同字族

有人喜欢使用文字面板中的加粗功能，这个功能不会和字族中的粗体（Bold）重合，这是因为字族中的设计都是由设计师一笔一画设计出来的，而文字面板中的加粗功能则是软件对文字的直接处理。因此，如果使用粗体，笔者建议使用粗体（Bold）的字族。San Francisco Text 系列字体用于小屏幕，相比 San Francisco Display 更宽，确保了小尺寸屏幕上显示的效果。另外，腾讯中一些小程序的设计指引中推荐使用的设计字体就是 SF UI 。

San Francisco

ABCDEFGHIJKLMNO
PQRSTUVWXYZ
abcdefghijklmn
opqrstuvwxyz
123456789&0

SF UI字体

“The quick brown fox jumps over the lazy dog.”（敏捷的棕色狐狸跳过懒狗身上。）这句话非常有趣，是因为它包含了英文的所有字母。这句话用SF UI 的Text和Display两个字族显示的区别如下所示。

The quick brown fox jumps over the lazy dog.

The quick brown fox jumps over the lazy dog.

用SF UI 的Text和Display两个字族显示的区别

Helvetica

“世界是你的，也是我的，但早晚是Helvetica的。”这款字体就在人们周围，和中文世界的微软雅黑字体一样差不多充满了整个世界。Helvetica字体人们肯定见过。很多知名品牌都是Helvetica字体，在机场、地铁，人们也可能会和这款字体不期而遇。Helvetica这个名字有点长，中文音译词是“哈瓦提卡”，而不是“萨瓦迪卡”。1957年，瑞士字体设计师爱德华德·霍夫曼（Eduard Hoffmann）和马克斯·米耶丁格（Max Miedinger）共同设计了这款字体。他们都是瑞士人，瑞士风格当时又被称为国际风格。Helvetica字体的版权属于Linotype公司。Helvetica最初的名称是“Neue Haas Grotesk”，是“哈斯的新无衬线铅字”的意思，后来改为 Helvetica，在拉丁文中的意思是“瑞士的”。Helvetica字体首先被使用拉丁字母和西里尔字母的国家广泛使用，后来同样的风格也被移植到希腊字母、希伯来字母和汉字中。

使用了Helvetica字体的品牌

Helvetica字体从技术上讲属于无衬线 Grotesque 字形，基于Akzidenz-Grotesk 字体。这款字体有自己的纪录片（片名为Helvetica），与之相关的书则多达100多种。有人觉得Helvetica字体影响力就像鲍勃・迪伦的诗和歌一样传遍全球，也有人觉得它就像可口可乐一样流行于全世界。当然有爱它的人，也有恨它的人。由于它属于无衬线字体，就像现代设计和扁平风格一样，引来了不少字体设计师的反对，甚至一部分字体设计师觉得它简直就不配称为有设计的字体。

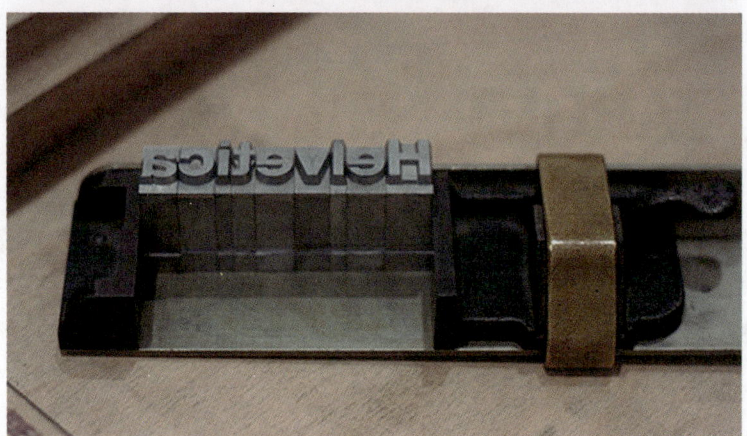

Helvetica字体

下载Helvetica字体时，有的人可能会迷惑：为什么还有一个Helvetica Neue字体？Helvetica Neue中的Neue的意思就是new，顾名思义就是“新的”的意思。Helvetica Neue字体是 Linotype 公司于 1983年推出的优化版本。Helvetica Neue 比 Helvetica 更完美，可选的字族也更多。如果有 Helvetica Neue 可用，通常就不再用 Helvetica。

当然，Helvetica字体最早的时候不是用作UI设计的，而是用作一款活字印刷的铅字。那时国外字体设计是一个很好的设计种类，设计师们有沙龙、有圈子。如果一个大公司想要订制一款字体，最后交付的场景可能是设计单位开过来一辆货车卸货，卸下来一大堆铅字。需要注意的是，字体并不是电脑自动显示生成的或是完全免费的，它也是有版权的。虽然苹果公司现在已经逐渐停止使用Helvetica系列的字体，但是这款字体已经改变了整个世界。作为无衬线字体的代表，它已经成为人类设计历史上一颗光彩夺目的巨星。

Myriad

ABCDEFabcdef
ABCDEFabcdef
ABCDEFabcdef
ABCDEFabcdef
ABCDEFabcdef
ABCDEFabcdef
ABCDEFabcdef

不同的字族

Myriad

这款字体可以音译为“麦瑞德”。与现在“受宠”的San Francisco字体、Helvetica字体一样，Myriad字体曾经也是苹果公司偏爱的字体之一。那么这款字体为何能与上文介绍的两种字体并称呢？下文将详细介绍这款字体的历史。

使用了Myriad字体的海报

Myriad作为一款西文无衬线字体，是由罗伯特·斯林巴赫（Robert Slimbach）和卡罗·图温布利（Carol Twombly）于1990—1992年以Frutiger字体为蓝本，为Adobe公司设计的字体。所以，这款字体其实也是很年轻的非衬线字体。这款字体的特征就是线条较为柔美，有一定的人文主义情怀，大写字母有一个水平轴线，而小写字母则是基于格里高利文书的模型而制作的。仔细观察后会发现，Myriad字体看起来比Helvetica字体更柔和、更有情感。

PAINTED Even people can
CURTAIN kindred objects
CROOKED hurl up air soft
STRAIGHT Pleasure cars
WHIRLING

EXPLODED

Under the pot a flame
take man-traps, pistols
Make locomotives crash
Bend the lines, crack, and the

Myriad字体

那么除了SF UI字体、Helvetica字体、Myriad字体之外，苹果公司还选用过其他字体作为自己的系统默认字体。由此看来，苹果公司的产品之所以会受到设计师们的喜爱，与苹果公司对设计的大力投入是密不可分的。而苹果公司这种为产品研发字体的精神确实是值得很多互联网公司学习的。

The quick brown fox jumps over a lazy dog.

Chicago字体和San Francisco字体一样，都以地名命名

苹果公司曾使用衬线字体作为广告语

Arial

Arial

Arial

Arial，笔者不太喜欢这款字体。Helvetica字体作为苹果公司的默认字体后，微软对自用字体的筛选结果也呼之欲出。当年的微软可能认为字体设计是比较次要的，这导致微软公司筛选字体的过程颇为戏剧化。微软在选择自己软件默认字体时发现，Helvetica字体价格昂贵！于是微软使用了一家厂商生产的一款类似于Helvetica的字体——Arial字体。如今，随着 Windows 字体渲染技术的不断演化，以及 Arial字体不断为 Windows 优化，Arial字体越来越适合 Windows。现在随着PC的兴起流行，默认跟着PC一起使用的字体（如微软雅黑、Arial）也逐渐流行起来。

Arial

Bold Ltalic Regular **Black** Narrow *Italic* **Bold**

Arial的不同字族

虽然因为价格的原因微软没有选择Helvetica字体，但生产Arial字体的公司Monotype（蒙那字体公司）也不逊色。该公司生产了约7 000种字体，其中最知名的字形有Baskerville、Bell、Bembo、Centaur、Garamond、Gill Sans、Plantin、Rockwell、Walbaum，以及众所周知的Times New Roman。Monotype

公司大概创始于1897年，该公司的第一个在中国语言方面的成就要追溯至1920年，是当时为印刷中文版“圣经新约”而铸造的字体。

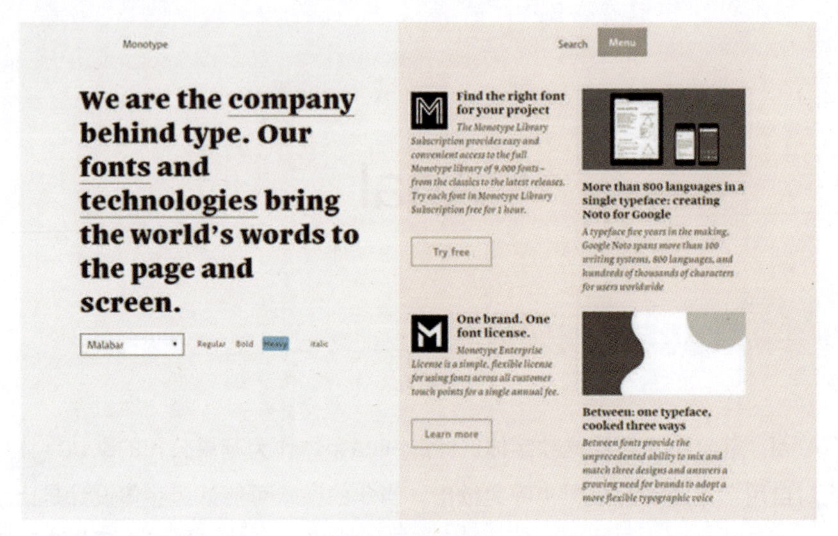

Monotype官网

如果大家使用的是Windows系列操作系统，那么网页上的中文字体大部分是宋体和微软雅黑，英文则大部分是Arial字体。设计师在做网页设计时，需要完整地模拟网页显示的文字效果。首先选择正确的字体，对于字族一般选择Regular，对于字号正文一般选用12px的大小。渲染模式一般分为无、锐利、犀利等，如果模拟的是PC系统显示，那么需要选择“无”，即浏览器对文字没有渲染。虽然看起来比较丑陋，但是很真实。需要指出的是，文字最小的阅读大小约为12px，这里指的是中文，而Arial字体10px也是可以阅读出来的，但是做网页设计还是建议用12px，同时数字也要尽量用Arial字体而不用宋体。

网页显示正文

宋体 12像素 无

网页使用微软雅黑情况

微软雅黑 Regular 16像素 Windows LCD

网页使用字体规范

Gill Sans

大家只需要记住这款字体是第一次世界大战后英国最时尚的字体即可，最英伦风也非它莫属。其设计者Eric Gill是一位著名的字体设计大师，英国人。他设计过很多字体，也绘制过版画，多才多艺。

设计大师Eric Gill

Monotype公司的这款Gill Sans字体是英国的Helvetica，特别清晰易读，因此颇为实用，既适用于正文也适用于标题，能够有效暗示时间和环境。关于Monotype公司还有一件事需要注意：Linotype公司有一款Times Roman字体，它和Monotype公司的 Times New Roman PS 字体相差甚微。二者的区别，一般仅在涉及注册商标时才提及，即Linotype公司的字体中大写“S”的衬线是倾斜的，而 Monotype公司的是垂直的；二者在小写字母“z”的斜体字重等方面的处理也不相同。此外，Times New Roman和 Times Roman字宽也不一样。

Times New Roman

《泰晤士报》采的用Times New Roman

Times New Roman

关于 TTF 后缀

TTF（True Type Font）是苹果公司和微软公司共同推出的字体文件格式。TTF是Windows操作系统使用的唯一字体格式标准，而苹果公司的Mac也用TTF作为系统字体格式。TTF最大的优点是可以很方便地把字体轮廓转换成曲线，也可以对曲线进行填充，所以这种格式是比较流行的。

Garamond

G A R A M O N D

Claude Garamond 1543年画像

法国铸字师Claude Garamond的老师Augereau是第一个雕刻罗马字形的法国铸字师，而在此之前法国普遍使用Blackletter字形。Augereau持有的观点是“新思想需要新字体”，于是Garamond字体的雏形由此诞生。之后，Claude Garamond以他对字体敏感的天赋对这款罗马字形进行了数次突破性修改和复刻，最终形成了Garamond字体。

¶ Quis credidit Auditui noſtro: &
uelatum eſt, Et aſcendit ſicut virgultum
radix de terra deſerti: Non erat forma ei,

Petit Canon de Garamond.

Aſpeximus autem eum, & non erat aſpectus, & No
ctus fuit & Reiectus inter viros dolorum, & expert
faciei Ab eo, deſpectus inquam, non putauimus eu
& dolores noſtros portauit, nos Autem reputauimus
Deo & HVMILIATVM. W

Augereau设计并由Claude完善的Garamond的雏形

Apple-Garamond

Bodoni

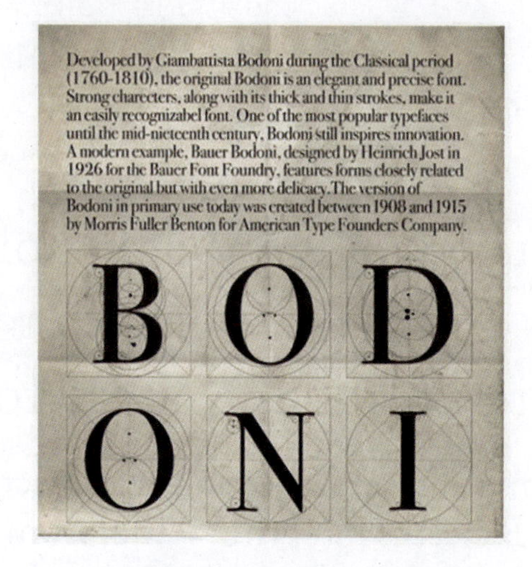

Bodoni

Bodoni（1740—1813）是一位多产的字体设计师，被称为出版印刷之王。Bodoni也是一位伟大的雕刻师，一位被他生活的时代所承认的印刷匠。这位设计师设计出的字体Bodoni也被列为世界知名字体，排名第四。

Comic Sans

Comic Sans

什么字体是丑的？下面笔者介绍一款不太受欢迎的字体。其实，丑不丑，难用不难用，与衬线或者非衬线关系不大，而与这款字体是否有历史积淀、设计是否科学有很大的关系。Comic Sans 是一款本来用于漫画的字体，Comic译成中文就是“漫画”的意思。由于微软PC操作系统的盛行，跟随系统流行起来的Comic Sans于是就被很多人滥用到会议室或者办公室这种正式场合。后来这种字体遭到平面设计师的抵制，他们试图减少甚至摒弃使用此字体。设计师文生·康奈尔说，此字体只适用于给儿童使用的软件。

Comic Sans不适合使用在正式场合

Akzidenz-Grotesk

Akzidenz-Grotesk是最古老的无衬线字体，如同变形金刚最老的机器人一样。不但资格老，而且具有重要地位，即便是在现今使用起来仍然会有一种肃然起敬的感觉。Grotesk是德语形容词，意为“怪诞的”“荒诞的”“滑稽可笑的”，因为较之以前其他风格的衬线字体来说，这种没有衬线的字体在当时看来相当滑稽可笑、显得格格不入，于是当时的印刷界就为这种无衬线字形取名为Grotesk。1896—1904年，柏林字体师Berthold完成了这款名为“Akzidenz-Grotesk”的字体。

AKZIDENZ GROTESK

在美国纽约地铁站曾广泛使用的Akzidenz-Grotesk

Akzidenz Grotesk
AaBbCcDdEe

Grotesque
Akzidenz Grotesk
Grotesque
Helvetica Neue
Grotesque
Arial

字体特点

BEBAS

BEBAS字体没有过多的知识可以介绍，就笔者来看，BEBAS好像还是一款免版权的字体，可以随意使用。BEBAS Neue字体非常严肃，适用于各种设计风格，显得非常高端。

Futura

中文“未来的”用英文拼写为Future。因此，Futura字体毫无疑问就是未来。

Futura灵感来自包豪斯，继承了包豪斯的设计理念，设计师保罗伦纳于1924—1926年首次创建Futura字体。Futura成功催生了新的几何无衬线字体，如卡贝尔和世纪哥特式。

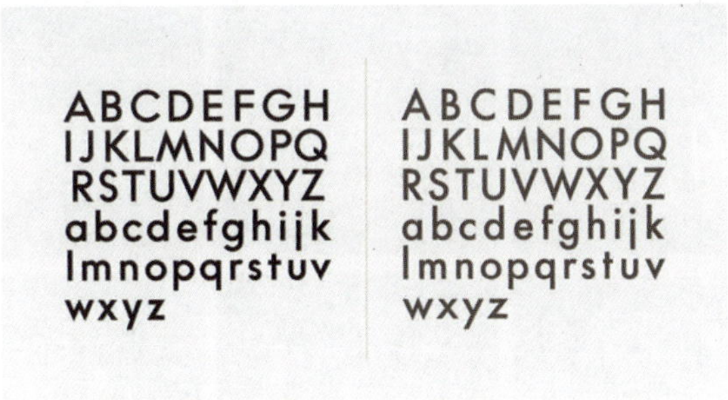

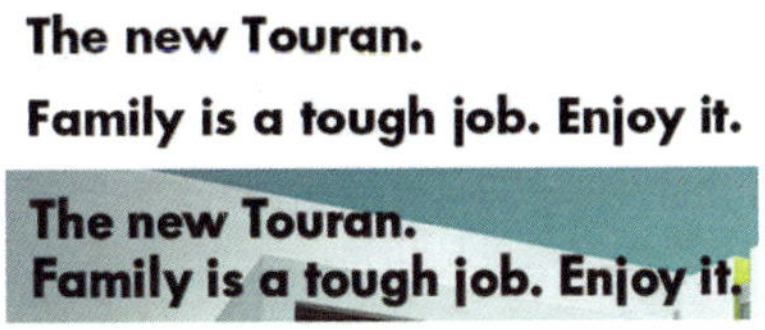

Futura 字体使用场景

Univers

Univers字体已有60多年的历史。60多岁的Univers在知名设计公司编写的世界100个著名字体中排名第10位。拥有这么高声望的Univers不仅仅是因为它的X-height拥有很好的辨识度，更是因为它舒适的结构几乎可以方便地使用在所有场景中。例如，苹果G2系列的键盘用的就是这款字体的字族——Univers Condensed Oblique。

很多键盘曾使用过Univers字体

Didot

Didot

Didot是一个法国的家族，这个家族世世代代都是印刷行业的翘楚——字模雕刻和出版商。

这个家族从印刷行业刚兴起就对字体设计产生了兴趣，慢慢地设计出现代主义衬线字体的典范——Didot体。Didot字体既保留了古罗马字体的经典衬线，又有现代风格的锐利，特别适用于时尚杂志的标题。

Didot字体使用场景

Frutiger

这款西文无衬线字体是由瑞士设计师Adrian Frutiger设计完成的。1966年新建法国戴高乐机场时，Adrian Frutiger决定不使用原来的Univers字体，而是设计一款新字体作为导向系统标准字。该字体最终于1975年完成，并于当年在机场完成应用。

使用了Frutiger字体的海报

Frutiger字体的新版本称为Frutiger Next，主要是改变了一些字符的细节并加入斜体。 因其成功的设计，Frutiger字体也成为众多字体模仿的对象。Adobe公司的米利亚德体，以及微软公司的Segoe UI就是最著名的两款模仿字体。

Frutiger显示效果

可能是因为Frutiger字体的导向功能，所以这款字体经常用于医疗方面。另外，在机场、药品说明上也会经常看到这款字体。

Verdana

Verdana这款字体的设计源起于微软字形设计小组。这个小组的领导是维吉尼亚·惠烈。她希望设计一套具有高辨识性、易读性的新字形以供屏幕显示使用，于是邀请作为世界顶级字形设计师之一的马修·卡特（Matthew Carter）操刀，以Frutiger字体以及爱德华·约翰斯顿为伦敦地铁所设计的字体为蓝本，并由来自Monotype公司的字形微调专家汤姆·瑞克纳担任手工微调。该字体结构与Tahoma特别相似，微软将Verdana纳入网页核心字体，并且是默认字体。

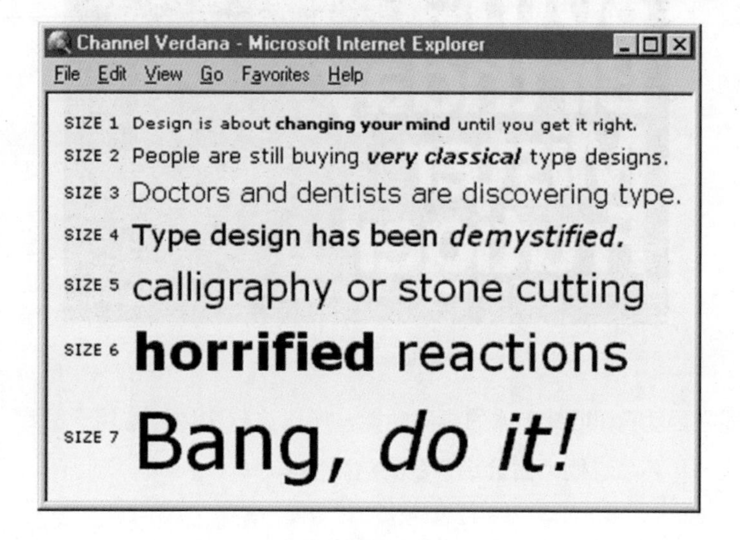

Verdana字体

“Verdana”一词由“verdant”和“Ana”两个词根组成。“verdant”意为“苍翠”，象征“翡翠之城”西雅图以及有“常青州”之称的华盛顿州。“Ana”则来自维吉尼亚·惠烈大女儿的名字。

Roboto

ROBOTO

Roboto是Android操作系统设计的一个无衬线字体。Google评价该字体为“现代的但平易近人”和“情绪化”的。整个字体家族于2012年1月12日在新推出的Android设计网站Android Design上正式推出以供设计师免费下载。这个字体家族包含 Regular 、Thin Light Regular Medium Bold Black与Condensed版的斜体。这几种字体也是真正的免费。Roboto字体是Android 4.0 “Ice Cream Sandwich”及后面Android版本的默认字体。自2012年3月15日开始，Google地图的默认字体也改为Roboto。

Roboto字体

3.6 图片

设计师在一个设计中会依靠一些配图或者照片素材进行排版，但无论哪种方式，作品中使用的图片一定要与整体设计色调相符。冷色、暖色、中性色都要符合整体的色调，并且是邻近色或对比色等色彩关系，不要因为自己的主观臆想放置一些没有色彩关系的配图或者会抵消画面色彩倾向的配图。另外，色彩会产生“水彩效果”，即当两种颜色放在一起时，如果其中一种是灰色或者比较脏的颜色，那么另一种颜色在人们大脑中也会有变脏的感觉。类似的这种效应可以在今后作图中慢慢体会。

配图的重要性

图文比例

在一个设计中，图片与文字的量应该具有一定的对比。人类天生喜欢看图片而不是阅读，实际上人类有阅读能力的历史只有几千年，而欣赏图片的能力则是与生俱来的。如果设计师的设计文字需求非常多，应尝试与需求方商讨减少文字量。文字量越少，图形化设计越多，那么在视觉上这个作品看起来也就越轻松。

图片比例

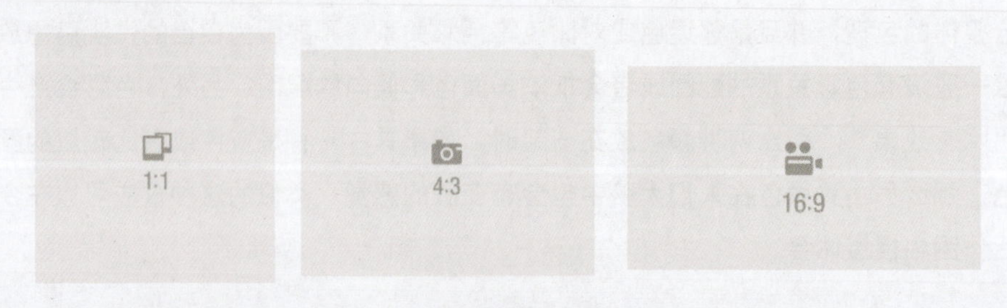

不同的图片比例

在平面设计中，因为最终目的是印刷，所以对图片的尺寸没有非常严格的要求。但是在进行互联网产品设计时，可能会涉及一些需要网站编辑直接上传的图片。如果图片尺寸不是一个固定尺寸，那么可能原本网站编辑不需要裁剪图片就可以直接上传的工序，可能会因为随意设定的尺寸变得非常复杂。所以，应牢记以下三个图片尺寸，即4∶3，16∶9，1∶1。采用4∶3的图片尺寸是因为相机的画幅通常是4∶3，所以通常看到的新闻客户端的图片大多是4∶3。采用16∶9是因为视频宽荧幕画幅就是16∶9，所以视频网站的截图一般都是直接由机器抓取的图片。而1∶1的图片尺寸，一般用于封面等图片素材的尺寸要求是正方形的情形。

3.7 排版的CRAP原则

排版中的逻辑关系

在任何一个设计中都需要把各个元素进行分级，分清主次，这样才能更好地抓住重点。你可以想象自己在编写和导演一部电视剧，这部剧中谁是主角？谁是女二号？谁是群演？主角需要独立的化妆间和助理；女二号可能只有一个助理；而群演可能就只是整个剧中的一个过客。设计也是如此，哪个元素是女主角？哪个元素是女二号？哪些元素又仅仅是群演呢？女主角元素首先要站C位（网络流行词，来源于center）“霸占”画面的中心，然后这个元素要尽量突出，可以使用更鲜艳的颜色、更夸张的字重、加边框等方式突出；女二号元素一定不要抢了女主角元素的风头，所以要和女主角元素有一定的对比，字号上也要小很多，尽量让用户第一眼看到的是主角元素。而群演的元素一定要淡化，仅仅让人感知到有这些元素存在即可，如文字可以缩小至能注意到就好，颜色可以接近背景色等。为了能够分清各元素的主次，就需要用到CRAP原则。CRAP是四个原则的英文单词首字母缩写，这四个原则分别是对比、重复、对齐、亲密性。

对比（CONTRAST）

在同一个视觉区域内的逻辑不同的元素应该有所区别，以避免视觉上的相似，这样就可以有效地分清主次。为了使主要元素更突出，使次要元素更弱化，可以尽量使它们的颜色、字体、大小、留白不同。如果两个元素不尽相同，那就让它们截然不同。例如，为了使12px的正文与14px的标题明显区分，可以用12px与40px进行区分，这样形成的反差更大，更容易区分哪部分内容是需要引导用户优先浏览的、哪部分内容是次要的。对比的方式主要有色彩对比和大小对比。

色彩对比

在排版时，首先要产生对比效果的就是背景和文字。文字是第一阅读元素，文字和背景如果在颜色上很接近，那么就不容易区分开来吸引用户注意力。一般来说，在很多媒介的设计中人们习惯选择白纸黑字，即白色背景和黑色文字，这里指的不仅是纯黑和纯白，也包括其他类似明度颜色之间的对比。黑纸白字是另一种选择，但深色背景和浅色文字的搭配其实并不适合大量阅读。如果作品中文字信息不多是没有问题的，但是如果用户长时间阅读黑纸白字的界面，就会产生视疲劳（如视疲劳时，再次盯着白色的墙时文字还会出现），会有不舒服的感觉。当然一切取决于用户使用场景，如果设计作品被应用在夜晚等光线较暗的环境，黑纸白字则更利于阅读。总之，不管设计作品采用橙蓝、黑白、蓝紫等哪一种配色，一定要记住文字和背景的对比关系。

除了文字之外，图标和其他装饰性辅助元素间的色彩对比也是非常重要的。辅助元素或者辅助功能的图标应尽量淡化以突出主要功能和主要图标；重要功能（如订单等按钮）则需要突出和醒目。色彩对比是设计中一种非常常见的方式。

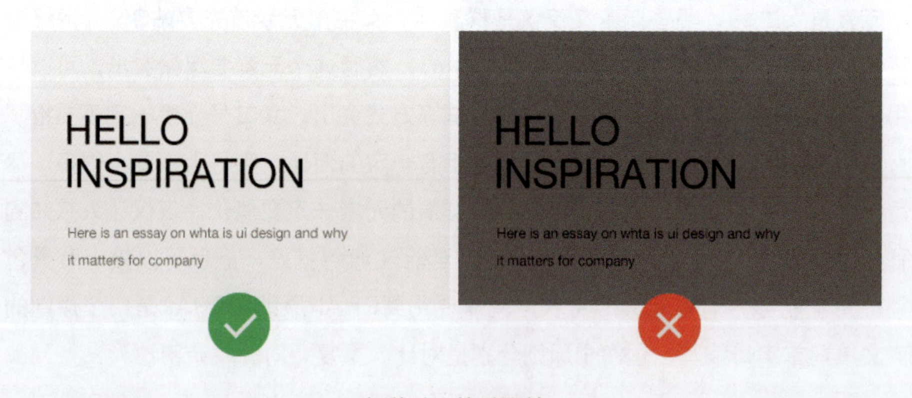

色彩对比的重要性

大小对比

大小对比是指为了区分文字、图片、图标等元素的重要性所采用的设计尺寸区分方法。若有第二行的文字可用于解释第一行的内容，所以第二行的内容应该通过大小和颜色调整变成次级，让用户阅读时分清主次。与此类似的实例，如在音乐播放界面中有三个按钮一般并排放在一起：上一首歌、播放、下一首歌。那么常用的、也是十分重要的功能按键（播放按钮）应该更大。当然，如果图标同属一个级别，也应该放在相同尺寸的级别上。

文字应该按逻辑关系进行大小和颜色的区分

重复（REPETITION）

如果相同的内容（如标题等）属于同一种逻辑关系，则应该使它们的颜色、字体、大小、留白尽量保持一致。这样可以增加内容的条理性，并加强设计的统一性。这个原则看似简单，但是新手却很容易犯错误。所以，对于同一个级别的信息应尽量使用同一种设计以引导用户维持对此类级别信息的认知，避免用户误认为是另一种信息分类，这就是重复原则。在同一个属性或逻辑单元的内容应该尽可能使用重复的颜色、大小、间距。例如，一个注册页面可能会包含“注册”“登录”“忘记密码”“跳过”等内容。如果将这个注册页面分为四个属性，那么可能会需要四种字体或四个不同的区域。但是如果将其分为“注册”和“其他”两类，那么同一个分类就可以重复使用同一种字体，这样看上去也就不会很乱。在重复原则下，用户会因为视觉惯性继续寻找设计线索，根据重复性设计线索顺畅地浏览下去。

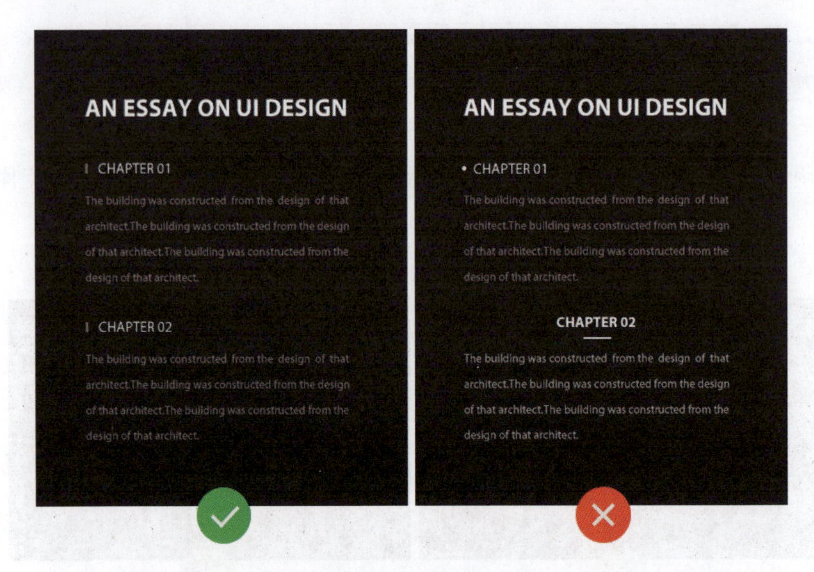

相同逻辑应该使用重复手法

对齐（ALIGNMENT）

任何内容在版面上都应该尽量上、下、左、右对齐，随意摆放各种内容绝对是错误的。例如，同一类元素在版面中上、下、左、右的间距都应是一样的。网页和App界面中经常会有间距与留白，这些留白和对齐都是设计师在设计时需要精心考量的，即留白绝对不是随意的。

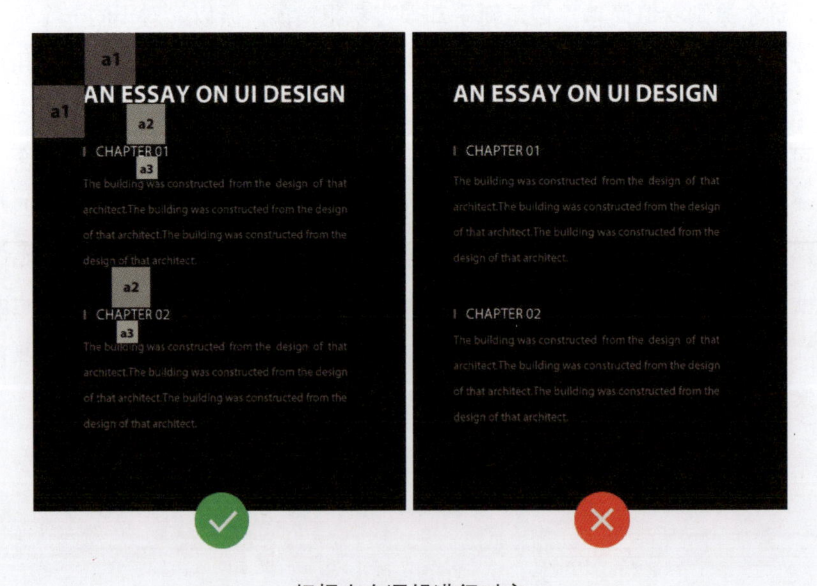

根据内在逻辑进行对齐

亲密性（PROXIMITY）

在逻辑上有关系的两个元素应该尽量放在一起。两个有逻辑关系的视觉元素在一起就会变成一个视觉单元。例如，注册页面中的登录视觉单元是由输入表单和登录按钮两个元素组成的。又如，相同的内容（如小标题等）属于同一个逻辑，可以使它们的颜色、字体、大小、留白等保持一致，这样可以增加内容条理性，并加强设计的统一性。

用户浏览定律

用户浏览定律

用户在页面上的视线移动并不是随机的。它是一种人类所共有的，对于视觉刺激产生的一系列的、复杂的原始本能应激反应。因此，设计师可以通过有效的视觉手段吸引或分散用户的注意力。

人们在浏览界面时会按照井然有序的视觉线索和先后顺序进行浏览。人眼浏览会呈线性方式观察，这种观察方式又可以分为以下六种。

从左到右阅读：从左到右和从上到下的观察习惯是人们受现代社会影响所形成的一种后天生活习惯。人们在看一个比较大面积的设计时会从左到右依次阅读，这也是网站的Logo大多在左上角的原因。从上到下阅读：如上所说，人们阅读作品时也是从上到下依次阅读，所以重要的内容应放在上面，按照优先级排列。从大到小阅读：人们的视觉也是比较调皮的，如果一个元素很大，那么会首先注意到大的元素，再依次看中等和小的元素。从重到轻阅读：元素的颜色也会影响人们阅读的顺序，从重到轻依次浏览。狩猎式阅读：采用狩猎式阅读的用户致力于寻找那些可以完成当前界面或设计操作的任务线索，如在购买页面中会寻找支付按钮等。S曲线阅读：S曲线阅读方式适用于比较大的设计，眼睛需要左顾右盼、从上到下快速浏览信息。在S型曲线浏览方式下人们能够比较全面地观察每个页面的元素，因此S曲线阅读方式成了目前主流的视觉导向模式。在S曲线模式中，对齐方式有左对齐、右对齐、居中对齐三种。重点元素可以依次左右、上下摆放，引导用户形成一个视觉浏览的惯性，左一右一换行一左一右一换行一左一右。

3.8　构图

上文介绍了一些排版和平面的基本原理。实际应用中要做的就是将这些知识综合地运用在具体的需求里。让多个元素能够完美地、恰当地表现在同一幅画面中也是一种能力，人们把这种能力称为构图能力。下面简单讲述构图能力的要点。

重心

设计师所设计的任何一个排版里都会出现视觉重心。重心是人类的一个心智模型，当人们从物理学世界里学习物体重心的规律后，再看平面作品时也会莫名地关注视觉重心问题。在设计中可以利用这一点创作出倾斜的视觉重心、居中的视觉重心、左对齐的视觉重心等。但是需要注意的是，如果排版里一个视觉单元是居中的，那么这个单元内的元素也应该视觉重心居中而不应该重心不稳，否则会给人一种大厦即将倾倒的感觉。

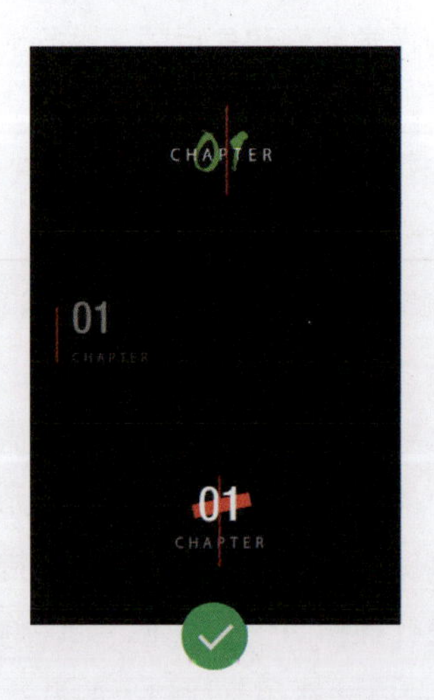

视觉重心的重要性

骨骼

设计某个元素或者几个元素组成的单元也要注重骨骼。骨骼有外延骨骼和内在骨骼两种。在做完设计以后可以将作品元素的外围进行连线，观察是什么形状。有时会发现一些骨骼不好的设计确实给人不舒服的感受。

栅格系统

栅格系统最早可以追溯到1692年，当时法国国王路易十四下令成立管理印刷的皇家特别委员会。这个特别委员会由数学家尼古拉斯·加宗（Nicolas Jaugeon）担任领导，他们采用方格作为辅助设计依据，每个字体方格分为64个基本方格单位，每个方格单位再分成36个小格，这样印刷版面就有2 304个小格组成，在这个严谨的几何网格中实现设计字体和版面试验视觉传达的功能。栅格系统的英文名称是“grid systems”，是一种平面设计的方法。栅格系统运用固定的格子设计版面布局，其风格工整简洁，这种方法目前也被应用于移动设备和网站设计等领域。科学的栅格会给人一种秩序的美感和现代感。

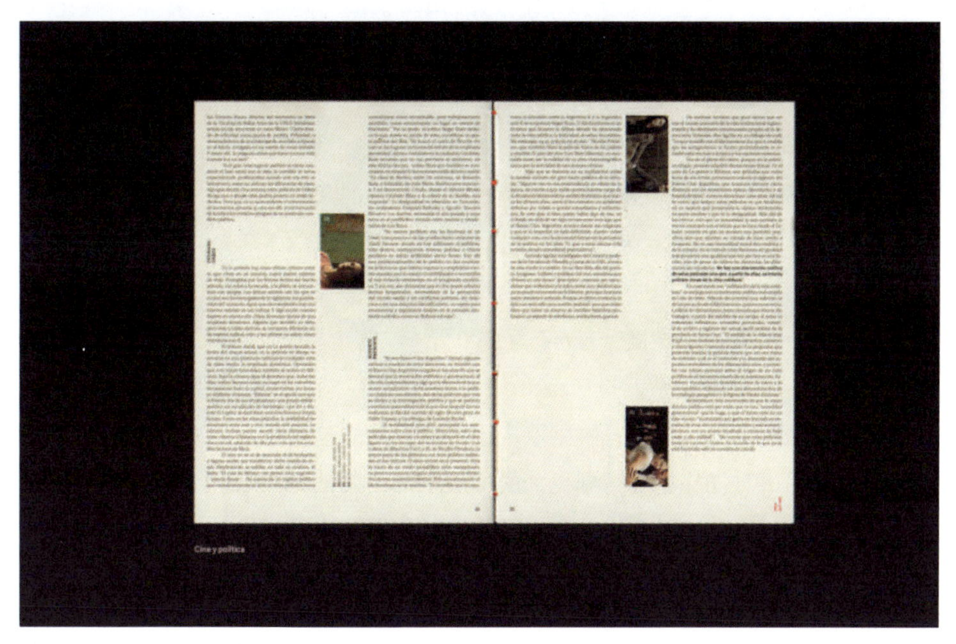

栅格系统在书籍排版中的应用

作品：Dale杂志，作者：Rocio Gomez

栅格系统在图形中的应用

作品：Pixty App Branding，作者：Ramotion

为设计建立栅格

在设计任何作品时，设计师首先考虑的是应用的尺寸。例如，iPhone 8的分辨率为750px×1 334px、安卓1080P分辨率为1 080px×1 920px等。当确立了排版的尺寸后，就可以根据这个尺寸的宽度设计能够被整除的栅格。先把整体宽度定义为W。然后整个宽度分成n个等分单元A。每个单元A中有元素a和间距i。所以它们之间的数学关系就是（$A\times n$）$-i=W$ 。当然，每个应用的尺寸可以整除成多种栅格，具体选择哪一种则取决于内容排版的疏密程度。之后，将过多内容的栅格和另一种栅格相加得到更大的排版空间；其他元素则必须老老实实待在自己的栅格内，这样即可完成一个布局非常科学的设计。

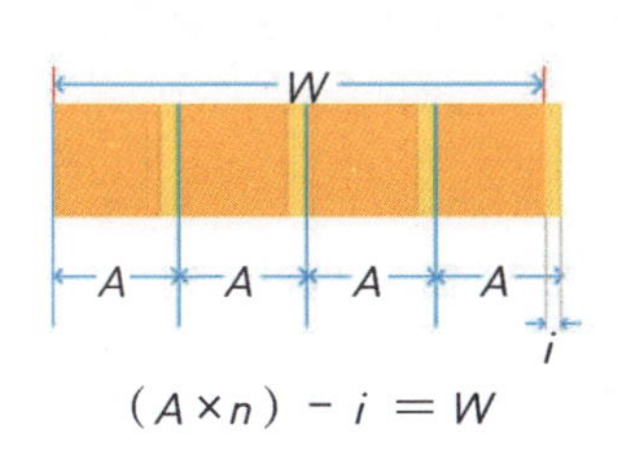

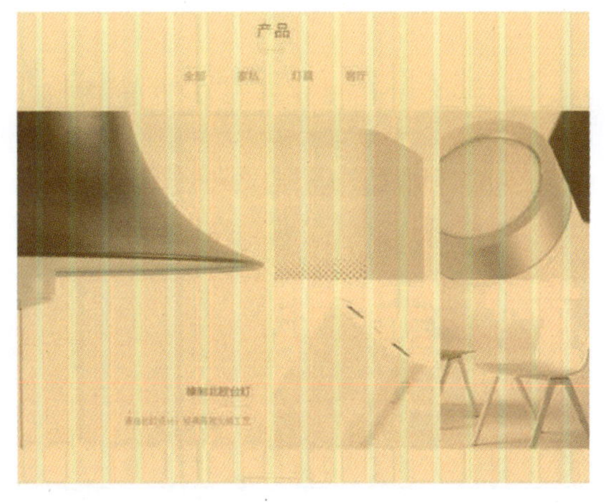

栅格的计算方式

如果一个网页的宽度是1 000px时，可以使用以下几种栅格：20列每列40px和10px间隔、20列每列30px和20px间隔、25列每列30px和10px间隔、25列每列20px和20px间隔。如果网页宽度是990px可以使用以下几种栅格：11列每列80px和10px间隔、18列每列35px和20px间隔、18列每列45px和10px间隔、33列每列20px和10px间隔。如果网页宽度是980px可以使用以下几种栅格：14列每列60px和10px间隔、14列每列50px和20px间隔、28列每列25px和10px间隔。

8px 栅格

用8当然不是因为中国传统文化中数字8吉利，而是因为8不但是偶数，而且可以被成倍缩小三次，即8可以缩小一半到4，4又可以再缩小一半到2，这种性质对移动端适配来说非常具有优势。考虑到移动设计中的适配特殊性——缩小到其他尺寸可能会出现虚边和半像素，而用偶数则可以避免这种情况。选择8而不是64或其他偶数是因为常见尺寸1 920px×1 080px、1 280px×1 024px、1 280px×800px、1 024px×768px都是8的倍数（尽管部分尺寸不是8的倍数，但也不会显得奇怪）。除此之外，设计师在做其他设计时也可以将不同的留白设计成有倍数关系的数字，如10px、20px、30px等，使设计内部更有数学逻辑性。

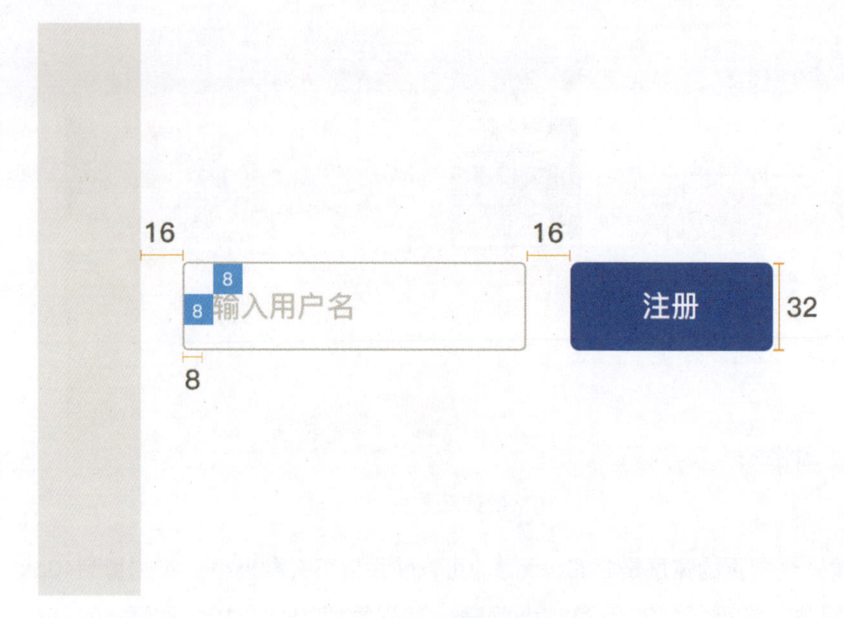

UI设计中的间距

黄金比例

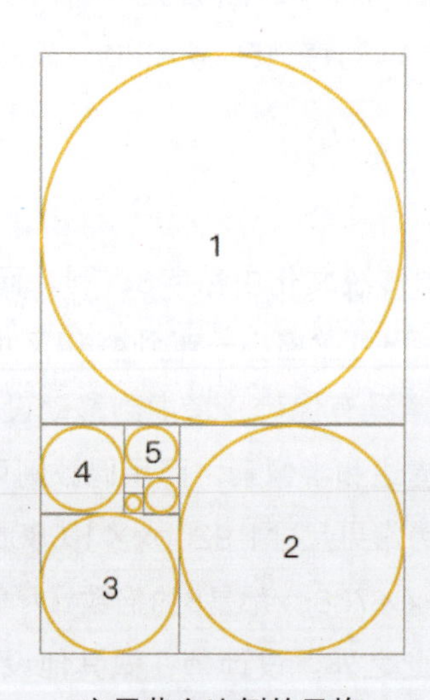

应用黄金比例的风格

黄金比例是一个定义为（$\sqrt{5}-1$）/2的无理数。黄金比例运用到的领域相当广阔，如数学、物理、建筑、美术、音乐等。黄金比例的独特性质首先被应用在分割一条线段上。把一条线段分割为$b:a$两部分，使较大部分a与全长（$a+b$）的比值等于较小部分b与较大a的比值，则这个$b:a$的比值即为黄金分割，其比值是（$\sqrt{5}-1$）/2。

黄金比例约为0.618：1。

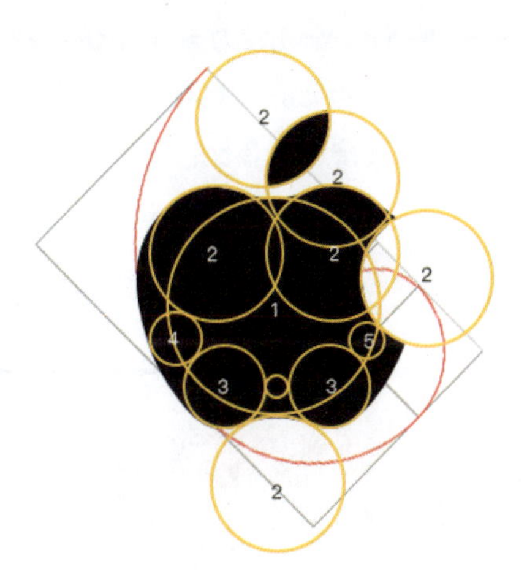

使用黄金比例设计出来的苹果Logo

斐波那契螺旋线

斐波那契螺旋线也被称为“黄金螺旋”，是根据斐波那契数列画出的螺旋曲线。在自然界中存在许多斐波那契螺旋线的图案，这些图案具备自然界最完美的经典黄金比例。斐波那契螺旋线，是以斐波那契数为边的正方形拼成的长方形，然后在正方形里面画一个90°的扇形，连起来的弧线就是斐波那契螺旋线。

斐波那契数列（Fibonacci Sequence），又称为黄金分割数列。在数学上，斐波那契数列是以递归的方法定义的：$F(0)=1$，$F(1)=1$，$F(n)=F(n-1)+F(n-2)$（$n\geqslant 2$，$n\in N^*$）。

符合斐波那契螺旋线设计的Twitter Logo

App 图标中的栅格

下面分析App图标中的栅格：以64px为一个单位，即a＝64px。那么大正方形的边长的一半＝8a，大圆半径＝7a，中圆半径＝4.25a，小圆半径＝3a。8a/（8a−3a）＝1.6，大正方形与小圆接近黄金比；7a/4.25a≈1.647，大圆与中圆接近黄金比；4.25a/3a≈1.417，中圆与小圆比例接近$\sqrt{2}$。整个栅格系统中的尺寸都是通过黄金比例互相联系的。

内部符合斐波那契螺旋线和黄金分割的iOS启动图标骨骼

iOS的启动图标非常重要。由于苹果公司规定所有应用程序的启动图标都必须是圆角正方形作为图标背板，因此这个背板也可以为设计师提供一些参考线，苹果公司使用黄金分割和斐波那契螺旋线将画面分割为若干部分。如果设计师需要绘制启动图标，就可以贴合这些参考线：8a/（8a−3a）＝1.6，大正方形与小圆接近黄金比；7a/4.25a≈1.647，大圆与中圆接近黄金比；4.25a/3a≈1.417，中圆与小圆比例接近$\sqrt{2}$。

3.9 本章小结

平面与版式的设计知识涵盖字体的选择、图片的选择、平面构成基础、排版的CRAP原则、栅格化设计、黄金比例等多个知识点。如果设计师接到一个需求，可以首先将内容放进画面并确定主次；然后选择合适气质的字体和图片，使用CRAP的排版原则将信息排成合理的顺序，利用栅格化和黄金比例使画面更加科学；最后如果发现画面比较空可以加入几何形装饰。这样思路会比较清晰。平面与版式知识背后是人类读取信息几千年来形成的习惯，以及现代社会约定俗成的阅读方式和心理学等知识体系，要想成为一个优秀的设计师，还需要进一步了解设计背后的原理以及表达信息的多种方法。希望本章能够对人们学习平面与版式设计有所启迪。

第 4 章　图标设计的技巧

4.1　图标的定义

提到图标，相信很多人会觉得非常熟悉。图标，也称为Icon或Picto，是指有明确含义的图形视觉语言。那么当提到图标设计时，您会想起哪个图标呢？可能是微信App中由两个白色气泡组成的启动图标；或者是每天使用的App中的那些返回、关闭等系统图标；也可能是商场导视中卫生间的图标等。的确，图标的形式有很多种，它可以应用在很多场景中，并且表现方式非常丰富，有线的、有面的、也有拟物的等。图标的历史可以追溯到象形文字（Pictogram），人类的祖先在发明文字之前就使用图标记录一天的生活。在平面设计领域的商标其实也是一种图标，平面设计中的视觉导视（如卫生间的图标）也有图标的应用，所以图标在人们的生活中应用非常广泛。

生活中随处可见的图标

在计算机时代，从20世纪80年代的施乐公司界面中的单色图标开始，图标逐渐出现在屏幕之中，图标较编程语言更容易被大众理解。从iMac到iPhone引领的拟物图标更是开启了一个绚丽的图标设计时代。拟物时代盛行也带来了一些麻烦——拟物图标的质感、光影会分散用户的注意力，人们将其称之为“视觉噪声”。于是，UI设计师开始探索更新的表现形式设计界面中的图标。扁平图标发展史上有过很多次尝试，如微软引领的Metro风格中的图标设计和Google引领的扁平设计风格中的长投影风格图标，但由于它们的表现形式太过于抽象、缺乏情感的传递，并没有获得用户的青睐。而目前界面设计中的图标设计是一种“轻拟物”或“微扁平”的风格：在面积比较小的区域适宜使用扁平图标或线形图标；在面积比较大的区域适宜使用加入渐变甚至轻质感的图标（关于图标风格的变化，可以参考这个网站：https://historyoficons.com）。

不同的图标设计风格

如今界面中的图标异常丰富，如果根据Material Design对图标的分类，UI设计中的图标可以分为带有品牌属性和特性的产品图标、有功能指示作用的系统图标，下文将针对这两种图标进行研究。

4.2 产品图标

产品图标是设计师在设计界面时体现品牌调性和特性的图标。通过产品图标，用户可以粗略感知这个产品主要是做什么的。例如，微信的产品图标是两个对话气泡，暗示这是一款社交App；又如，ofo的产品图标是字母ofo的组合，同时也是一辆自行车，暗示这款产品是共享单车的App；再如，KEEP的字母“K”的图标，特别像一个在抬腿做运动的人，暗示这是一款运动App。

同时，有些产品也依靠自身已经在用户心中产生的品牌直接设计产品图标，如淘宝App的产品图标就是一个“淘”字；支付宝的产品图标就是一个“支”字。优秀的产品图标会在人们心中打上一个烙印，当看到这些图形、配色时，脑中会立即想起它们的功能和特点。产品图标除了在手机屏幕中作为启动图标，也会出现在闪屏、情感化设计、“关于我们”界面等场景中，所以也要有一定的灵活性，在设计上要以简单、大胆、友好的方式传达产品的核心理念和意图。产品图标与企业识别系统（VI）中的Logo较为相似，需要让用户一看到它就能够与其产品联系起来。所以，设计一个优秀的产品图标对任何产品来说都是非常重要的。

PRODUCT ICON'S
STYLE

产品图标的风格

4.3 产品图标的风格

图标的风格

产品图标有不同的风格：这些风格有可能很拟物，也有可能很扁平；有可能很抽象，也可能很具象。通过不同的设计风格可以更加标新立异，从而被用户记住。让用户记住产品图标真是一件非常重要的事情，因为每个手机都像是一把瑞士军刀，它有无数个功能，而我们的产品只是万种功能中的一个。用户不可能记住手机中所有的App的功能，所以能在第一时间取得好感和记忆非常重要，将产品图标设计得好看并且容易被人记住就成了非常重要的任务。产品图标的风格主要有以下几种。

文字风格

文字是最直白的信息，而且不容易被曲解，所以很多国内的产品都会使用文字作为自己的产品图标，如支付宝、淘宝、今日头条、ofo、爱奇艺、知乎、网易新闻、毛豆新车等。但文字作为产品图标也存在问题，如文字给人美的感受不如图形更直接，因为文字需要阅读而不是观察。同时，移动端设备都会在启动图标之下加上一行辅助文字，如果图标上的文字和下面的辅助文字完全重合，会显得像介绍了两遍自己一样。如果坚持使用文字作为产品图标，并且是中文，那么一定要记得文字最好为1~2个，且不应该是产品的全称。如果是英文，最好是首字母而不是产品全称。当然，不管是中文还是英文都需要选择合适气质的字体，并做一定的变化。

单读：单读是一个偏文艺的阅读产品，所以产品图标使用了黑白配色和两个非常有文艺气息的宋体繁体字，这样的设计符合产品调性，传递给用户一种产品的文艺气息。

今日头条：今日头条是一款新闻App。它的图标非常直白：一张报纸上有红色的头条标题，“头条”使用了非常粗的黑体字，非常显眼。

淘宝：淘宝采用了一个俏皮的“淘”字作为图标的主要元素，并且背景颜色是令人兴奋和刺激的橘黄，凸显了电商属性，并且这个字使用了很久，用户对此有一定的品牌认知。

爱奇艺：爱奇艺的图标采用英文字母iQIYI和上下边框相组合的形式，整体看来像是一个电视机，强调了品牌属性和功能，并且使用了在视频领域非常有识别性的绿色，让人一看便知这是爱奇艺。

单读、今日头条、淘宝、爱奇艺的产品图标

如果使用英文作为产品图标，在设计时要格外注意英文字母之间的正负空间关系以及不同西文字体的不同气质。

ONE：虽然是中文产品，但是ONE的图标显得非常的高端和小众。ONE三个字母的正负空间关系做了微调，并且选择无衬线字体体现时尚感。下面的小字是一个广告语，并且和ONE的宽度一致。

Pinterest：Pinterest的产品图标是一个手写体的P，并且用红色圆形作为陪衬。这样一个字母作为图标的好处就是方便用户记忆。

HULU：HULU是一个国外视频产品，它的产品图标颜色非常鲜艳，字母本身有韵律感，所以没有做过多设计。

Facebook：作为一个社交产品，Facebook的产品图标同样采用了一个字母代表较长的单词。

ONE、Pinterest、HULU、Facebook的产品图标

正负形与隐喻风格

图标的设计可以使用正负形和隐喻，从而使图标更加耐人寻味。

抖音：抖音的产品图标是一个音符，并且下面圆形的负空间也是一个音符，所以显得非常巧妙。为了增加动感还采用了红和蓝绿色的类似3D的动感效果。

Keep：Keep的产品图标是一个K，像是一个人抬着腿正在锻炼。

Skillshare：Skillshare是一个技能交换平台，第一眼看是两个手像太极一样交换技能，同时是该产品的首字母S。

ofo：ofo是共享单车产品，字母本身就像一个自行车，既说明了功能也体现了品牌。

抖音、Keep、Skillshare、ofo的产品图标

折纸风格

折纸的效果会让人感觉很立体，所以很多产品选择折纸效果（比较扁平的手法）设计产品图标。

Calendar：其产品图标是一个正在翻页的日历，非常简洁明了。

Snapseed：除了扁平的设计之外，还使用长投影的设计风格。这个长投影也是扁平化的设计。

Netflix：Netflix的产品图标是该产品的首字母N，这个N使用一些阴影表示立体感。

绘声绘影：同样是用了长投影和折纸效果，显得非常清新。

Calendar、Snapseed、Netflix、绘声绘影的产品图标

填充图标风格

产品图标使用填充图标风格是非常合适的。填充图标风格具有简洁和识别性强等特点。这种产品图标的可扩展性更高，如在一些特殊节日时可以用手绘、拼贴等形式做辅助图形。所以，很多公司都钟爱填充图标风格。

Lucking：这是一个线上咖啡外卖的产品，它的App图标使用了一个鹿回头的造型。这个鹿造型简洁，非常有识别性。

Tinder：这是一款国外社交App，通过一个火的填充图标可以让人第一时间记住这个产品。

Youtube：这是一款国外的视频App，它的产品图标同样使用填充图标风格，是一个有电视机隐喻的圆角矩形，并且中心是一个播放键，简明扼要地说明了这个产品的功能。

Twitter：一款国外的社交App，它的产品图标同样使用填充图标风格，非常简洁。

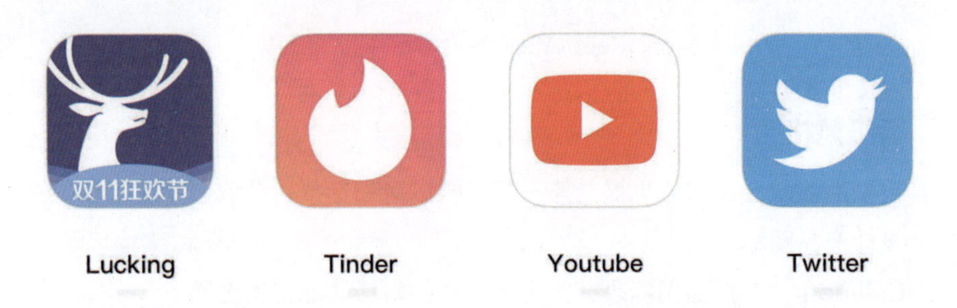

Lucking、Tinder、Youtube、Twitter的产品图标

线性风格

根据目前设计流行趋势，很多产品图标会采用扁平的设计风格。扁平除了填充的图标之外，还有一种非常流行的形式——线性风格。线性风格一定注意不可太细，因为手机和电脑设计环境显示尺寸不同，如果做得太细，那么在手机上看会非常尖锐，显得不易点击。

Airbnb：Airbnb的背景是一个微渐变，线性风格曲线组成的“A”，同时是一个小蜜蜂。

LOFTCam：为了凸显文艺产品调性，使用了偏细的线条，同时使用了两种主题色。

NextDay：同样是非常文艺的产品，使用了比较抽象的手法。这个图标是一个牛奶盒，突出了这个产品必须今天看，否则就如牛奶一样会过期。

VUE：这是一个摄影产品，同样应用了黑色的微渐变，配有非常前卫的45°长短不同的线。

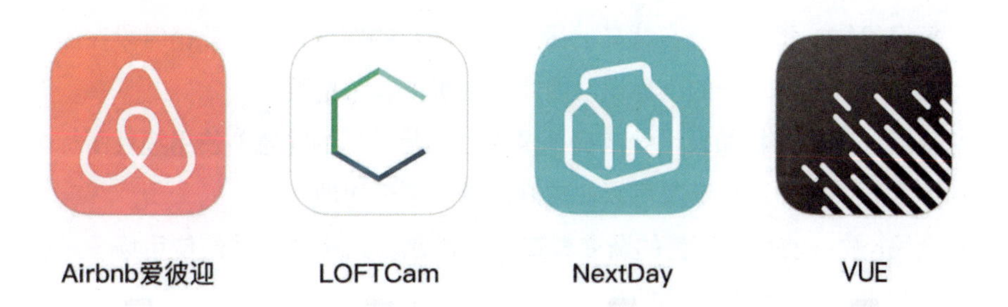

Airbnb、LOFTCam、NextDay、VUE的产品图标

LOWPOLY 风格

LOWPOLY风格如果应用在产品图标上同样非常抢眼，因为用户的手机上可能安装了很多App，第一眼扫过去一定会注意到最亮眼的图标，而LOWPOLY因为本身造型的独特性会非常吸引眼球。当然，LOWPOLY也有它的问题，如容易使图标失去细节等，所以很多产品图标都使用LOWPOLY作为图形的背景。

潮自拍：潮自拍使用暖色邻近色渐变的LOWPOLY作为背景，前景使用了一个很潮的“S”。

潘通色：潘通色本身的最大特征就是色卡，所以使用了LOWPOLY的形式。

美妆相机：通常LOWPOLY的形式是方块，而美妆相机使用三角作为基础元素，所以很特别。

人人：人人的产品图标使用了不同的矩形且斜度为45°，增加了设计的速度感。

潮自拍、潘通色、美妆相机、人人的产品图标

微渐变风格

微渐变也是非常常见的表现手法。在拟物被扁平替代以后，人们会发现无法表达空间上的Z轴，所以用轻微的渐变表现图片的深度成为一种时尚。笔者认为微渐变可能是众多图标设计风格中最具有竞争力的一种。

每日优鲜：每日优鲜在背景上用了很多炫彩的圆球，由于促销时段在原有图标上增加了一个双十一的小标识，因此在手机中非常抢眼。

陌陌：陌陌图标如果设计成扁平是否会引起人们的注意？使用线性图标会使图标厚度感不够，而微渐变可以非常好地解决这个问题。

全民K歌：使用紫红色的渐变塑造一只鹦鹉，如果遇到其他使用场景可以使用扁平版本，这样会使产品图标的使用更加灵活。

Mindnode：这款脑图软件的产品图标使用了三组邻近色的渐变，同时使用了非常微妙的阴影。

每日优鲜、陌陌、全民K歌、Mindnode的产品图标

卡通风格

卡通风格的产品图标会让用户更有好感，所以可以为产品设计一个可爱的卡通角色。很多决策者会认为卡通是一种低龄的审美，这种想法其实是错误的。卡通可以说是一种各年龄层都能接受的风格，如腾讯就是以一个企鹅作为品牌形象开始拓展自己的版图。而卡通本身有不同的风格，如拟物类的卡通、扁平类的卡通等，所以会给人不同的感受。如果产品要使用卡通作为产品图标，最好以目标用户群的喜好作为标尺。

开心消消乐：开心消消乐是一款休闲游戏，游戏类App的产品图标通常使用拟物风格，这样可以最大限度地吸引玩家的注意力和兴趣。

映客：映客是一款直播App，通常用户年龄相对较小，所以使用一个非常可爱的猫头鹰作为产品图标。

Waze：Waze的产品图标不仅可爱而且突出了Waze的地图查找功能。

BOO!：BOO!是一款儿童社交产品，用户年龄较小，所以更适合使用可爱的卡通形象作为图标。

开心消消乐、映客、Waze、BOO!的产品图标

图标的网格和参考线

如果要设计一个小图标，那么设计师可以把画布放大到400%进行设计，同时可以使用网格和参考线作为设计的辅助。网格在很多软件中都有，如在Illustrator中选择“视图”→“网格”即可开启网格。参考线模板则需要下载第三方设计的模板，如Material Design的参考线模板有正方形、圆形、圆形和长方形结合等不同形式。如果对齐模板中的形状，即可得到面积相等的长方形、正方形、圆形，这对构建视觉上面积相等的图标非常有益处。

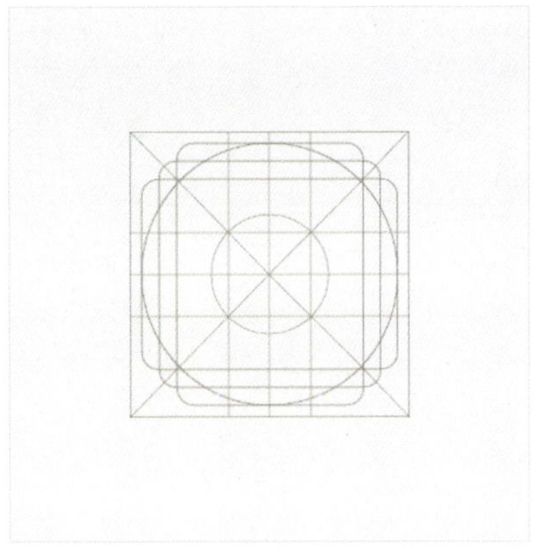

网格和参考线

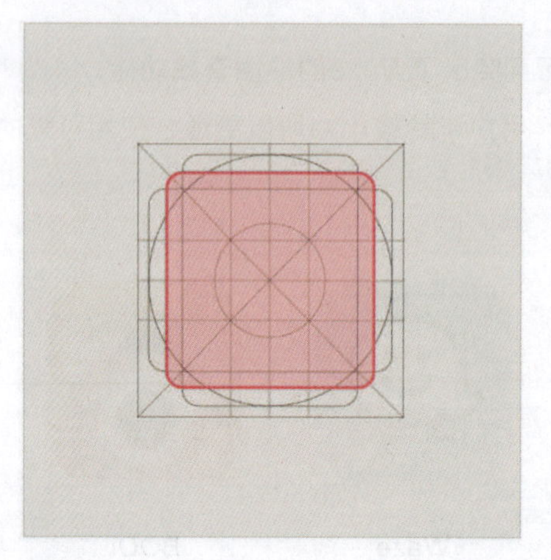

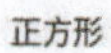

正方形

高度：152dp

宽度：152dp

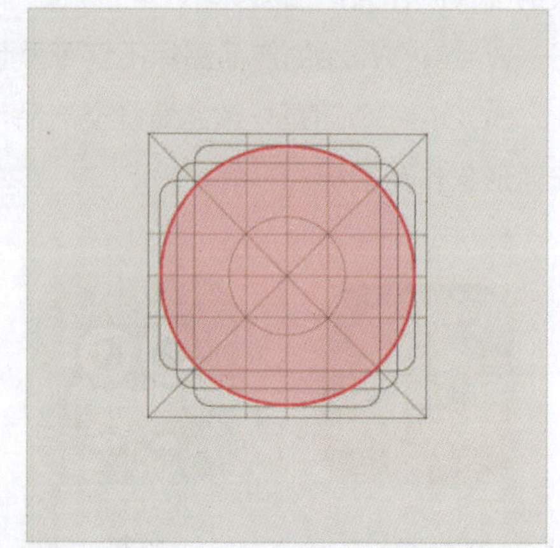

圆形

高度：176dp

宽度：176dp

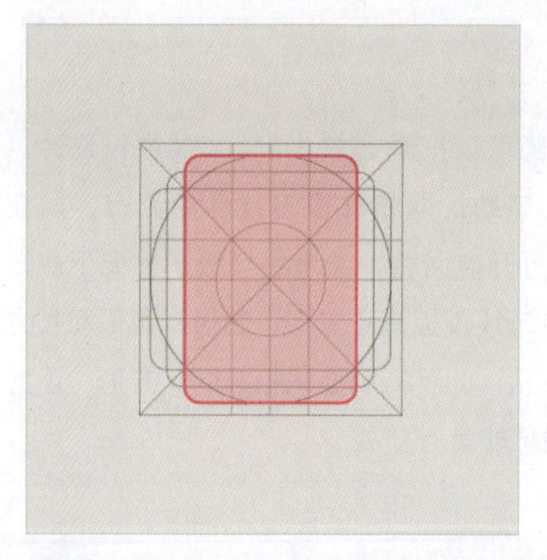

长方形

高度：176dp

宽度：128dp

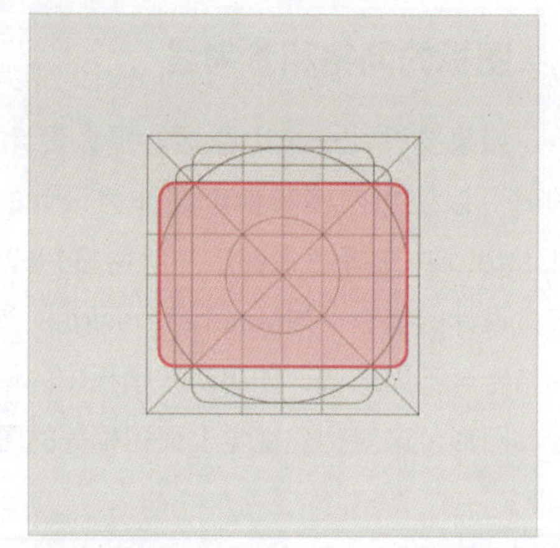

长方形

高度：128dp

宽度：176dp

不同形状的网格布局

在网格的辅助下可以设计出大小均衡的图标

4.4 尺寸

苹果启动图标尺寸

苹果需要很多尺寸的图标用在不同的场景上，如在网页端打开iTunes会使用512px的大图标，而在手机、iPad桌面上使用的图标大小则不同。除了尺寸不同，这些图标的圆角也有不同的数值。为了简化这部分的难度，苹果为开发者提供了模板，有了模板就不用记太多东西。苹果官方HIG下载的这套资源中，有Template-AppIcons-iOS文件，这个文件提供了Photoshop、Sketch、XD等不同格式。笔者推荐使用Photoshop的格式。打开这个文件，用自己设计的启动图标替换掉任意智能对象中的内容（智能对象都是一个变出来的）。那么打开智能对象就是一个1 024px×1 024px的矩形画布，把产品图标放在这里并保存这个智能对象再关闭它即可。这时会发现所有尺寸的图标都变成自己的图标。然后将背景隐藏，切出这些图标即可。如果是Illustrator完成的产品图标可以直接按“Ctrl+C”键然后在Photoshop智能对象中复制过来即可。

Template-AppIcons-iOS

安卓启动图标尺寸

安卓启动图标同样需要很多尺寸，主流需求是1 024px×1 024px、512px×512px、144px×144px、96px×96px、72px×72px、48px×48px六种。设计师提供给程序员的是直角的矩形，然后程序员通过代码进行切割使其变成圆角图标。在这里笔者也做了一个智能对象的模板，只要替换其中的智能对象图像，换成1 024px×1 024px的图标保存即可。

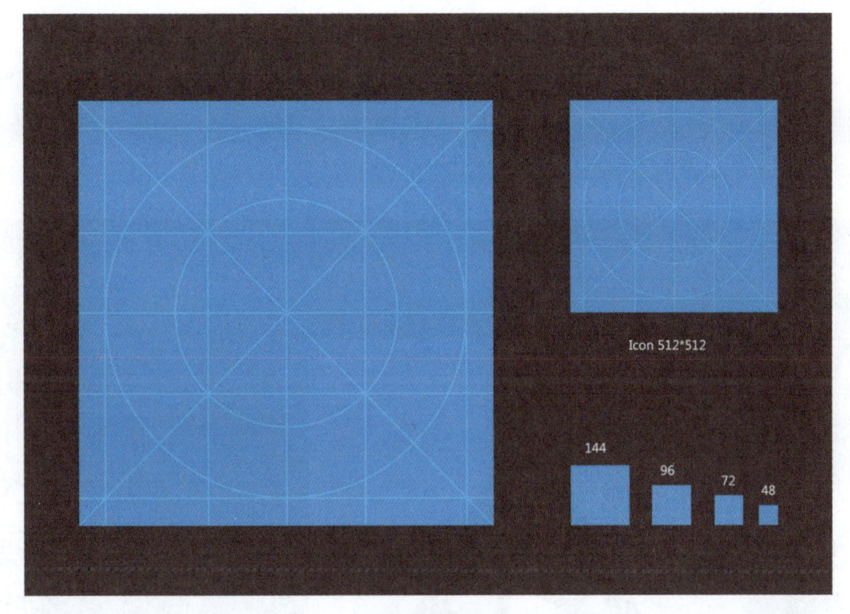

安卓图标模板

设计流程

设计产品图标前，设计师需要先找一些和产品气质相符的图片制作情绪板。通过情绪板可以感受到产品的调性，然后从中提取一些形状和色彩作为产品图标的主要造型。例如，每日名画是一个美术方面的App（笔者的产品），所以笔者找了一些与美术相关的图片。

关于美术的情绪板

下面开始在Illustrator中设计产品图标。建立一个1 024px×1 024px的画布，然后根据卢浮宫前的金字塔建筑设计一枚抽象的产品图标，它内在的符号是带领大家走进艺术的殿堂。同时增加一些自己对美术的含义，如艺术来源于生活但高于生活等。这些都写在设计说明中。

在Illustrator中设计产品图标

然后为这枚图标加入蒙德里安的配色，以增加产品的艺术感，并最终完成产品图标的设计。这枚图标也可以作为该产品的企业形象（VIS），将来产品周边都可以使用这枚图标。

最终定稿的图标

由于产品会首先上线到苹果设备上，因此笔者将Illustrator绘制的产品图标全选复制，然后打开图标模板中的智能对象（双击图标模板中智能对象图层的缩略图），粘贴过来。粘贴时系统会提示选择粘贴过来的方式，这里选择的是“智能对象”。然后保存并关闭智能对象，这时回到模板PSD中就看到如下图所示的效果。

替换了模板中智能对象的效果

接下来隐藏背景图层，然后按“Ctrl＋Shift＋Alt＋S”键，调出存储为Web所用的模式，选择保存到桌面上，格式选择仅图片。关闭Photoshop，打开桌面上的文件夹，就可以看到图标已被工整地切好。

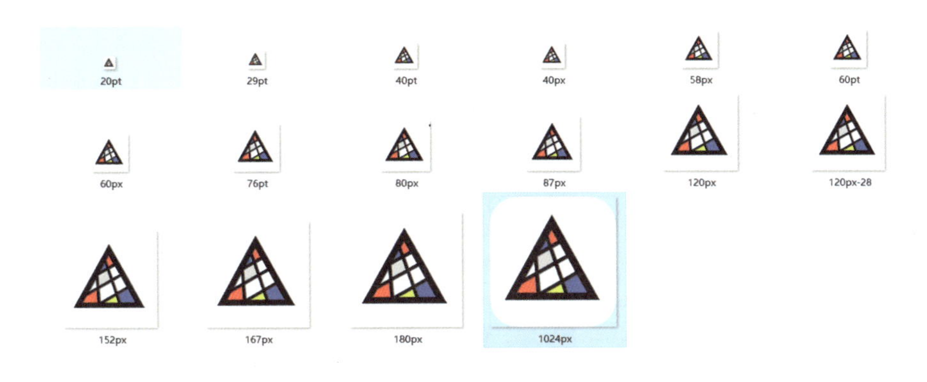

产品图标的切图文件

4.5 系统图标

除了产品图标，还有一种图标被称为系统图标。系统图标指的是担负一定功能和含义的图形，一般来说需要像文字一般地被人迅速理解，所以表达方式上不适合特别复杂，如微信底部四个系统图标“微信”“通讯录”“发现”“我”就使用了比较简洁的线性风格。当然系统图标也不一定要做得非常死板，如58同城App中就有大量的系统图标，在保证识别性的前提下使用了多彩的颜色和不同的造型，显得非常活泼。所以，系统图标同样可以做得非常有趣和多样，前提是保证图标的可识别性。

4.6 系统图标的风格

填充图标（Filled Icon）

填充图标是以面为主要表现形式的图标。在微信App底部的Tab栏中，未选中的图标是线性图标，而选中的图标则是填充图标，并且会变成较为鲜亮的颜色暗示用户该功能已被选中。填充图标占用的面积要比线性图标多，所以更加显眼。实际上，在最新的苹果设计规范中，苹果也建议开发者在App底部Tab栏中全部使用填充图标，是否处于点击态通过改变填充图标的颜色进行区别。这是因为填充图标看上去像可点击的。

填充图标

线性图标（Outlined Icon）

线性图标的表现形式是线条，在系统图标中通常由统一粗细的线条组成。很多人可能不明白为什么要使用统一的粗细，这是因为通常系统图标并非单一出现，而是成组使用，如微信底部的四个tab图标、网易云音乐顶部导航栏的图标等。在一个场景下的几个同等重要的图标，如果线条粗细不一致，会给人一种权重上存在差异的感觉。所以，在绘制线性图标时，通常会使用统一粗细的线条。

线性图标

圆角图标（Rounded Icon）

无论是线性图标还是填充图标，在图标的边角处若使用圆角都是圆角图标风格。圆角图标的好处就是让人觉得很温柔，可以非常舒适地点击它，所以很多产品会使用圆角图标。

圆角图标

尖角图标（Sharp Icon）

无论是线性图标还是填充图标，在图标的边角处若使用尖角都是尖角图标风格。尖角图标的好处是让人感觉到有棱角，视线会多停留几秒钟，并且给人以正式的感觉，所以银行、办公等App中大多使用尖角图标风格。

尖角图标

断线图标（Breaking Lines Icon）

如果认为线性图标显得过于死板，可以使用断线方式使其变得俏皮。断线图标就是线性图标的一种风格变化，它的特点就是在线条中出现断口。但是这个断口并不是看起来那么简单，它需要遵循以下几个规则：第一，断线开口只有一个，否则图标会无法识别；第二，断线开口位置不应在中心线上；第三，断线开口尽量在转折处；第四，断线不应过于琐碎。

土豆App的Tab栏使用了断线的风格

双调图标（Two-Tone Icon）

如果将图标简单地分为线性图标和填充图标，可能会显得过于机械化。例如，如果要设计一个iOS平台的App，它的底部Tab栏就一定是未选中态是线性的，选中就是填充的（或者全部是填充态，仅仅改变颜色），这样可能会显得过于死板，所以又出现了双调图标的设计风格。双调图标的外形还是线性图标，但是用透明度很高的同类色填充到线性图标内部空间。这样的图标显得俏皮可爱，并且感觉非常透气。

双调图标

动态图标（Motion Icon）

动态图标是非常有趣的，如果静态图标不足以让用户感受到新鲜，那么可以为图标增加动效。例如，QQ应用中底部Tab栏的图标点击其中一个时，其他图标会“偷看”选中态图标的方向。站酷应用“偷看”这个过程更是有一个几毫秒的动画。除了底部Tab栏之外，很多App点击能触发导航的“汉堡包图标”，点击时也会有一个从导航图标变成返回图标的动画，这样可以充分调动用户的好奇心。

Material Design中的动态图标

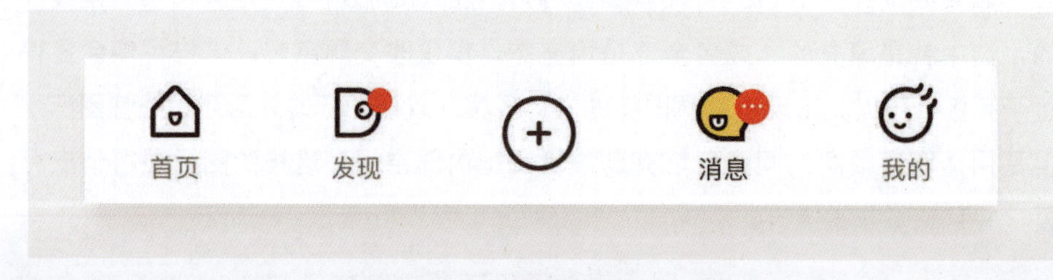

站酷Tab栏的动态图标非常可爱

4.7 图标的设计方法

矢量图形（Vector）

很多人在使用Photoshop工具时认为，画笔比钢笔好用，橡皮比布尔运算好用。那么在画图标时是否可以使用画笔这样的工具绘制图标呢？在Photoshop里使用画笔工具和橡皮工具、涂抹工具、选区工具的填充、油漆桶工具制作的图形，以及从网络上复制的JPG图片文件，这些都是像素图形。它们是通过计算机记录每一个点的颜色而呈现图像的，这也是将一张照片放大后发虚的原因。而通过Photoshop中的钢笔工具、布尔运算、贝济埃曲线、形状图层制作的图形，以及Illustrator复制过来的图形、Sketch绘制的图形等，都是矢量图形。它们是通过计算机记录一个锚点到另一个锚点的方向、位置、色彩而呈现图像的。所以，像素图形变化多端、颜色变换丰富、细节更多；矢量图形文件较小，具有随意放大缩小都不虚的特点。因为每个锚点之间的方向、位置都是相对的，矢量图形放大和缩小都不受影响，而像素图形是记录每个点的色彩，如一张2 000px × 2 000px的图片，缩小到1 000px×1 000px就会损失1 000个像素信息。绘制图标比较适合用矢量图形进行设计，因为设计师可能需要随时调整图标的大小，并且矢量图形在不同分辨率的适配中也更加方便。

布尔运算（Boolean）

布尔运算听起来比较难，但其实非常简单，布尔运算采用的是数字逻辑推演法，主要有数字逻辑的联合、相交、相减。设计师在使用平面软件过程中引用了这种逻辑运算方法，从而使基本图形通过联合、相交、相减等数学计算变成新的造型。例如，两个圆形相减可以得到一个月亮的造型，这就是布尔运算。布尔指的是乔治·布尔（George Boole），19世纪的一位数学家，为了纪念布尔在符号逻辑运算中的杰出贡献，所以将这种运算称为布尔运算。布尔运算在Photoshop、Illustrator、Sketch、Adobe XD、After Effects等软件中都可以运用，并且操作基本一致。

布尔运算的核心就是两个形状的关系，即Union（并集）、Intersection（交集）和Subtraction（差集，包括A-B和B-A两种）。这些关系与初中阶段的数学类似，应该比较容易理解。但是很多软件对布尔运算的关系翻译不同，所以有人可能会不太不适应。例如，在Photoshop中布尔运算被翻译成合并形状、减去顶层形状、与形状区域相交、排除重叠形状；而在Adobe XD中则翻译成添加、减去、交叉、排除重叠。虽然名字不同，但是功能是相同的，所以在学习新的软件时可以先学习布尔运算。

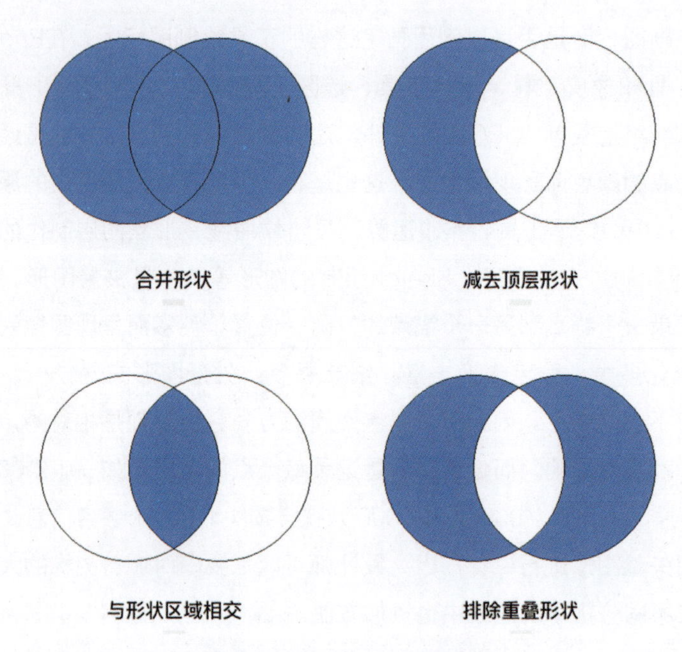

布尔运算中不同的运算模式

贝济埃曲线（Bézier Curve）

贝济埃曲线是用于二维图形绘制的数学曲线。1962年法国工程师皮埃尔·贝济埃发表了贝济埃曲线，它主要是为汽车的主体设计绘制图形。贝济埃曲线是绘制矢量图形时的重要工具，使用钢笔工具画出的所有图形一般来说都是贝济埃曲线组成的。贝济埃曲线由锚点和线段组成，单击锚点就会出现两个手柄，一个控制前端的线条走向，另一个控制后端的线条走向。另外，也可以通过增加锚点工具和删除锚点工具进行调整。要想学好平面电脑绘图软件，贝济埃曲线是必须学习的项目（一个练习贝济埃曲线的在线游戏：https：//bezier.method.ac/）。一般来说，二维平面软件都有贝济埃曲线的痕迹，钢笔工具、增加锚点、删除锚点、转换点工具，这些都是平面软件的基本配置。同时，在绘制矢量图形时可以使用贝济埃曲线和布尔运算轻松地绘制出准确的造型。

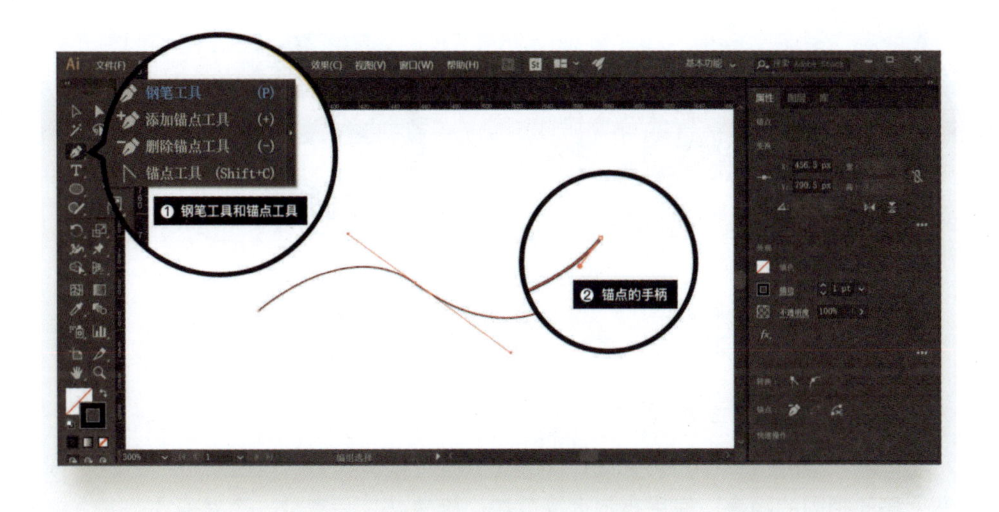

图为贝济埃曲线绘制方法

建议使用Illustrator软件绘制图标。首先，UI设计师可以使用不同的软件设计页面，目前主流软件是Photoshop和Sketch，也有很多设计师选择Adobe XD。而这些软件都是兼容Illustrator的，所以使用它绘制图标非常有灵活性。虽然可能有人对Illustrator并不熟悉，但这不是最重要的，因为只需要了解它与图标绘制功能相关的功能即可，如钢笔、布尔运算、属性面板、描边、填充、混合工具等，并不需要深入学习。

各类图标的设计

笑脸图标

笑脸图标的设计步骤如下。

（1）画出一个正圆形。

（2）再画一个小圆形，然后按“Ctrl+F”键复制平行移动到旁边，右键编组。接着，同时选中大圆和编组的小圆形进行水平居中对齐。

（3）绘制一个圆形，然后通过布尔运算减去一个矩形得到半圆形组成嘴，完成。

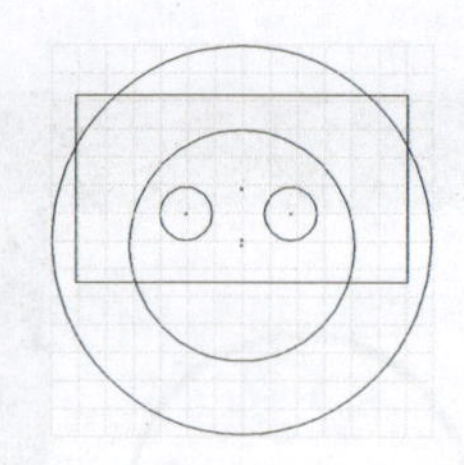

笑脸图标

对号图标

对号图标的设计步骤如下。

（1）使用矩形工具画出一个长方形，然后进行复制，将复制后的长方形向右上移动相同的距离，使用布尔运算剪切，旋转45°后变成一个对号。

（2）绘制一个正方形，使用路径选择工具选中，拖动圆角的圆点拉出圆角得到圆角矩形。

（3）对号和圆角矩形进行布尔运算，完成。

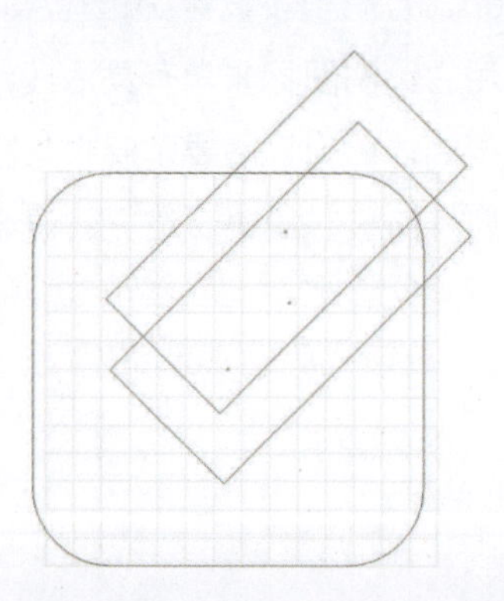

对号图标

Wi-Fi 图标

Wi-Fi图标的设计步骤如下。

（1）绘制多个圆形并且通过布尔运算相加减得出三个圆圈嵌套的靶子造型。

（2）将旋转过的45°矩形和之前的图形通过布尔运算得到Wi-Fi图标，完成。

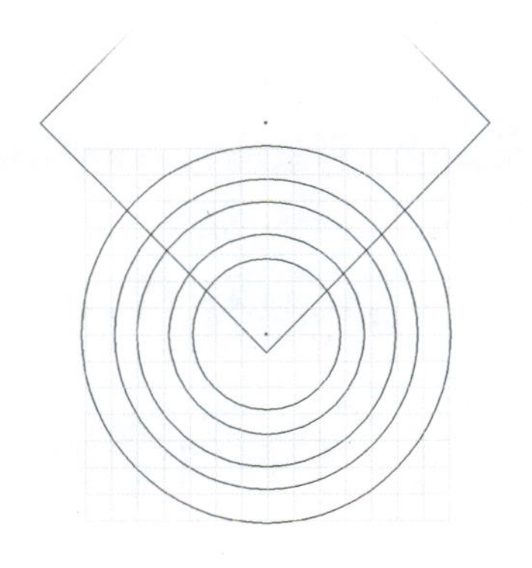

Wi-Fi图标

地理位置图标

地理位置图标的设计步骤如下。

（1）选择矩形工具单击画面输入数值，建立一个100px的圆形。选择这个圆形并复制，然后等比例缩小，与之前的大圆进行布尔运算相减，得到环形。

（2）绘制50px的矩形，用对齐工具放在环形的左下方。

（3）逆时针旋转45°得到地理图标，完成。

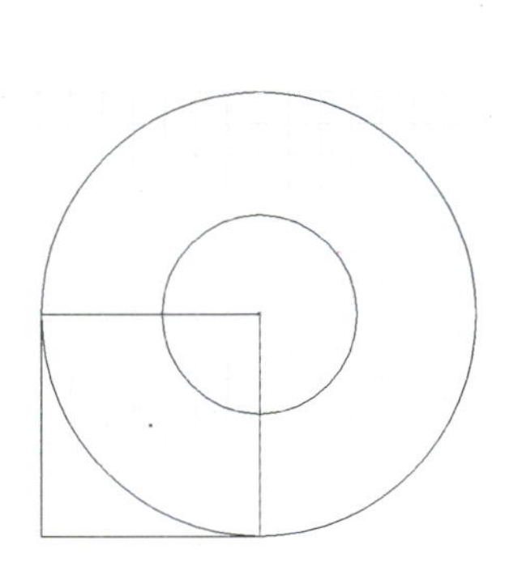

地理位置图标

云彩图标

云彩图标的设计步骤如下。

（1）绘制两个大小不同的圆形，使用对齐工具进行底部对齐。

（2）绘制一个矩形，同样底部对齐。

（3）合并形状，完成。

云彩图标

眼睛图标

眼睛图标的设计步骤如下。

（1）绘制一个正圆形。

（2）复制这个正圆形，然后按“Shift ＋ 方向键下键”，并通过布尔运算得到眼睛外轮廓。

（3）绘制两个圆形，通过对齐工具和布尔运算工具得到最终的眼睛造型，完成。

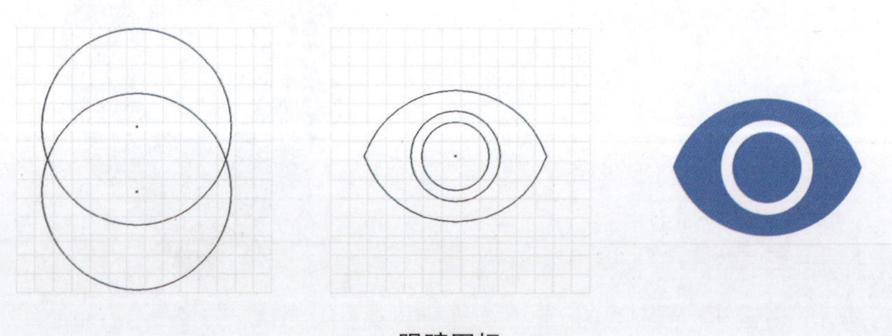

眼睛图标

铃铛图标

铃铛图标的设计步骤如下。

（1）用圆形和矩形合并组成主体。

（2）使用矩形和圆形进行布尔运算绘制铃铛底部和铃铛顶部的零件，然后进行合并形状。

（3）铃铛底部的半圆使用圆形和矩形进行布尔运算，完成。

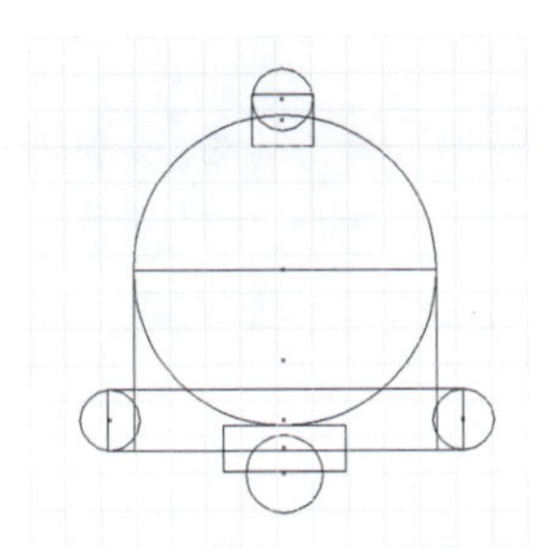

铃铛图标

简易齿轮图标

简易齿轮图标的设计步骤如下。

（1）通过两个圆形进行布尔运算得到环形。

（2）绘制一个矩形，上下复制在圆形上，然后将其编组和环形使用对齐工具进行水平垂直对齐。

（3）复制矩形编组并旋转90°，得到一个十字形。

（4）复制这个十字形并最终全部合并形状，完成。

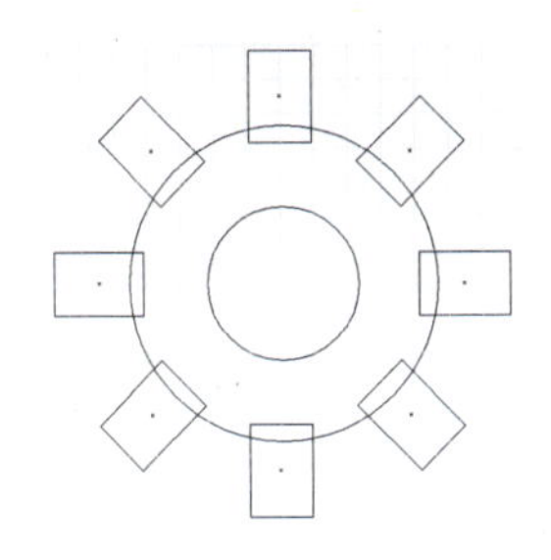

简易图标

齿轮图标

齿轮图标的设计步骤如下。

（1）用Illustrator的爆炸图形和圆形进行布尔运算画出齿轮。

（2）用两个圆形进行布尔运算做出里面的零件，完成。

齿轮图标

螺丝刀图标

螺丝刀图标的设计步骤如下 。

（1）用圆形和矩形做出螺丝刀主体。

（2）用矩形旋转并复制，运用布尔运算做出凹槽。

（3）使用矩形做出前面的造型，完成。

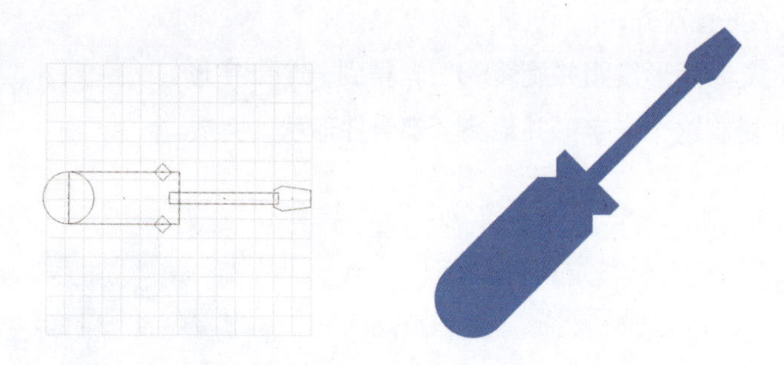

螺丝刀图标

苹果图标

苹果图标的设计步骤如下。

（1）绘制一个六边形。

（2）将水平中间两个点向上移动。

（3）在中心线上下建立两个锚点，做出凹形。

（4）将下面两个点向内分别移动。

（5）使用圆角工具将每两个相同的点一组一组拉成圆角。

（6）绘制一个矩形并且旋转45°，然后将左右两个点向内拉得到菱形。

（7）用圆角工具使菱形变成叶子造型并且旋转45°。

（8）使用一个圆形和苹果主体造型相切，完成。

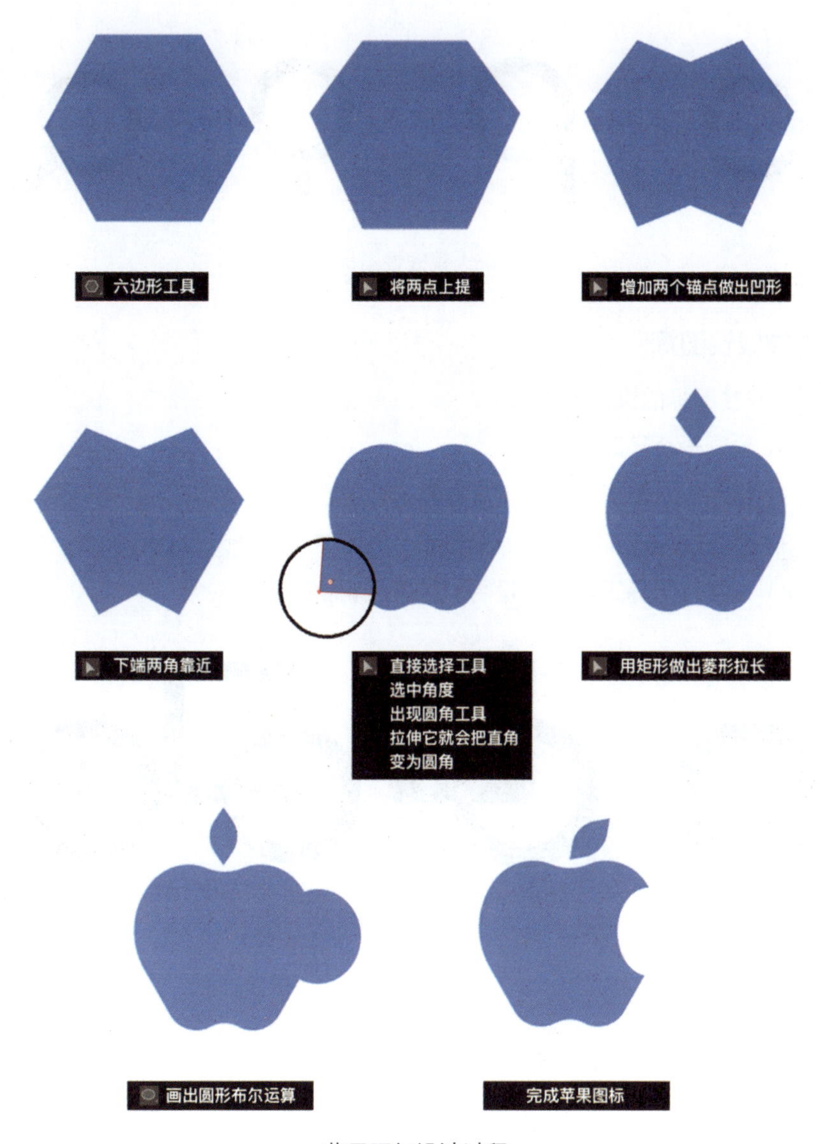

苹果图标设计过程

放大镜线性图标

放大镜线性图标的设计步骤如下。

（1）绘制一个正圆形。

（2）绘制一条直线。

（3）用属性面板中的对齐工具将其对齐。

（4）用描边面板中的属性将描边改成圆头，然后旋转45°即可。

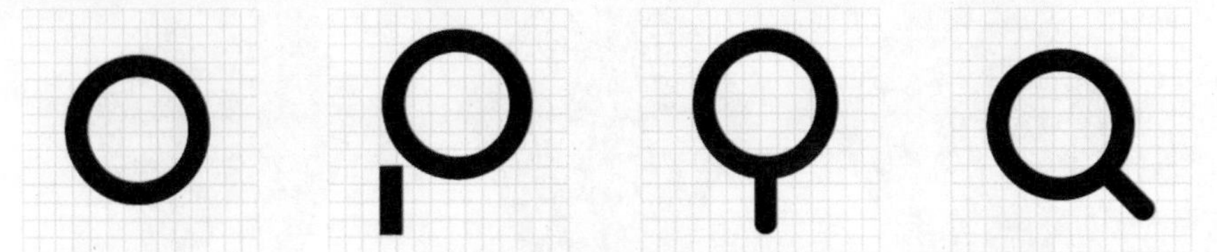

放大镜线性图标

时钟线性图标

时钟线性图标的设计步骤如下。

（1）绘制一个正圆形。

（2）绘制一个矩形，其左下角对齐圆形中心。

（3）用增加锚点工具在矩形左边和下边上增加两个锚点。

（4）用直接选择工具框选没用的线条，删除即可。

时钟线性图标

点赞线性图标

点赞线性图标的设计步骤如下。

（1）绘制两个矩形，并用直接选择工具选择重合的四个锚点，在属性面板使用对齐工具将其完全对齐。

（2）将大的矩形底部锚点向左移动。

（3）绘制一个矩形并与大的矩形左对齐。

（4）用直接选择工具选中直角，拖动圆角小圆点使其变成圆角，完成。

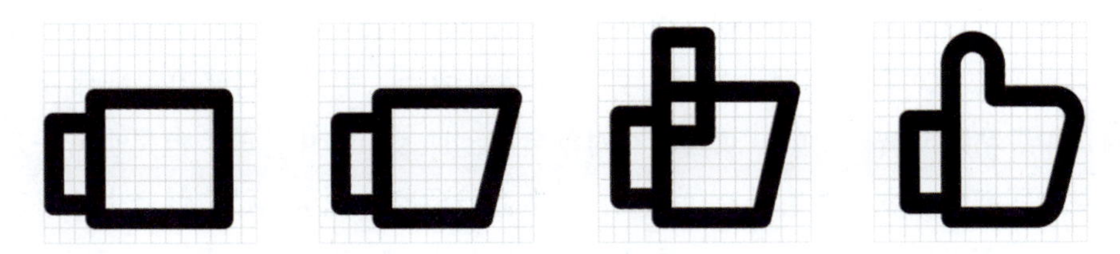

点赞线性图标

线性图标的处理

如果已经掌握上述图标的设计方法，那么其他图标的设计只要由此及彼进行思考即可完成。例如，在绘制线性图标时，应先建立一个半透明的矩形固定图标应该绘制的范围，如“40px”。然后关闭填充，只使用描边绘制线性图标即可。绘制完以后无须保存文件，按“Ctrl+C”键，然后打开Sketch或者Adobe XD按“Ctrl+V”键即可将图标粘贴过去。但是，如果使用Photoshop做界面设计，可能会多两个步骤，首先线性图标需要扩展才可以复制到Photoshop中。将图标复制一份（扩展之后的图标不方便修改，所以要留着可修改版本），然后选择“对象”→“扩展”，单击“确定”按钮，就可以将原本没有闭合的路径改为完整的形状。

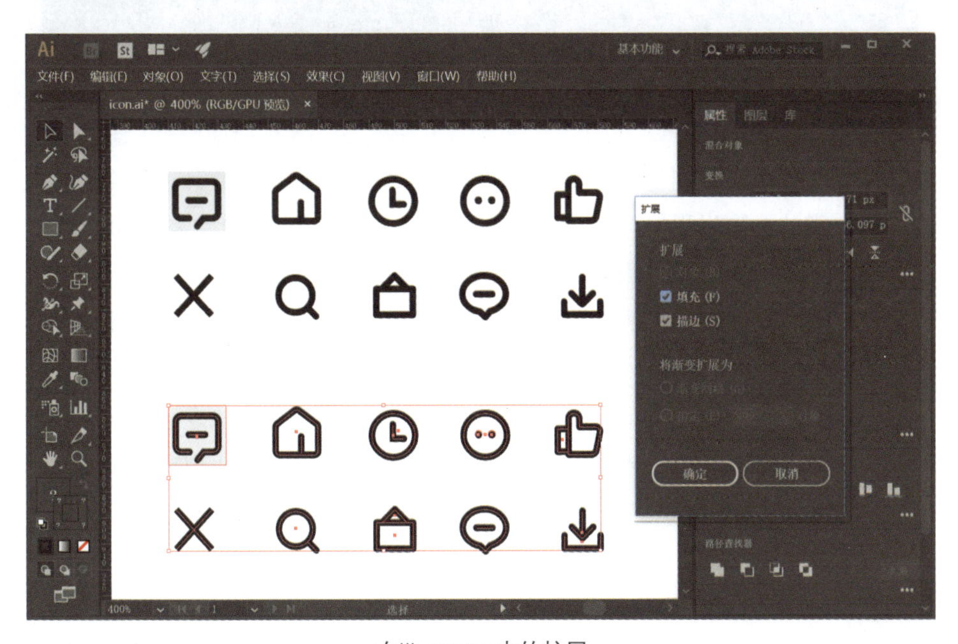

在Illustrator中的扩展

接着进行复制，打开Photoshop粘贴会打开提示框，可以选择将图标粘贴成为像素、智能对象、路径、形状。如果粘贴成像素，那无疑对修改是非常不利的。如果粘贴成智能对象，双击智能对象会回到Illustrator中修改，但是也有一定缺点，即智能对象不能直接在Photoshop中进行调整。如果粘贴成路径也不是特别方便，所以最好是将Illustrator中绘制的小图标粘贴成形状。选择后，图标就粘贴成形状图层，可以在Photoshop中对其进行布尔运算、锚点调整等操作。

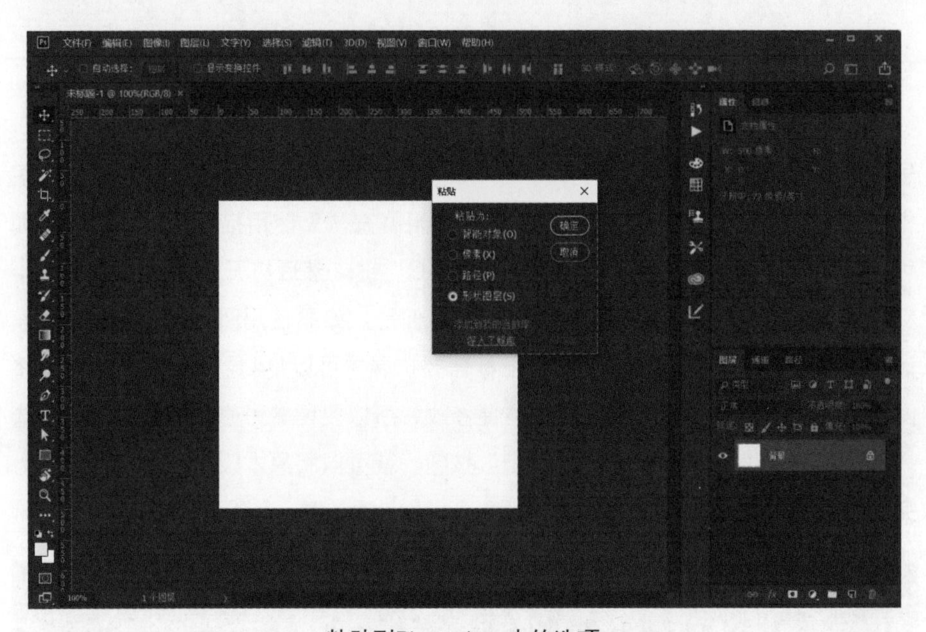

粘贴到Photoshop中的选项

然而，图标粘贴到Photoshop中横竖的路径会出现虚边的情况（圆角和斜线是允许一定的虚边出现的，但是直线不可以）。这种虚边可能会影响用户的体验，所以必须将其消除。第一种方法：在Photoshop中可以用直接选择工具利用界面上方的对齐边缘功能尝试修复。第二种方法：可以使用直接选择工具选中虚掉的某两个锚点，然后按“Ctrl+T”键（自由变换），再按键盘的上下或左右“摇一摇”，路径就会清晰。第三种方法：可以使用若干像素的矩形进行布尔运算强行对齐。三种方法一定能够使图标的横竖路径没有虚边，达到完美的效果。当然，Sketch和Adobe XD都是矢量工具，所以复制后不存在这个问题。

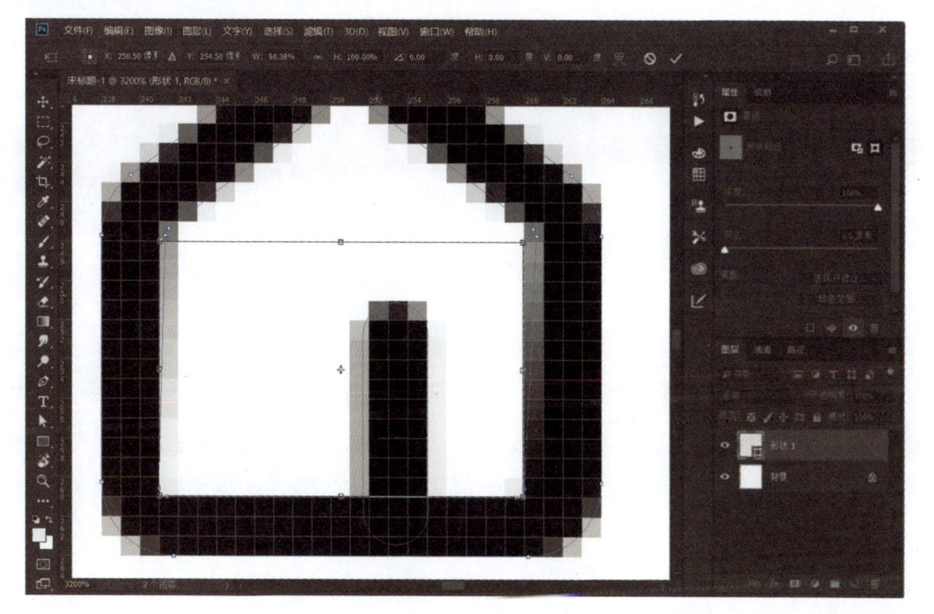

在Photoshop中使用“摇一摇”的方法对齐路径

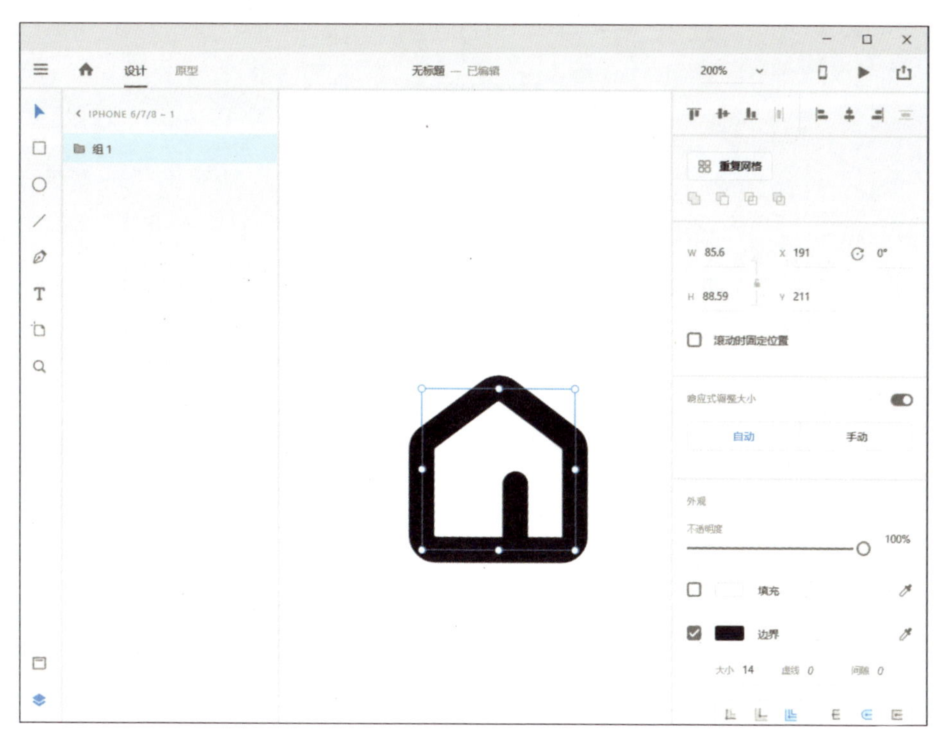

在Adobe XD中，图标无须进行扩展，并可以实时调整描边粗细等属性

4.8 应用

标签栏图标

在苹果和安卓App的底部，一般都会有一个放置重要功能的常驻栏，在iOS中被称为标签栏（也可称为Tab栏）。一般，Tab栏的图标是2～5个。每个图标的区域平分整个Tab栏宽度，其底部会有一个22px（11pt）的文字注释。如果图标释义较为清晰，也可以为了保持设计感去掉文字注释。如果是以iPhone 6/7/8的尺寸设计界面，那么Tab栏图标的尺寸应该是60px（30pt）左右，设计师可以基于这个范围设计图标。

互联网产品中优秀的Tab栏图标设计

每个Tab栏的图标都应该设计一个选中状态，既可以做样式的变换又可以做颜色的改变，总之要让人知道当前所在的页面是哪个。如果Tab栏由5个图标组成，那么可以在中间放置比较重要的功能，并做出突显的样式，如使用一个圆球作为背景。另外，图标的选中态样式要和中间突出状态的图标保持区别，以免发生误会。

导航栏图标

苹果App的顶部区域称为Navigation Bar，即导航栏。导航栏的左右一般都会有图标，如果是二级页面，左侧一般是返回图标。安卓也有类似的设计。需要注意的是在设计这种图标时一定要保证所有导航栏上的图标大小和风格都是一致的。如果以iPhone6/7/8的尺寸设计界面，那么导航栏图标的尺寸约为44px（22pt）。

爱奇艺 优秀的导航栏图标

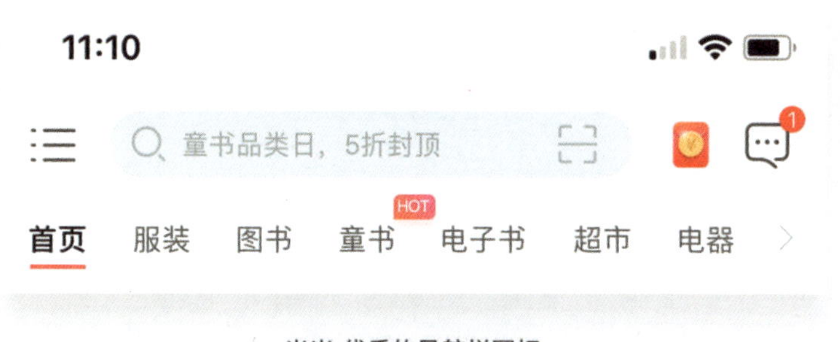

当当 优秀的导航栏图标

互联网产品中优秀的导航栏图标

金刚区图标

在使用淘宝和美团的App时会发现，在它们页面的首页都会有一个区域放置很多分类，一般是6~8个大小一样的图标，有可能是圆形，也可能是不规则形状。这个区域在苹果和安卓规范里其实并没有，属于设计师自创的规范。这个区域经常有8个图标组成，被称为“八大金刚图标”，后来很多产品在这个区域并不仅仅使用8个图标，而是将其称为“金刚区”。金刚区图标的设计风格应该尽量是微扁平、轻拟物的感觉，这样会有更好的点击感。金刚区并没有对尺寸方面进行规范，所以应以设计稿最终效果为准。

互联网产品中优秀的金刚区图标设计

4.9 本章小结

图标设计是UI设计中非常重要的环节，因为除了文字和图片的排版之外，在扁平时代能够传递给用户情绪和设计感的通道就是页面中的各种图形与图标。如果做不好图标，用户将在使用界面时失去乐趣。所以，笔者建议每位UI设计师都需要在平时做大量的图标练习。在练习不同的图标风格中，学会使用各式各样的“武器”。

第 5 章　必须了解的交互知识

5.1　交互设计是什么

交互设计（Interaction Design）也被称为IXD。交互设计建立了人与计算机便捷沟通的通道，它的目标是创造可用性和用户体验俱佳的产品。UI设计师在工作之中经常会对接交互设计师和产品经理，这些对接对象他们具有丰富的交互知识和经验。所以，UI设计师不仅要专心做好视觉层面的工作还要了解交互设计。在视觉设计层面更多地考虑布局和交互原则才可以将界面设计得更友好，UI设计师是交互设计中非常重要的角色。

5.2　用户体验

在工作中经常听到UED（用户体验设计）和UCD（以用户为中心的设计），可见互联网行业非常重视用户体验，而用户体验绝不仅仅是要样子好看。有些设计师只关注视觉层面，认为产品战略等用户体验维度和自己的设计无关，那么就会和产品经理等角色处于不同的世界。“他们为什么要我这么改？”“为什么这里文字要浅一点？”有时不理解对方的思考角度就会产生争执。用户体验（User Experience）是用户使用产品的心理和感受，用户体验体现了产品设计以人为本的设计精神。其实早在互联网出现之前就有“顾客先点鸡就先有鸡”“顾客就是上帝”这种说法，并且西方很多大公司（如施乐、联合利华等）

早在互联网行业出现之前就已经开始研究用户体验，可见用户体验对所有产品都非常重要。但是让人费解的是，用户体验有时非常主观，用户体验背后影响用户的因素太多，如人的喜好、情感、印象、心理反应等。有人明明看到摩拜却要走很远找ofo，有人只吃肯德基而不吃麦当劳。这些选择并不是优胜劣汰，而是有其背后的原因。要想使产品被人喜欢，需要研究用户。

用户可能是几百万人，面对这样抽象的群体以他们为中心而进行设计将非常抽象，而且有时用户自己的声音也是矛盾的。通常可通过以下七种方法了解用户的心声。

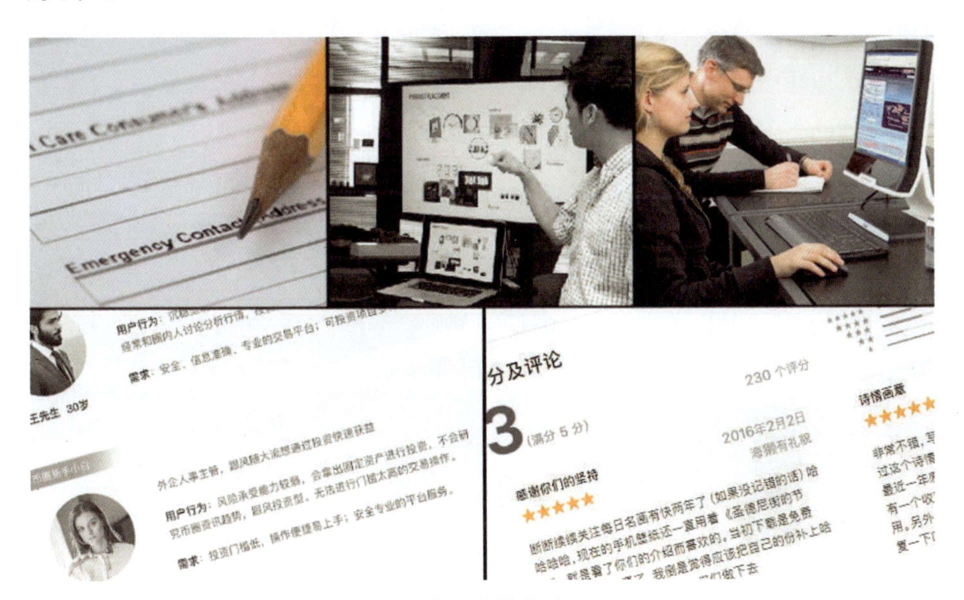

用户研究的方法

用户画像

根据产品的调性和用户群体，用户研究团队可以设计一个用户的模型，这种研究方式被称为用户画像。用户画像是由带有特征的标签组成的，通过这个标签可以更好地理解谁在使用该产品。用户画像建立后，每个功能可以完成自己的用户故事——用户在什么场景下需要这个功能。这样，设计师所设计的功能就会更接近用户的实际需求。例如，如果要设计一个女装购物应用，那么可以做这个用户画像：小美，在北京国贸CBD上班，22岁，月收入8 000元，喜欢淘宝购物和电视购物。使用该产品是为了寻找正品时尚大牌服装进行网购。小美刚毕业，虽然喜欢大牌但是资金短缺。（启发：该产品是否要解决这两个痛点）小美是时尚

OL，审美很高，不喜欢俗气的设计。（启发：界面设计是否考虑使用大牌的黑白色）即使小美并不真实存在，她也指引了产品设计。接下来，设计师还可以为小美增加一个头像，在做设计时可以想象这个人就是真实存在的用户，那么她会对设计有什么看法。当完成用户画像之后，还可以设计用户故事：小美需要经常在工作场合穿符合工作气质的衣服，也需要在约会时有晚礼服之类的服装，小美的收入有限，她眼光较高但对价格过高的服装无法承担，她使用这个App就是为了寻找正品且价格适中的服装。因此，这就要为小美继续设计一个用户使用场景：小美开会时可能会打开应用看看、乘坐地铁时也会浏览、清晨打开衣柜时也会浏览。基本上是碎片时间，而且是有着装需求时。（启发：设计师是否需要将字号调大以适应地铁中颠簸的阅读环境；设计师是否需要设计省流量模式，以免刚刚毕业的小美花一笔巨大的流量资费。）

用户画像

用户访谈

邀约用户回答产品的相关问题并记录，做出后续分析。用户访谈有结构式访谈（根据之前写好的问题结构）、半结构式访谈（一半根据问题一半讨论）、开放式访谈（较为深入地和用户交流，双方都有主动权探讨）三种形式。进行用户访谈时需要注意的是：用户不可以是互联网从业的专业人员、不可以提出诱导性问题、不要使用专业术语。用户访谈适合产品开发的全部过程。

问卷调查

问卷调查是指依据产品列出需要了解的问题，制成文档让用户回答，可分为纸质调查问卷和网络问卷调查。问卷调查是一种成本比较低的用户调查方法。问卷调查适合产品策划初期对目标人群的投放，1个问题最好收集10个问卷，也就是说，如果有10个问题那么至少要收集100个问卷才是有效的。另外，不是所有人都会耐心地填写问卷，所以有些回答会扰乱判断。

焦点小组

焦点小组一般由6～12人组成，由一名专业人士主持，依照访谈提纲引导小组成员各抒己见，并记录分析。同时，在焦点小组的房间会有一扇单向玻璃窗，用户看不到里面有谁。而在里面坐着的通常是开发团队，他们可以清晰地看到用户是如何吐槽他们的产品的，但是他们没有权利直接和用户进行解释。焦点小组需要特殊的房间和设备，主持人也需要训练有素，焦点小组能够有针对性分析出用户在没有说明的情况下如何使用产品以及对产品的不满。

可用性测试

通过筛选不同用户群可以对产品进行操作，同时观察人员在旁边观察并记录，可用性测试的要求是用户不可以是互联网从业者而应该是真实产品的用户群体。但是可用性测试一般要有一个可用的软件版本或者原型供人测试才可以，在软件开发的前期不适合用这个方法。

眼动测试

使用特殊的设备眼动仪追踪用户使用产品时眼睛聚焦在哪里，盲区是哪里。例如，一个网站通过眼动测试可以知道用户的视觉会自动屏蔽网站的常见广告位置，这时如果希望提高广告的关注度，就需要把广告位放置于用户聚焦时间较长的位置。眼动测试的设备比较专业，通常在小公司较难开展。

用户反馈和大数据分析

根据市场提供的反馈和数据得出客观的判断与合理的推测。用户反馈也是用户研究的一个重点，其主要内容是用户通过产品的反馈入口主动向开发者提出的意见。

有了这些方法，设计师就能更好地了解用户和接近用户。但需要注意的是，用户研究也是有“陷阱”的。例如，填写问卷和参与调研的用户可能并不是核心用户；除提交用户反馈的用户之外可能有更多沉默的用户；等等。总之，用户研究是一个必要的手段，但是仍然需要产品团队对产品的方向做出决断。

5.3 用户如何使用产品

使用场景

上文介绍了用户使用的场景是根据产品的功能和平台决定的。电脑的使用场景是正襟危坐，手持鼠标。而移动端则是随时随地使用，所以设计师要为用户考虑，切实了解他们的真正需求，如是否需要省流量、是否需要调整字号、是否需要过滤蓝光、是否需要护眼模式、是否不方便看视频、是否需要缓存视频、扫二维码时是否需要手电功能、是否需要语音提醒、是否需要清除访问记录等。一个不考虑用户使用场景的产品一定会遭到吐槽。笔者曾听到过这样的抱怨，“也不搞个提示，早晨在地铁里用4G看流量以为是在家用Wi-Fi，结果看了一集《甄嬛传》花了80块钱”“哎？你是不是早晨开会时玩游戏了？你的比分都给我们推送了”。

笔者的产品中的用户使用场景表格如下所示。

用户需求分析

目标用户	关 键 词
学生	学习知识、开阔眼界、了解历史
都市小清新	发表看法增加认同感、提升人格魅力
退休教师	回忆美术作品、发表看法
美术从业者	借鉴研究作品、发表研究和态度

使用场景

使用场景	关 键 词
地铁上	信号不好、费流量、晃动
厕所	时间有限、费流量
无聊时	随时停止、需要有趣
早晨	需要时钟、需要PUSH提示

用户目标

用户目标	关 键 词
学习	学习、翻阅、消磨时间
发朋友圈	分享功能、引流、点赞
看展时	解说、针对性、LBS

操作手势

网页设计所处的电脑端目前主要还是依靠鼠标单击进行操作。鼠标单击的最小单位甚至可以是1px。而移动端则不同，人们是使用手指操作界面的。一般来说，手指点触区域最小尺寸为7mm×7mm，拇指最小尺寸为9mm×9mm。也就是说，在2倍图中为88px（或44pt）。这个88px在移动端应用非常广泛，如很多表单单项的高度是88px、导航栏高度也是88px等。有人认为有的界面上的图标看上去没有88px，但那只是视觉，可以通过增加图标点击区域的方式（如给60px大小的图标增加22px的透明区域）使图标更方便点击。需要注意的是，设计时不要将操作区域设计得特别近，可以把所有点击区域用88px标记，然后观察是否有重叠的情况，避免点击一个图标时误点另一个图标。除了点击区域，移动端还可以利用各种手势进行各种操作的设计。移动端常用手势如下图所示。

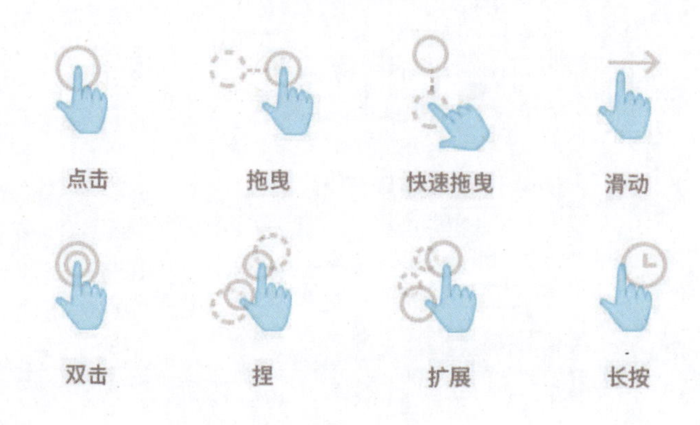

移动端常用手势

单点触碰（Tap）：点击用于选择一个元素，类似鼠标的左键，是最常用的手势。

拖曳（Drag）：点击某个元素然后拖拽进行移动，与现实生活中移动物体的感觉类似。

快速拖曳（Flick）：速度很快的拖曳操作。

滑动（Swipe）：水平或垂直方向的滑动，如翻阅相册和电子书的手势。

双击（Double-Click）：快速点击一个物体，通常会在放大、缩小操作中使用。

捏（Pinch）：两根手指向内捏，捏的动作会使物体变得更小，通常在缩小操作中使用。网易新闻客户端中正文页面即可通过捏的动作缩小字号。

扩展（Stretch）：两根手指向外推，现实中这种操作会使物体向外拉伸，元素可能会变得更大，通常会在放大操作中使用。网易新闻客户端中正文页面可以通过伸展放大字号。

长按（Touch and Hold）：手指点击并按住会激发另一个操作，如朋友圈的相机图标长按可只发文字。但长按不是一个常态操作，所以一般不建议用户进行该操作。但长按操作又是经常需要使用的，所以会把删除、只发文字状态等操作隐藏其中。

除了用户使用场景、点击区域、手势以外，用户如何拿手机也会影响设计。用户可以单手拿手机、双手拿手机、直向拿手机或横向拿手机。因此，设计师需要考虑这些可能发生的特征并进行手势互动的规划与设计。例如，ofo为了让单手（无论是左手还是右手）操作方便，主要按钮在下方并且做得很大，左右手都可以轻松点击。而微信的很多按钮也都是大长条，方便左右手的触发。横屏使用场景一般是游戏、视频等，所以一般的App并不支持横屏操作（微信、支付宝、微博均不支持横屏操作）。

5.4 格式塔：如何认知

有些用户在使用设计好的界面时找不到一些重要的功能按钮。“奇怪，分享功能不就在更多按钮里面吗？”“用户怎么连这个也找不到啊！”在初、高中考试时大家见过“完形填空”这种格式，“格式塔”源自德语“Gestalt”，意即“整体”“完形”的意思。格式塔心理学认为，人们在观察事物的时候会自动脑补出一些逻辑和含义，使观察对象变成一个完整的、整体的、常见的形状。

“研表究明，汉字的序顺并不定一能影阅响读，如当你完看这句话后之，才发这现里的字全是都乱的。”研究格式塔心理学对进行互联网产品和设计有非常重要的意义。掌握格式塔的理论可以使用户按照设计师安排的“剧本”交互和操作界面。如可以使用户比较容易地根据固定位置找到提交按钮，也可以使用户不经过太多思考在杀毒软件中点击杀毒按钮等。格式塔心理学对做好表现层是非常有利的。格式塔原理主要有格式塔五大律和格式塔三大记忆律两个知识点。

接近律（Law of Proximity）

格式塔心理学认为，人们认知事物时，会依靠它们的距离判断它们之间的关系，两个元素越近就说明它们之间的关系越强。但是接近也是有对比的，在复杂的设计中，设计师应在考虑它们之间内部逻辑关系的同时进行排版。

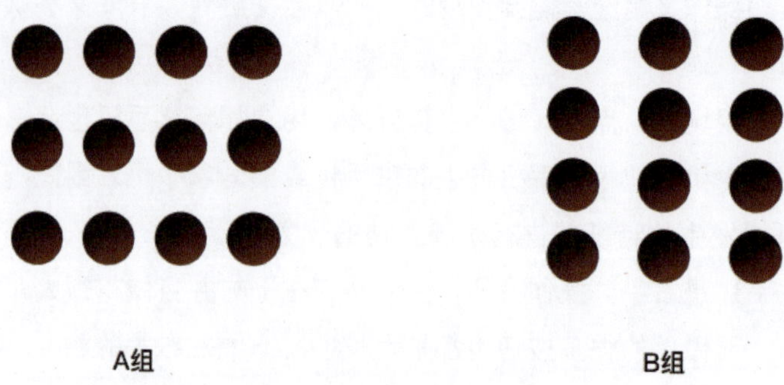

A组和B组因为接近律而产生不同的阅读顺序

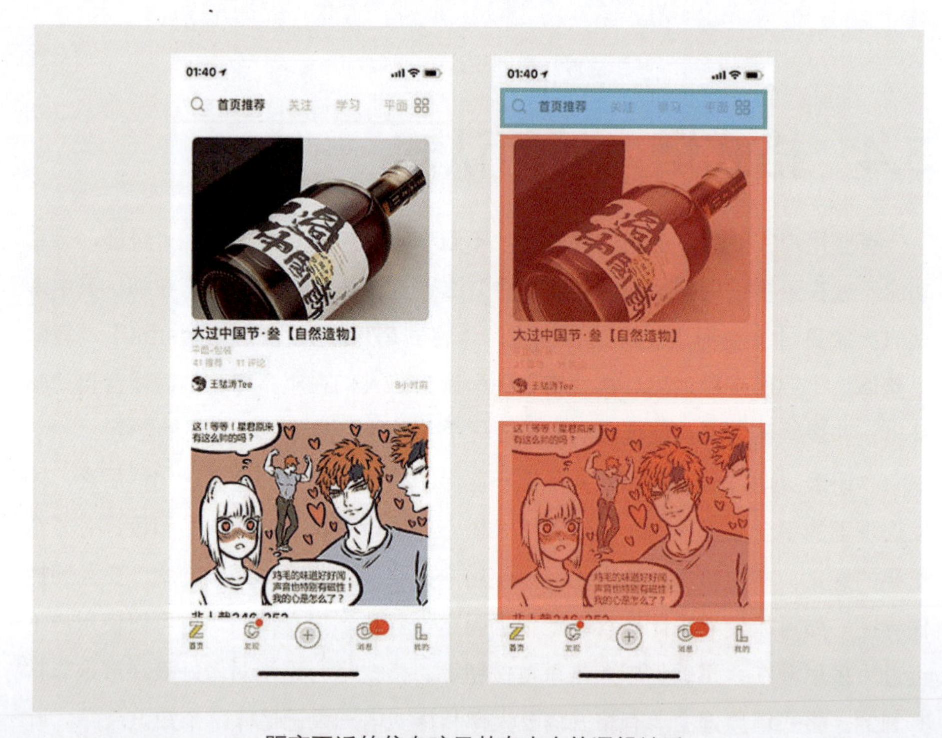

距离更近的信息暗示其有内在的逻辑关系

相似律（Law of Similarity）

认知事物时，刺激要素（如大小、色彩、形状等要素）相似的元素人们倾向于把它们联合在一起或者认为它们是一个种类。例如，人们能够轻易地分辨出拨号页面中拨号键和按键群的区别。

相似的元素暗示它们属于一个种类

类似外形的单元会被人脑默认为同一属类

闭合律（Law of Closure）

就算没有外形的约束，人们也会自动把图形脑补完整。例如，半个形状或者有缺口的形状人们不会认为是一条线，而是一个完整的形状。闭合是指一种完形的认知规律。

左边的图形人们会认为是圆形有缺口而不是一条曲线；
右边的图形人们会认为是圆形被三条线截断了而不是四个图形

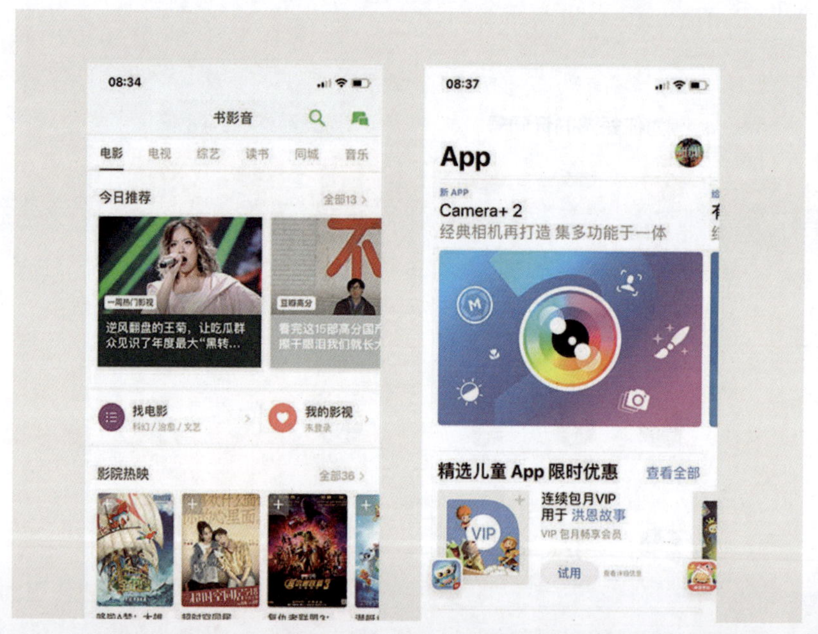

界面设计中露出一半内容，闭合律使人们感知右边隐藏着更多内容

连续律（Law of Continuity）

在知觉过程中人们往往倾向于使知觉对象的直线继续成为直线，使曲线继续成为曲线，也就是视觉的惯性。正因如此，用户操作界面时会不经过思考就点击一个固定的位置。

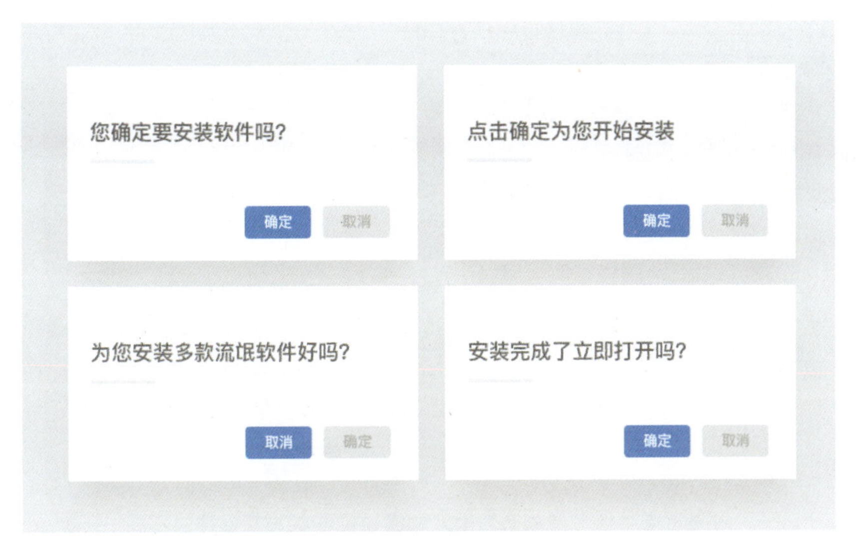

深谙连续律的流氓软件

成员特性律（Law of Membership Character）

如果有很多同样的按钮，若使某个更重要的按钮突出但是仍然使用户感知还是按钮，这就需要运用成员特性律。成员特性律赋予集体中某一个元素特殊的一些刺激元素从而使其更加突出。

独特的外形暗示它与其他元素有不同的功能

拨号页面中拨号键与微博中发布微博图标都与其他按钮不同

5.5 记忆律：如何记忆

格式塔五大律还专门研究用户记忆的格式塔记忆律。格式塔心理学家沃尔夫对遗忘问题所做的经典性研究得出了格式塔的三大记忆律。沃尔夫进行实验时要求实验体观看样本图形并记住它们，然后在不同的时间根据记忆把它们画出来。结果发现实验体在不同的间隔时间画出的图像都有不同。有时再现的图画比原来的图画更简单更有规则；有时原来图画中显著的细节在再现时被更加突出了；还有的比原来的图像更像某些人都很熟悉的图案。沃尔夫将这三种记忆规律称之为格式塔三大记忆律，即水平化、尖锐化、常态化。

哪个图形才是正确的？

水平化（Leveling）

水平化是指在记忆中人们趋向于减少知觉图形小的不规则部分使其对称，或趋向于减少知觉图形中的具体细节。

尖锐化（Sharpening）

尖锐化是在记忆中与水平化过程伴随而行的。尖锐化是指在记忆中，人们往往强调知觉图形的某些特征而忽视其他具体细节的过程。有些心理学家认为，人类记忆的特征之一，就是客体中最明显的特征在再现过程中往往被夸大。

常态化（Normalizing）

常态化是指人们在记忆中，往往根据自己已有的记忆痕迹对知觉图形加以修改，即一般会趋向于按照自己认为它似乎应该是什么样子加以修改。

5.6 情感化设计是什么

了解格式塔可使设计师将界面做得更加符合用户的心理预期，使用户能够直接找到预期的目标。如果界面设计不美观，用户可能会不满意。设计师经常会陷入这样的矛盾：可用性重要还是美感更重要？如何设计出既好用又好看的界面？情感化设计最先由唐纳德·A. 诺曼博士提出，具体内容指的是设计中情感所处的重要地位以及如何让用户把情感投射在产品上以解决可用性与美感的矛盾。情感化设计是指旨在在抓住用户注意、诱发情绪反应以提高执行行为的可能性的设计。例如，红色且巨大的购买按钮能够无意识地抓住用户的注意，可爱萌萌的卡通形象可以缓解用户网络不好时的焦虑，等等。

情感化设计的三个水平

情感化设计有三个水平，即本能水平（重视设计外形）、行为水平（重视使用的乐趣和效率）、反思水平（重视自我形象、个人满意、记忆），三者是递进关系。

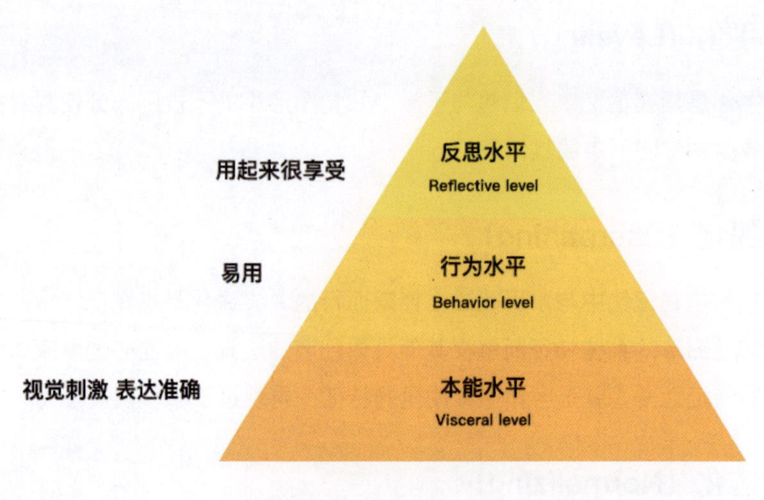

情感化设计的三个水平

本能水平

人是视觉动物，对外形的观察和理解是出于人的本能。本能水平的设计就是刺激用户的感官体验，让别人注意到设计的作品。这个阶段的设计会更加关注外形的视觉效果。例如，各大电商网站的专题页面设计，更加注重抓眼球和外观的刺激。

行为水平

行为水平是功能性产品需要注重的。一个产品是否达到了行为水平，要看它是否能有效地完成任务，是否是一种有乐趣的操作体验。优秀行为水平设计的四个方面包括功能、易懂性、可用性和物理感觉，如好用的记事本App等。

反思水平

反思水平的设计与用户的长期感受有关，这种水平的设计建立了品牌感和用户的情感投射。反思水平设计是产品和用户之间情感的纽带，通过互动为用户提供自我形象、满意度、记忆等方面的体验，这样用户可以形成对品牌的认知，培养对品牌的忠诚度。马斯洛理论将人的需求分为生理需求、安全需求、社交需求、尊重需求和自我实现需求五个层次。笔者认为反思水平的设计就是为用户提供归属感、尊重、自我实现。例如，每逢节日Google就会有一些符合节日化的设计、网易严选的空状态也会有品牌感的体现等。

淘宝空状态中的情感化设计

情感化设计的表达

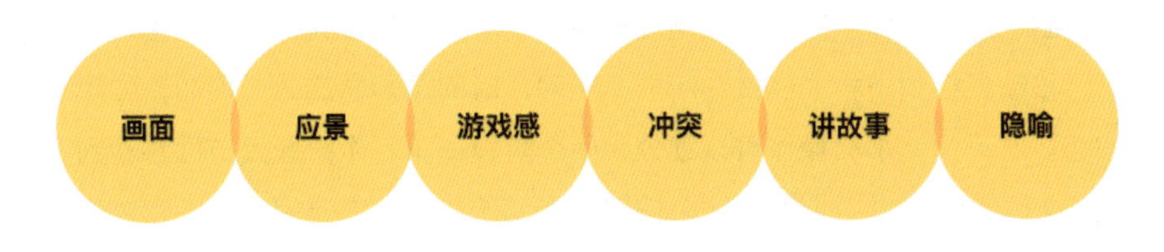

情感化设计的表达

画面 画面是情感化设计的重点，让错误页面或者空状态都成为一幅可爱的插画。

应景 让用户在产品中体验到一些和真实世界一样的氛围变化。

游戏感 没有人喜欢做任务。尝试使用户完成的任务变成游戏。例如，每次登录加金币，有足够的金币就可以获得某种称号。

冲突 冲突非常能够勾起人的情绪，营造竞争或者对抗的氛围，使用户感觉自己置身在一个比赛或者格斗中。

讲故事 为产品和无聊的图像提供一些故事内容，毕竟没有人讨厌讲故事。

隐喻 用一些大家理解且随处可见的事物表达一些无趣、生涩的概念。

5.7 交互设计八原则

当了解了产品五要素（产品设计的维度问题）、格式塔心理学（用户如何认知的问题）、情感化设计（如何让用户满意的问题）后，还需要了解很多交互原则。这些交互原则会帮助设计师设计出更好用的界面，同时可以帮助设计师讲解设计原因。

费茨定律（Fitts'Law）

费茨定律指的是：光标到达一个目标的时间，与当前光标所在的位置以及目标位置的距离（D）和目标大小（S）有关。它的数学公式是

$$时间\ t = a + b\log_2(D/S+1)$$

这个定律是由保罗·菲茨博士（Paul M. Fitts）提出的。菲茨定律在很多领域都得到了应用，特别是在互联网设计中意义尤为深远。人们常利用费茨定律估算用户移动光标到链接或者按钮所需的时间，时间越短越高效。例如，如果有一个按钮在左下角，那么操作可以细分为两个阶段：第一个阶段大范围移动到左下方向；第二个阶段做微调到达这个按钮之上。所以，这个时间受按钮和链接所在位置与按钮和链接大小的影响，也就是说，设计师在做设计时要考虑光标默认会放在哪里、链接按钮是否太小等因素。

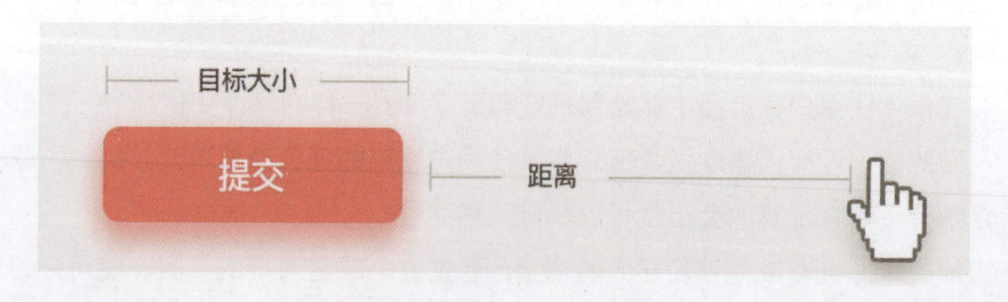

$t = a + b\log_2(D/S+1)$

D=目标距离　S=目标的大小

a、b=经验参数

费茨定律说明距离越短、目标越大，那么光标到达目标就越快

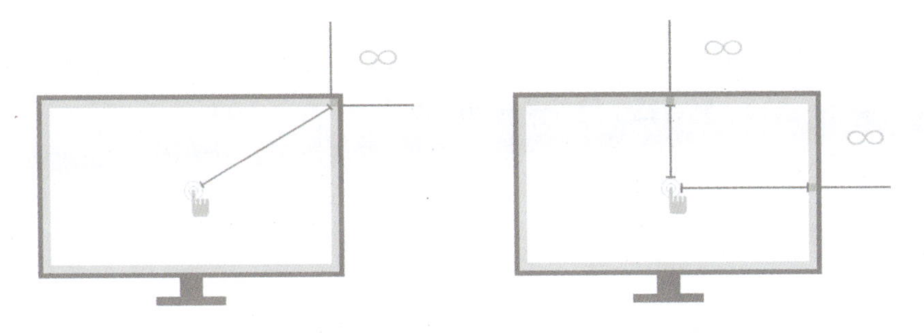

费茨定律在网页设计中的使用

苹果音乐App将按钮放置在手指最容易点击的区域并且按钮足够大

希克定律（Hick’s Law）

希克定律是指一个人面临的选择（n）越多，所需要做出决定的时间（t）就越长。它的数学公式是

$$反应时间\ t=a+b\log_2(n)$$

在设计师的设计中如果给用户的选择越多，那么用户所需要做出决定的时间就越长。例如，给出用户菜单—子菜单—选项，那么用户可能会很纠结；如果简化成菜单—选项，则会减少用户做选择的时间。

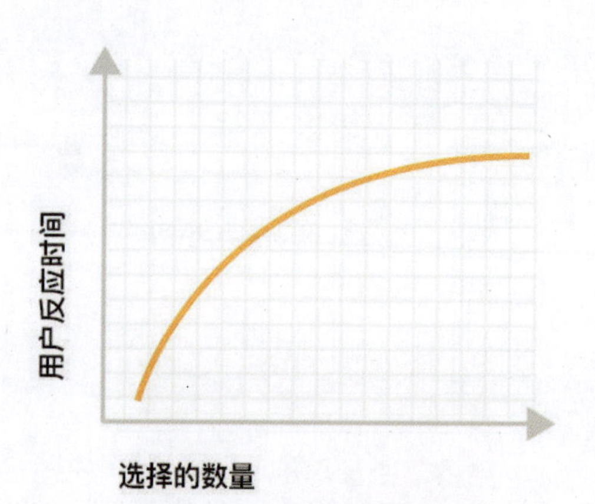

用户反应时间和选择数量的关系

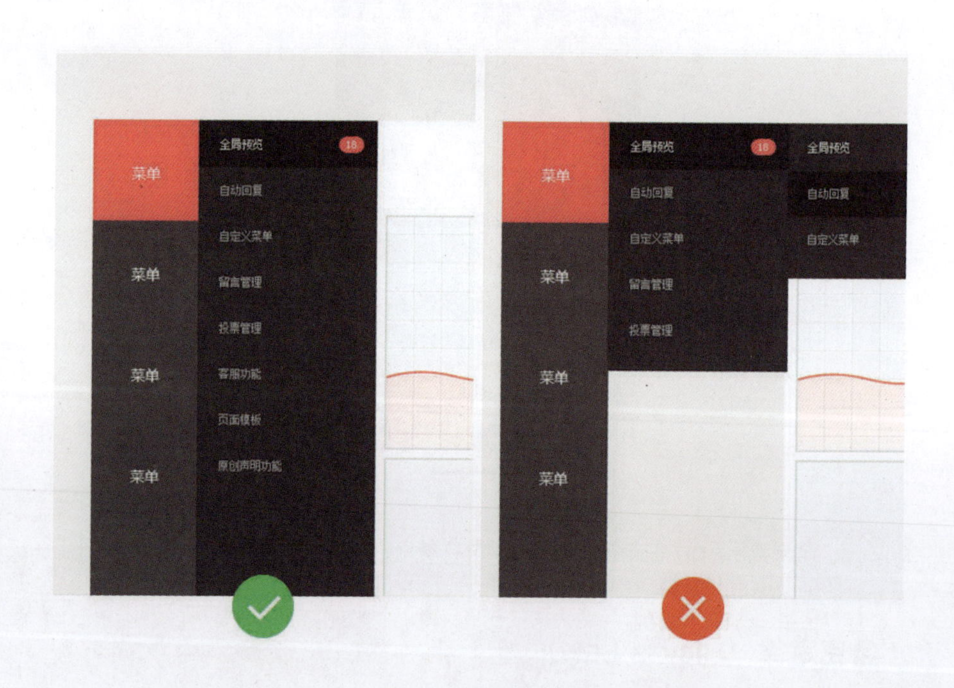

应该减少用户的选择

7±2 法则

【游戏】请记忆下面的文字，一分钟后移开视线。

挣 多 久 可 猫 风 师 枭 崩 六 酒 望

现在闭上眼睛回想上面的文字您能回忆几个？大概是5~9个。1956年美国科学家米勒对人类短时记忆能力进行了研究，他注意到年轻人的记忆广度为5~9个单位，就是7±2法则。这个法则对设计师做界面设计的启迪就是，如果希望用户记住导航区域的内容或者一个路径的顺序，那么数量应该控制在7个左右，如苹果和站酷网站的导航个数。另外，移动端底部Tab区域内容最多也是5个，而页面中的八大金刚图标则是8个。

苹果、站酷、Dribbble等网站导航数量全部是7±2

泰思勒定律（Tesler's Law）

泰思勒定律认为产品固有的复杂性存在一个临界点，超过这个临界点过程就不能再进行简化，只能将这种复杂性转移。例如，如果发现页面的功能是必需的，但当前的页面信息过载，那么就需要将次要的功能收起或者转移。

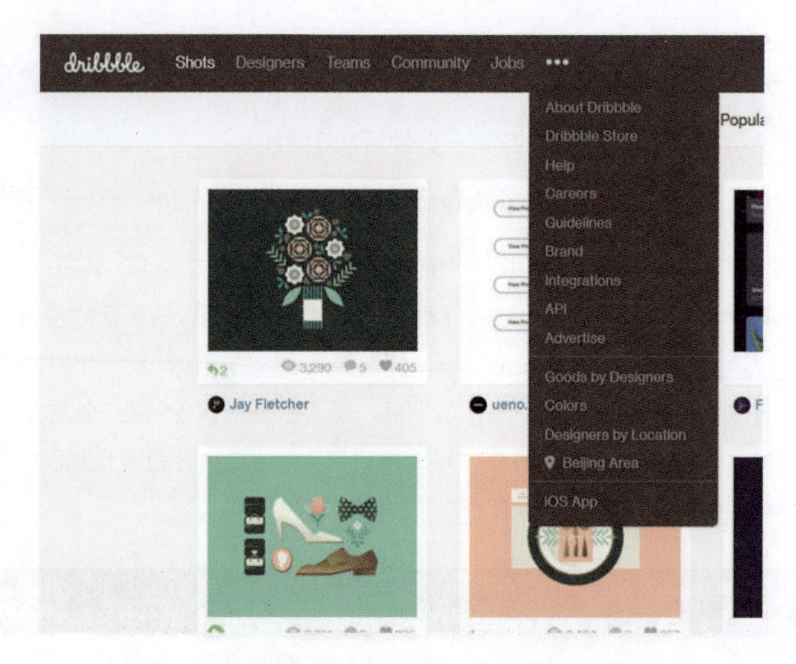

Dribbble网站导航将更多功能收集在一个表示更多的图标内

防错原则

一个表单是需要填写完毕后方可提交的。但是用户有时会漏填，这时用户如果点击提交有些选项可能会被清空（如密码选项基于安全考虑会清空cookies），那么用户还得重新填写。这时的解决办法是在用户没有填写完之前把按钮设置成一个看起来不能点击的样式，用户想提交时弹窗“您还有内容没有填写完哦”，然后把用户定位在没填写完的项目，让那个表单高亮。Twitter只允许用户填写140个字，但用户在不经意之中往往会超出140个字，其解决办法是在旁边提示倒数还能写几个字。这些都是设计师为了防止用户操作出现错误所做的努力，防错设计就是要减少错误操作所带来的灾难。错误的提示当然需要设计师的设计，但有些错误提示不明确，用户并不知道到底错在哪里，下一步该怎么办。例如，登录功能就可能会有用户名错误、密码错误、网络超时、连续三次输入密码错误、用户名为空等不同的错误，而有些产品仅仅给出“出错了”，那么用户当然会不知所措。正向的例子如下：笔者在登录Google Mail时输入错误密码，它提示“密码输入错误，提示：您在1个月前改过密码”。

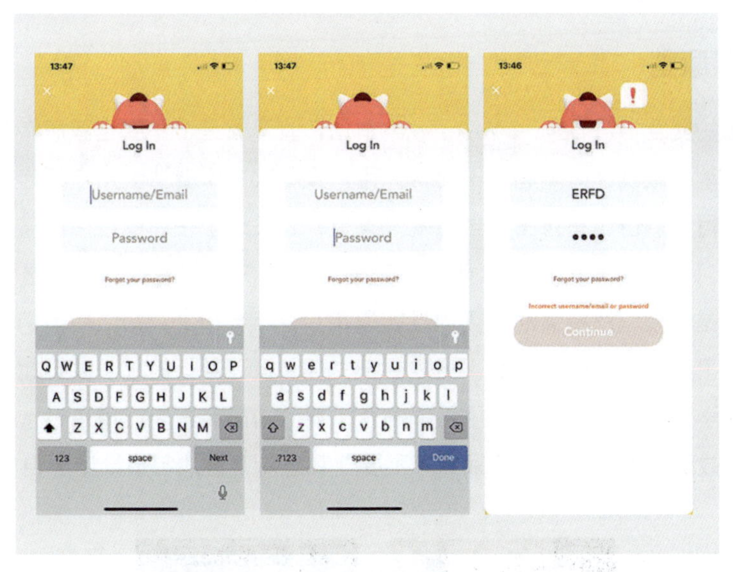

BOO！App输入密码时卡通会蒙住眼睛，输错时也会有提示

奥卡姆的剃刀法则（Occam’s Razor）

奥卡姆的剃须刀法则认为做产品时功能上不可过于烦琐，应该保证简洁和工具化。例如，产品中为用户提供了收藏功能是否就不再需要喜欢？提供了喜欢是否不再需要点赞？一定要保证功能上的克制。

QQ将更多功能收集在头像和加号图标中

防呆原则

著名的交互书籍*Don´t make me think*，直译就是“不要让我思考”。这句话一直在笔者做设计时响起：不要认为用户是专家！不要认为用户是专家！有时人们会觉得，点击汉堡包图标当然就是菜单！长按这个按钮就会调出某项功能。但是设计师忘记了普通用户可能并不理解什么是汉堡包图标、什么是抽屉式导航、什么是长按、双指滑动。更何况普通用户并不会研究App，在他们眼中产品只是众多工具中的一个。因此，一定要把交互和设计做得简单，并且让用户在其他地方“学习”过。每个页面应强调一个重要的功能而不应让用户做选择题。这些都是有效防呆的好方法。防呆和“不要让我思考”讲的都是设计要自然而然。

运动App KEEP 的页面中总有一个按钮是突出的

防止不耐烦原则

用户是很容易不耐烦的，如果需要用户等待载入信息，一定要有一个情感化的设计提示，避免用户产生焦虑。 例如，很多游戏（如决战平安京、王者荣耀等）加载时会出现主角跑步的小动画，美团等App下拉刷新时也会有几帧动画安慰用户。动画要好于苹果默认提供给开发的“转菊花”，因为卡通形象更有亲和力。但是这还远远不够，用户需要掌控感，“哎？它一直加载，是不是死机了？”为了防止用户没有掌控感，可以为用户设计加载条或者加载提示。但加载状态条很多都是假的甚至是重复的，这是因为精确判断加载了多少单位的素材的代码更占资源，所以用户等待加载的时间会变得更长。于是很多时候设计师会做一个假的加载状态条安抚用户，很多人一定看过反复加载的加载条。加载条下的文案其实也是可以变得非常有情感化设计感受的，如通常是加载场景资源、加载素材这样的文案，但是有些App需要很长加载时间时会给出导演正在准备、女主角准备化妆了、摄像师打开了灯光等文案。

美团和网易严选的加载动画

【日常积累很重要】

交互知识其实关键还是应用和分析。一方面，设计师可以在工作中积累经验，不断地思考如何和其他人配合研究提高产品在使用时的体验；另一方面，设计师也要经常积累一些产品使用时发现的交互。例如，饿了么在下雨天送货时会有电闪雷鸣和雨滴的设计；ofo和滴滴打车在不同节日也会把地图找车里的图标换成与节日相关的图标；BOO！App在输入密码时小怪兽会捂住眼睛；WPS在晚上写作时会提示开启过滤蓝光的护眼模式；等等。一个好的设计师一定是懂得交互的设计师，应该是非常细心的设计师，也应该是懂得为用户着想的设计师。

第 6 章 设计师必须掌握的法律常识

6.1 法律常识的重要性

大部分设计师在工作中或多或少有过这样的经历：也许不小心用了一张没有获得授权的素材、也许为领导处理过一个印章的电子图片、也许不小心引用了一段没有经过授权的音乐。这些行为乍看之下可能并没有带来直接的不利后果，认为其实没什么大事儿，但当收到一封律师函时就会后悔莫及。为了防止设计师在不知不觉中侵犯他人的知识产权，笔者总结本章供大家参考。

6.2 阻碍设计进步的抄袭

为什么抄袭是有害的

国内就抄袭的认知基本大同小异，即认为“把别人的作品或语句抄来当作自己的（行为）”为抄袭。在立法上，《中华人民共和国著作权法》未使用抄袭概念，其第四十七条第五项使用了“剽窃”一词，但没有对此概念进行界定。

1999年国家版权局版权管理司《关于如何认定抄袭行为给青岛市版权局的回复》指出："著作权法所称抄袭、剽窃，是同一概念（为简略起见，以下统称抄袭），指将他人作品或者作品的片段窃为己有。抄袭侵权与其他侵权行为一样，需具备四个要件：第一，行为具有违法性；第二，有损害的客观事实存在；第三，和损害事实有因果关系；第四，行为人有过错。由于抄袭物需发表才产生侵权后果，即有损害的客观事实，所以通常在认定抄袭时都指经发表的抄袭物。因此，更准确的说法应是，抄袭指将他人作品或者作品的片段窃为己有发表。"由此可见，国内对抄袭的认定基本上限于"作品或作品片段"。抄袭不仅违反了著作权法，而且侵犯了他人的著作权。制定《中华人民共和国著作权法》就是为保护文学、艺术和科学作品作者的著作权，以及与著作权有关的权益，鼓励有益于社会主义精神文明、物质文明建设的作品的创作和传播。现代社会必须保护那些推动历史车轮向前进的人的利益，只有保护思维创新的利益，才会有更多人积极去创新。工业时代之前并没有著作权法，而且是鼓励"抄袭"的，因为那时知识和思想是很容易被遗忘的：如在印刷普及前，书籍是要靠抄阅才可以传播，歌曲也要口口相传。那时传播价值远远比财富重要。而信息时代，任何信息都可以轻易地被复制，保护创新者的成果有利于鼓励人类的创新。而抄袭可以获得财富却又省去了创新的时间，虽然抄袭者获得了个人利益，但是站在人类发展的高度上来看，抄袭只是无意义的重复。

设计师道德标准

在设计上设计师无法完全脱离他人的创作，一个人能想到的一切或许都在这个世界上出现过。有一位哲人曾说：普天之下并无新鲜事。我们不仅无法避免和前人的想法重合，有的时候还得学习和借鉴前人的思路。例如，中国神话中的龙是由猪的鼻子、鹿的角、蛇的身子组成的。抄袭与思想重合、借鉴的区别是思考的过程和设计师的道德。在更高的角度上，设计师应该努力探索不同的设计方法和设计实践，就像玩游戏一样。人类是一个共同体，设计师应不断地探索未知的地图，探索更多的可能性，这才是设计的意义。设计师应该严格要求自己创作时不能省却动脑的过程，应做出有思考的设计。

抄袭、借鉴与致敬

《头号玩家》致敬多部电影、游戏

抄袭这两个字是汉语，在最早的时候指的是一种包抄近道的攻击。元代尚仲贤《气英布》第一折：“只消遣彭越抄袭楚军粮道，项王必亲击之。”可见这是一种攻击。在明清时代已经演化成文学上的没有意义的复制：《红楼梦》第八十四回：“那些童生都读过这篇，不能自出心裁，每多抄袭。”可见抄袭在中国一直不是什么好词，是一种为了达到目的不讲究君子协定和方法的方式。

抄袭、借鉴、致敬

借鉴和致敬都是美好的词语，让人感觉是善意的，而抄袭则是人人喊打。从著作权法来看，“抄袭”可以被拆解为“违法–复制”，“借鉴”可以拆解为“合法–演绎”。“复制”和“演绎”本身均是中性的。而根据《中华人民共和国著作权法》第四十七条之规定，不论是否经过著作权人许可，剽窃他人作品的都构成侵权。可以说，抄袭本身就是违法的，也就是说，即使挂上了借鉴的名称，只要是抄袭、剽窃，仍然可能被起诉！“致敬”其实是一种基于思考和演绎，对前作进行解构或跨领域的重新创作，并且对被致敬者不构成侵害的设计方法。致敬和借鉴的前提都是需要经过思考过程和著作权所有人的认可方视为可行。

苹果系统内的计算器与博朗计算器

博朗 T1000 便携式收音机和苹果的 PowerPC G5

博朗 LE1 音箱和苹果的 iMac

例如，苹果的设计人人称赞，但苹果的设计也在借鉴和致敬一个在世界设计史上举足轻重的公司——Braun（博朗）。博朗的首席设计师就是Dieter Rams。工业设计大师飞利浦·斯塔克（Philippe Strack）曾问Dieter Rams：如何看待苹果和iPod，“他们抄袭了你的作品！”而Dieter Rams这样回答：“我从来不觉得那是抄袭，我把它看作致敬。”还开玩笑说，苹果做了他无法完成的事情：“他们有能力让人们自发地排队购买他们的产品，而我只是在第二次世界大战晚期排队领过救济食品。”苹果的设计很多借鉴和致敬了经典，并且都经过了重新思考，同时使用场景上也产生了变化，得到了著作权人的肯定，所以这可以称之为借鉴、致敬。

而一些国内手机公司的产品和苹果的设计非常相似：从造型、HOME键、PLUS的名称、背后的天线条、iPhoneX的“刘海”等，都与苹果非常类似。与苹果和博朗不同的情况是：第一，这些公司与苹果公司都生产同类产品，存在市场竞争关系；第二，相似度过高可以推断出并不是思维的巧合。其实判断思维的巧合应该还有其他方法可选，而并非必须类似才能得出最优。一次在名利场的访谈中有人问及苹果设计高管艾维如何看待中国版苹果公司的设计时，他说：当你第一次做一件事的时候，你不知道会不会成功，但是当你花七八年的努力做成一件事情，最后却被别人简单复制，这是剽窃和懒惰，我认为这是不好的。

值得欣慰的是，国内很多手机公司目前的设计已经渐渐脱离了苹果的影子。然而国内还有很多公司不重视设计，简单地复制苹果等公司的产品，以价格寻找优势。这样会造就一个不尊重设计的市场，这其实是非常危险的。诸如此类的例子不胜枚举，如国内快消产品接连抄袭了YSL、无印良品、优衣库等产品设计。

抄袭后的解决方式

一般而言，构成著作权侵权的，可以根据具体情况要求侵权人承担停止侵害、消除影响、赔礼道歉、赔偿损失等民事责任。但实践中逐渐形成了一种不太正确的风气：许多侵权人的态度是可以赔钱但绝不道歉。道歉意味着粉丝粉转黑、意味着道义上的下风等。有一次笔者设计的一款输入法皮肤被某大公司抄袭后，对方没有第一时间与笔者取得联系，而是等事情发酵后仅写了一篇公关文来平息风波。还有很多类似的设计师被侵权事件，对错很明显的情况下侵权人也拒不认错。其实，一方面笔者认为设计师也应该及时原谅那些认错的侵权者，并对他们起到警示作用（还有一次笔者的设计被人用作发布会宣传材料，联系后立马下线。笔者并没有索取赔偿，但对对方的态度表示非常钦佩）。另一方面，也希望那些大公司如果出现难免的错误，积极认错。犯错不可怕，可怕的是无耻。

抄袭的认定

抄袭是违法和违反道德的。但是抄袭的定义界线其实没有那么简单。目前，国内实务界对著作权侵权的认定基本遵循“许可＋付费＋注明出处”的原则。即对判断一项使用他人作品的行为是否构成著作权侵权：首先看其是否符合著作权的合理使用，如果符合著作权的合理使用，注明出处后即不侵权；其次看其是否符合著作权的法定许可，如果符合著作权的法定许可，向其支付报酬并注明出处后即不侵权；如果既不符合著作权的合理使用也不符合著作权的法定许可，看其是否征得著作权人或其代理人的许可，如果未征得权利人许可即使事后向其支付报酬并注明出处也构成著作权侵权。因此，在确认抄袭行为中，往往需要与形式上相类似的行为进行区分。

（1）抄袭与利用著作权作品的思想、意念和观点的区分。一般来说，作者自由利用另一部作品中所反映的主题、题材、观点、思想等再进行新的创作，在法律上是允许的，不能认为是抄袭。因为著作权法保护的是独创性，而非“首创性”。作品中所表现的情节、内容应该不是著作权法保护的范围。因为情节、内容从本质上说是一种思想，而非著作权法所保护的表达。

（2）抄袭与利用他人作品的历史背景、客观事实、统计数字等的区分。各国著作权法对作品所表达的历史背景、客观事实、统计数字等本身并不予以保护，任何人均可以自由利用。但完全照搬他人描述客观事实、历史背景的文字，则有可能被认定为抄袭。

（3）抄袭与合理使用的区分。著作权侵权的认定在具体标准上基本采用量化分析。合理使用是作者利用他人作品的法律上的依据，一般由各国著作权法自行规定其范围。凡超出合理使用范围的，一般构成侵权，但并不一定是抄袭。

判断是否抄袭，还有以下五个明显的可参考因素。

判断抄袭的五个明显的判断标准

（1）被告对原作品的更改程度：两个相似的作品中至少要有五点以上不同才可认定为是独创，这点也根据不同的作品分类而有所不同。但是两个作品需要有足够的不同支撑他们是两个截然不同的设计。

（2）原作品与被告作品的特点，依据作品的特点进行区分。

（3）作品的属性和分类，包括用途和名目。

（4）作品中所体现的创作技巧和作品的价值。

（5）被告是否从中获取利益。

利益的划分

虽然著作权法在认定是否构成著作权侵权时不以是否营利为标准。但在因实施侵权行为需要赔偿时，也会考量利益方面。例如，一个作品如果没有盈利或出于非营利目的的抄袭或侵权，是以警告为主的。那么一个作品如果抄袭或侵权了别人的作品并以营利和获取用户为目的，就很有可能被起诉。所以，在公司的商业行为中用素材或者抄袭他人的设计时，设计师一定要提醒领导可能存在的法律风险。

6.3 版权意识请留意

在今天的行业中，留给设计师的时间非常紧张。例如，一个发布会前期准备可能只有一个星期的时间，其中打印喷绘可能就需要1～3天，那么真正在电脑前设计的时间只有3～4天；而一个App的产品迭代也因为成本原因尽量缩短，设计师的时间则更紧张。很多时候设计师也要不停地进行修改，这就造成了一个怪圈：创作的时间减少，但是修改的次数增加。所以，设计师几乎不可能为了一个App而创造一种字体，也不可能为了一套运营图中的女模特去拍照。设计师需要的素材包括字体、图片、视频、音乐。

字体版权

很多人只认识几款中文字体，其实笔者了解的字体知识也非常有限。那么对字体背后的设计师更是知之甚少。国外的Monotype和Linotype公司生产了很多优秀的西文字体；国内的方正字库、汉仪、造字工房等也都是字体的生产商。在网络上可以轻易地找到TTF和OTF的字体安装包。也许通过注册会员交纳一定费用也可以找到某些字体的安装包。但这不是字体使用权，而是网站下载权。也就是说，即使下载使用字体仍然是侵权的。更不要说人们经常在网络上下载的那些字体。另外，微软雅黑也不是免费字体。每个字体厂商需要养活大量的设计师更新维护字体，工作量繁重。而国内版权意识淡薄造成极少有公司真正愿意为字体付费，所以字体公司为了生存诞生了一种模式——蜘蛛抓取式维权。也就是依靠搜索引擎和图像对比技术抓取所有侵权的字体图片，然后依据网站备案信息发送律师函。如果24小时之内不撤下，就会起诉侵权者。根据《中华人民共和国侵权责任法司法解释》第五十九条规定“依照侵权责任法第三十六条第一款认定网络用户、网络服务提供者侵害他人民事权益的，应当适用侵权责任法第六条第一款的规定确定侵权责任，由网络用户或者网络服务提供者自己承担赔偿责任。”所以，收费字体千万不要随意使用，更不要简单地修改笔画就认为问题已解决，因为在上文中提到这些仍然属于侵权。

字体是由字体设计师辛苦设计出的

那应如何使用字体呢？字体分为商业收费、个人收费、商业免费、个人免费四种情况。如果做设计，需要字体时可考虑以下三种方法。

第一种方法：使用完全商业免费字体。很多公司设计了很多商业免费字体，如Google设计的思源、Roboto字体等，均属于完全商业免费字体。在官网上有相关免责证书可以下载，这样用得就比较放心。免费字体现在也有很多，如站酷高端黑、站酷快乐体、庞门正道标题体、郑庆科黄油体、站酷意大利体等。

第二种方法：使用平台免费字体。如果公司是在苹果平台上开发软件，那么可以免费使用苹果平台上的字体。如果在电脑上开发网站，则可以免费使用微软雅黑等字体。这是因为实际软件是引用平台本身合法购买过的字体。

平台免费字体

第三种方法：购买版权。很多字体公司的字体其实并没有那么昂贵，而且会按照使用场景相应定价。所以，使用者可适当购买字体。

图片版权

图片有个人、风景、静物等，在做设计时也避免不了使用图像素材。这里要明确一点，代替图使用别人照片的风险其实并不大。代替图指的是在做一些互联网产品（如网站、App）时临时填补的图片。但是在互联网产品和线下设计中如果需要使用一些上线后也不变的、直接商用的图片时，要格外注意版权问题。如果侵权接到律师函要第一时间下架和回复。搜索引擎是一个互联网技术，靠数据分类抓取了所有图片，但是并未对图片进行版权分类，所以用搜索引擎搜索到的图片是有风险的。在一些素材网站用积分兑换或者开通VIP下载同样具有风险，因为这些网站只是提供了图片，并未提供版权，所以如果网站上有说明就应仔细阅读。

如果需要使用一些图片时，具体的解决办法有以下几个。第一个办法：自己拍。自己拍照可以有效地解决图片版权问题。第二个办法：寻找免费版权素材。国内外有一些免费商用版权网站，大家也可以自行查找。第三个办法：购买收费版权，如站酷平台的海洛创意就提供了大量价格低廉的高质量图片素材。

IP 版权

IP（Intellectual Property的简称），知识产权，保护的范围很广泛。但是这里讲得比较具体，就是一些形象角色的知识产权。作为UI设计师，笔者经常设计一些主题类的作品，如手机主题、手机输入法主题等。有的朋友也会寻找自己喜欢的风格进行设计，如喜欢Hello Kitty或喜欢高达的UI设计师总是喜欢创作一些卡通主题，这种主题会使用到Hello Kitty和高达的知识产权形象，由于手机主题是可以上线收费供用户下载的，于是就满足了侵权的一切条件：有既得利益、没有获得版权人的授权、直接引用形象等。所以，这样的问题越来越凸显。如果设计师在创作时尽量规避既有IP，就可以创造出一个全新的猫咪或者机器人；如果使用既有的IP，就会牵扯到法律问题。

公共版权

《中华人民共和国著作权法》第二十一条规定："公民的作品，其发表权、本法第十条第一款第（五）项至第（十七）项规定的权利的保护期为作者终生及其死亡后五十年，截止于作者死亡后第五十年的12月31日；如果是合作作品，截止于最后死亡的作者死亡后第五十年的12月31日。法人或者其他组织的作品、著作权（署名权除外）由法人或者其他组织享有的职务作品，其发表权、本法第十条第一款第（五）项至第（十七）项规定的权利的保护期为五十年，截止于作品首次发表后第五十年的12月31日，但作品自创作完成后五十年内未发表的，本法不再保护。电影作品和以类似摄制电影的方法创作的作品、摄影作品，其发表权、本法第十条第一款第（五）项至第（十七）项规定的权利的保护期为五十年，截止于作品首次发表后第五十年的12月31日，但作品自创作完成后五十年内未发表的，本法不再保护。"

《七龙珠》中的孙悟空形象

也就是说，《红楼梦》《西游记》等版权均是公共版权。但是也要注意：作者有继承人的在使用其版权时应当取得授权。因为根据《中华人民共和国著作权法》第十九条规定："著作权属于公民的，公民死亡后，其本法第十条第一款第（五）项至第（十七）项规定的权利在本法规定的保护期内，依照继承法的规定转移。"公共版权的利用最近几年有很多，如《夜宴》改编自《哈姆雷特》，《七龙珠》改编自《西游记》，等等。

肖像权

肖像权没有授权则不要用。尤其是人们在微博上调侃明星形成习惯，会很随意地处理明星的图片。这个行为如果没有涉及商业利益尚且容易解决，如果在公司的公众号或者产品上随意使用任何人的肖像，那么很容易造成纠纷。

【澎湃新闻】 3月26日上午，上海市第一中级人民法院对台湾知名女艺人林志玲起诉某医疗美容公司侵犯肖像权一案二审公开开庭，并当庭宣判，维持一审关于认定某医疗美容公司构成侵权，赔偿林志玲经济损失6万元、精神损害抚慰金2万元等共计8万余元的判决。某医疗美容公司为宣传推广整形服务，在其运营的微信公众号上发布以林志玲为话题的文章，对其外貌、体型进行描述，并配有林志玲多张个人照片。林志玲认为这严重侵害了其肖像权、名誉权，向法院提起诉讼，请求判令该公司在全国公开发行的报纸上向自己赔礼道歉，并赔偿经济损失、精神损害抚慰金等共计22万余元。

6.4 其他违法陷阱

伪造合同及修改公章

这个活儿很多人都觉得似曾相识。老板发现合同上有几个地方需要改，或者领导让你改一个公章。那么这种行为是否违法？《中华人民共和国刑法》第二百八十条规定："伪造公司、企业、事业单位、人民团体印章的，处三年以下有期徒刑、拘役、管制或者剥夺政治权利，并处罚金。"

《中华人民共和国刑法》对合同诈骗罪是这样规定的："以非法占有为目的，在签订、履行合同过程中，采取虚构事实或者隐瞒真相等欺骗手段，骗取对方当事人财物，数额较大的行为。"

【云南信息报报道】 近日，楚雄市公安局开发区派出所查处了一起伪造居委会证明文件的行政案件。今年3月底，楚雄开发区某一家公司开业，在办理工商营业执照时，需要提供营业场所的房产证明。本来，负责办理的普某只要找房东提供相关证明资料即可办理，但普某为图省事，竟然自己在电脑上用软件处理了某居委会的公章，并以该居委会的名义伪造了房产证明，想蒙混过关。没想到在去开发区工商分局办理营业执照时，被工商执法人员一眼识破。目前，普某因为伪造证明文件，已被开发区派出所行政拘留。

竞业协议

某些公司在入职时会签订竞业禁止协议。根据《中华人民共和国劳动合同法》第二十四条规定："竞业限制的人员限于用人单位的高级管理人员、高级技术人员和其他负有保密义务的人员。竞业限制的范围、地域、期限由用人单位与劳动者约定，竞业限制的约定不得违反法律、法规的规定。在解除或者终止劳动合同后，前款规定的人员到与本单位生产或者经营同类产品、从事同类业务的有竞争关系的其他用人单位，或者自己开业生产或者经营同类产品、从事同类业务的竞业限制期限，不得超过二年。”简而言之，就是针对一些高精尖项目，用人单位希望人才在离职后不要加入对手的公司。但是这个协议对人才来说也要有保障，那就是如果遵守竞业协议，在离职后该公司同样也需要付出一定的补偿。竞业禁止是指根据法律规定或用人单位通过劳动合同和保密协议禁止劳动者在本单位任职期间同时兼职于与其所在单位有业务竞争的单位，或禁止他们在原单位离职后一段时间内从业于与原单位有业务竞争的单位，包括劳动者自行创建的与原单位业务范围相同的企业。

竞业禁止又称竞业避止，是对与特定的经营内容有关的特定人的某些行为予以禁止的一种制度。竞业禁止的限制对象负有不从事特定竞业行为的义务，这种义务的产生原因如下：一是基于法律的直接规定，如公司法对董事、经理等的竞业禁止义务所做的规定；二是基于当事人之间签订的竞业禁止协议约定，此类协议通常用于保护雇主的商业秘密。根据竞业禁止的规定，劳动者在解除或终止劳动关系的竞业禁止期间将不能利用自己比较占优势的从业技术进行劳动，从而获得相应的劳动报酬。显然，竞业禁止这种对劳动权利的限制，必将导致劳动者在竞业禁止期间收入的大幅降低，造成生活质量的下降。为保障劳动者竞业禁止期间的生活质量，竞业禁止应当遵守公平原则。由此，《中华人民共和国劳动合同法》第二十三条规定：“用人单位与劳动者可以在劳动合同中约定保守用人单位的商业秘密和与知识产权相关的保密事项。对负有保密义务的劳动者，用人单位可以在劳动合同或者保密协议中与劳动者约定竞业限制条款，并约定在解除或者终止劳动合同后，在竞业限制期限内按月给予劳动者经济补偿。”《最高人民法院关于审理劳动争议案件适用法律若干问题的解释（四）》第六条规定：“当事人在劳动合同或者保密协议中约定了竞业限制，但未约定解除或者终止劳动合同后给予劳动者经济补偿，劳动者履行了竞业限制义务，要求用人单位按照劳动者在劳动合同解除或者终止前十二个月平均工资的30%按月支付经济补偿的，人民法院应予支持。前款规定的月平均工资的30%低于劳动合同履行地最低工资标准的，按照劳动合同履行地最低工资标准支付。”

网络发布作品

在大家喜欢的设计网站上交流设计当然可以非常有效地提高设计能力，但是也可能会因为不小心而违法。在网络上交流工作上的作品时请一定注意：要等项目完整上线后方可发布，并且尽量提及公司。有些设计师在项目中就发布产品设计，无疑为还在保密期的项目带来了被对手了解内情的机会，所以需要等项目发布后，征得公司的同意再发布。

私活合同

很多设计师都会选择做私活，这里需要提及几个注意事项。第一，不要占用工作时间。工作时间内设计、编程等一切成果归公司所有。第二，为了保护设计师的权益，一定要下载正规合同模板并打印，快递到对方公司盖章并寄回，双方保留签字或盖章的合同一式两份。正规的合同受合同法保护，在必要的时候可以争取到合法的权益。签字和盖章同样有效。第三，不要偷税漏税，开具发票是正常要求。

甲方要求开具发票是正确的行为。很多设计师由于不具备相关资格往往找代理公司开具发票，这样也是有风险的。开具发票有普通发票和增值税专用发票两种。普通发票个人可以在报税窗口开具；增值税专用发票必须由公司法人开具，同时扣除一定的税点。甲方公司走账时需要对等发票才是合法的。找代理公司或者熟人开具发票程序虽然简单但是有一些财务安全隐患，如果合作产生纠纷，那么代理公司也将被牵扯其中。

劳动法保护你我

优先申请劳动争议仲裁

劳动法是调整劳动关系以及与劳动关系密切联系的社会关系的法律规范的总称。这些法律条文规范管理工会、雇主及雇员的关系，并保障各方面的权利及义务。保护劳动者的合法权益是每个设计师最应该了解的法律。例如，如果公司没有没有为员工缴纳社会保险、缴纳个人所得税等；或公司没有与员工签订劳动合同、不按时发放工资、随意扣除员工工资；或在员工离职后不为其开具离职证明；等等。那么员工可以拿起法律的武器保护自己。上述问题可以优先申请劳动争议仲裁。

劳动争议仲裁是指劳动争议仲裁委员会根据当事人的申请，依法对劳动争议在事实上做出判断、在权利义务上做出裁决的一种法律制度。《中华人民共和国劳动争议调解仲裁法》规定，劳动争议仲裁应当根据事实，合法、公正、及时、着重调解，保护当事人的合法权益，促进劳动关系和谐稳定。一般设计师遇到不讲理的公司，通过劳动仲裁都可以获得满意的结果。

【深圳商报讯】　首饰品造型设计师朱某被雇主无故解雇，向劳动仲裁机构申请仲裁，因缺乏劳动合同等直接证据而败诉。朱某起诉到龙岗法院。经过仔细审理，法官确认其与原雇主存在劳动关系，朱某终获得相应赔偿。被告雇主是坪山新区一家首饰工厂，为个体工商户。原告朱某于2012年4月入职该厂，当时并未与厂方签订书面劳动合同，只口头约定由朱某担任首饰品造型设计一职，每月工资为2 900元。被告在向朱某发放了4月和5月的工资后，无故将其解雇，且未向其支付任何赔偿；在朱某任职期间，也未给朱某缴纳养老保险。多次协商未果后，朱某向劳动人事争议仲裁委员会申请仲裁，因无法证明与被告之间存在劳动关系，被仲裁委裁定驳回请求。朱某不服裁决，遂诉至法院，请求判令被告支付未签订书面劳动合同的双倍工资5 800元、被告擅自解除劳动关系经济补偿金1 500元，并为原告缴纳在职期间的社会养老保险。法院查明，原告朱某在职期间，主要工作场所就在被告处，工作内容就是帮助被告设计首饰品造型，每日需要打卡考勤，由该厂实际经营者薛某以个人名义向其发放工资。被告2012年7月2日无故将朱某辞退。朱某向法院提交了仲裁裁决书、谈话录音、网上截图、有关照片及银行流水单等证据，以证明其曾在被告处工作并领取工资，被告在庭审时予以否认，认为朱某实际上由被告的客户招聘，与被告无关，且上述证据并不足以证明原、被告之间存在劳动关系。

别担心，法律在保护着劳动者的合法权益。

【相关链接】

《中华人民共和国著作权法》：http://www.gov.cn/flfg/2010-02/26/content_1544458.htm

《中华人民共和国劳动法》：http://www.gov.cn/banshi/2005-05/25/content_905.htm

《中华人民共和国合同法》：http://www.npc.gov.cn/npc/lfzt/rlyw/2016-07/01/content_1992739.htm

UI全书 下

UI设计师进阶完全指南

ENCYCLOPAEDIA OF USER INTERFACE DESIGN

郗鉴 著

電子工業出版社
Publishing House of Electronics Industry
北京•BEIJING

内 容 简 介

本书透彻地讲解了入行UI所要掌握的完备的知识体系，分为上、下两册，共包含12章。本书从基础知识到从业经验分享都有系统的讲解，主要包括美术基础与设计史、平面设计相关知识、交互知识、相关法律常识、iPhone设计规范、网页设计相关知识、FUI、设计师面试指南等内容。另外，本书对Material Design和iOS设计均有详细的讲解。

本书结构清晰、内容翔实、文字阐述通俗易懂，具有很强的实用性。本书可作为高校和培训机构平面设计等相关专业的教材与参考用书，也可供从事UI设计相关工作的读者学习使用。

图书在版编目（CIP）数据

UI全书. 下册，UI设计师进阶完全指南 / 郗鉴著. —北京：电子工业出版社，2019.5

ISBN 978-7-121-36196-8

Ⅰ. ①U… Ⅱ. ①郗… Ⅲ. ①人机界面－程序设计 Ⅳ. ①TP311.1

中国版本图书馆CIP数据核字（2019）第065654号

策划编辑：张月萍
责任编辑：牛　勇　　　特约编辑：田学清
印　　刷：北京富诚彩色印刷有限公司
装　　订：北京富诚彩色印刷有限公司
出版发行：电子工业出版社
　　　　　北京市海淀区万寿路173信箱　　　邮编：100036
开　　本：720 × 1000　　1/16　　印张：27　　字数：519千字　　彩插：2
版　　次：2019年5月第 1 版
印　　次：2019年8月第 2 次印刷
印　　数：8001～11000册　　定价：178.00 元（上下册）

凡所购买电子工业出版社图书有缺损问题，请向购买书店调换。若书店售缺，请与本社发行部联系，联系及邮购电话：（010）88254888，88258888。

质量投诉请发邮件至zlts@phei.com.cn，盗版侵权举报请发邮件至dbqq@phei.com.cn。

本书咨询联系方式：010-51260888-819，faq@phei.com.cn。

推荐序一

我认为给一本书作序是一件很荣幸的事情，尤其是当这本书的作者恰好是我很欣赏和钦佩的人时，那就更是如此了。所以当郗鉴邀请我为这本 UI 书籍作序的时候，我感到非常荣幸和激动。这不仅仅是因为我们拥有共同的语言——UI 设计，还因为我们有很多相同的兴趣和经历，这些兴趣及经历塑造了我们各自的职业生涯。

我们都创立了自己的设计工作室，都致力于电影业并为商业客户服务。我们都很看中 FUI 在电影中所扮演的重要角色，同时也都对 FUI 抱有极大的热情，因为我们都相信科幻小说和科幻电影能够给真实世界中的科技发展带来很多启迪和灵感。这种对行业的激情驱使着我们把自己的学术知识和敏锐洞察力分享给更多的人。在这方面，郗鉴比我走得更远，他在从事设计工作之余还投身于教学和写作的工作（用自己的能力影响了身边更多的人）。郗鉴引领他的学生们徜徉于 UI 设计的艺术之中，鼓励他们踏入这个令人振奋的行业——徜徉于技术探索的海洋之中，从刻画未来的电影中的前瞻性 FUI 场景设计，再到使带有 FUI 影子的颠覆性科学技术梦想成真。

我个人对 FUI 的兴趣始于《星球大战 4：新希望》，我仍然记得莱娅公主使用的像魔法一般的全息投影技术，当她在同盟的控制室操作桌子上的全息投影接近死星时，我紧张万分！还有当卢克关掉头显设备中网格的时候，我激动得都要咬指甲了。当然，《少数派报告》里那些配合手势的界面同样让人着迷，我想我就是这样迷上 FUI 设计的。

十三年前，我在《创意评论》（*Creative Review*）上回复了一个不起眼的小广告，后来我就参与了《007：大战皇家赌场》（2006 年）的设计工作，自此我就踏上了 FUI 的职业道路。它是我的第一个 FUI 项目，那种成为高度专注、富有创造力的团队中的一员和参与到创造一个伟大故事中的感觉，至今让我着迷。

对于那些刚踏入 UI 设计行业的人来说，现在这个行业的环境已经和我与郗鉴刚开始时截然不同了。那时的互联网和手持设备都是又大又笨拙，并且狭小的屏幕仅仅足够显示数字和文本。而今，随着科技的进步，用户图形界面设计已经成为一门成熟的学科。

这些年，我们都见证了电影、电视中具有前瞻性和预测性的科幻技术是如何源源不断地激发技术革新并改变了我们的世界。站在这个全新虚拟世界的顶端，我确信“大 UI 时代”和“大 FUI 时代”的设计艺术将会变得前所未有的重要。

在现实世界中，信息、经验和创意能够通过日益友好直观的 UI 设计进行便捷的交互，对此我感到非常高兴。同时，在电影场景中，FUI 允许我们大胆地憧憬未来的新技术和新的交互方式操作，以及它和用户、环境进行完美结合。我和郗鉴一样，对于有推进故事作用的界面、增强游戏体验的技术、丰富交互方式的技术等都非常地狂热。我也希望郗鉴和他的学生们以及读者们能够孜孜不倦地去追求更加优美流畅的界面设计。

在此分享给诸位我的一些成长经验：我的经历告诉我，UI 设计艺术需要我们坚持不断地学习，永远保持一颗开放和好奇的心，并且不要害怕出错。回首在我职业生涯中那些让我受益良多的设计项目，我愿意给予诸位以下几方面个人的见解和思考。

对工作简报、故事、技术以及自己提出疑问。追求好的创意理念可以从理解脚本需求和导演的视角开始，一定要多问总监、艺术指导和客户；弄清楚项目的具体细节，理解原型概念设计，和上下游单位工作人员多交流——例如道具组或服装设计师，研究故事的背景，技术的细节还有角色的互动。一定要拥抱变化，不要墨守成规。要理解清楚用户最终的目的和需求，并且尝试用创新的方式解决它。如果要寻找形式感，可以去看看雕塑、建筑和自然界元素；如果要寻找运动感，可以参考舞蹈的动作、有机材料，甚至某些动物群体行为；如果要寻找色彩模式，可以关注绘画艺术、自然界和化学实验。这些他山之石都会带给你极大的灵感。

多尝试去做原创性的设计。熟练掌握 CG 工具包，多花时间画素描以便探索创新设计。这个过程中你可能会意外地发现一个新的方向，并最终形成真正的原创性 FUI 设计。

最后，正如郗鉴在这本书中所言：学无止境，永远不要停止磨砺你的技艺。如果你对设计充满了激情和雄心，一定要了解你所擅长的设计领域，并不断学习新的工具和技术技巧，做到与时俱进；要多从更优秀的作品中汲取灵感，并保持开放的心态。

祝愿大家在设计的职业道路上都能厚积薄发、马到成功。

戴维·谢尔顿海克斯

Territory Studio 创始人兼执行创意总监

（该团队设计了《复仇者联盟》《钢铁侠》《机械姬》等经典科幻巨制的 UI 界面）

原文：

It’s a great honour to write a foreword，even more so when the author is one you admire.

When Xi Jian invited me to contribute to this book about UI and FUI，I was humbled and excited. Not only is UI and FUI our common language，but we share many interests and experiences that have shaped our respective careers.

We have both founded design studios，and work in film and for commercial clients.

We both appreciate the narrative role that FUI can play in film，and are passionate about how science fiction and fantasy films can inspire new technologies in the real world.

This passion for the subject has lead us to share our learnings and insights with a wider audience. In this Xi Jian has gone further than I have；he teaches and writes，engaging students in the art of UI，encouraging them in an exciting career that can take them from futuristic films to disruptive technologies.

My passion for Fictional Graphic Interfaces began with *Star Wars：Episode IV-A New Hope*. I still remember the holographic magic of the Princess Leia，the tension as I watched the approach of the Death Star on the table graphic in the Alliance’s control room，and the nail-biting moment when Luke switched off the red gridlines of his HUD.

Follow that were *Minority Report*’s amazing gesture based interfaces and I was hooked.

It’s now 13 years ago that I answered a small obscure advert in the *Creative Review* magazine and found myself working on the set of *Casino Royale*（2006）and I’ve never looked back. It was my first FUI project and years later，the sense of being part of a highly focused team to create and deliver a great story still gets me excited.

For those who come to UI and FUI design today，it’s a very different world to when Xi Jian and I started. Computers and handheld communication devices were big and awkward，with small screens limited to numeric and text characters. As technology evolved，so did the graphic user interface and suddenly user interface design became a discipline in itself.

Since then，we have seen how the speculative technology of film and television has and continues to inspire technology innovations that have transformed our world.

And，standing on the cusp of rich new virtual worlds，I believe that the art of designing great UI and FUI has never been more important.

In the real world，I'm excited about how information，experience，and ideas are mediated through UI that is becoming more intuitive every day. And，in film，FUI allows us to speculate about how new technologies and new interaction interfaces might look and feel，function and integrate with us and our environment.

I share Xi Jian's enthusiasm for how user interface design can support stories，enhance game experiences，and enrich our interactions with technology，and want to encourage him and his students in the pursuit of seamless user interface design.

With the hope of sharing some insights from my own learning curve，my journey has taught me that the art of UI design requires us to keep learning，to maintain an open and curious mind，and be fearless in experimentation.

Looking at the projects that have taught me most，I'd like to offer these insights from my own career.

Question the brief，the story，the technology，and yourself. In the pursuit of the right creative concept，begin with the script and the director's vision，ask the production designer or art director or client to clarify details，look at concept art，talk to props and costume designers，and research the backstory，the technology and character interaction.

Be open to new ideas. Don't accept conventions；instead understand the purpose they serve and explore new ways to achieve it. If you're looking at form，consider sculpture，architecture and natural elements；for movement，look at dance choreography，organic materials，and even flocking behaviours；for colour and patterns，explore art，the natural world，and experiment.

Experiment to find originality. Set aside your Computer Graphic（CG）toolkit and take time to sketch，explore and experiment. This process can lead to surprising results that open new directions and ultimately deliver truly original FUI.

Finally，as Xi Jian will tell you in this book，never stop learning your craft. If you're passionate and ambitious，know your field and continue to learn new tools and techniques. Draw inspiration from others and be open to what you can learn from them.

I wish you all success on your journey.

David Sheldon-Hicks

Founder and Executive Creative Director，Territory Studio

推荐序二

设计，是一个具有无穷魅力的行业。它吸引着一批又一批的年轻人投身于它，也奖赏着那些怀揣梦想和理想的年轻人。作为一名长期从事设计行业的教育者，我见证了每个寒来暑往中同学们从懵懵懂懂到职场精英的蜕变过程。这个蜕变过程中的艰辛也许只有他们自己最清楚，每次到了毕业季，我都会感慨万分。

互联网的蓬勃发展为设计行业带来了翻天覆地的变化，新的平台引领了新的知识体系，整个世界都因为互联网而变小，也让世界各地的设计师的联系更加密切。每隔半年互联网设计行业的趋势都会迭代一次，这样的速度对应的却是很多人的惊慌失措和毫无准备，当一个人不再进步时，那么就是在退步。随着 UI 设计行业越来越成熟，竞争也更加激烈。对此，我也经常和学院的老师们、同学们说："我们要敢于拥抱变化，敢于有不断颠覆和超越自我的勇气。因为只有当你拼尽全力跟上这个变革的速度时，你才可能不被时代所淘汰。当我们忘我地拼尽了一切时，也许才会发现，自己已经拥有了进入下半场的入场券。"

我还记得 10 年前，本书的作者郗鉴还是一个懵懂青涩的男孩。下课以后经常在教室留到最后，追着我询问各类问题，问题中最多的就是关于专业与人生的梦想。这样的用心，加之他毕业后的 7 年磨砺，成就了今天的他。我经常鼓励他要把自己的知识有系统地整理并分享出来。2019 年，他写完了他的新书《UI 全书》。有时候人才竞争的不是天赋，而是一些看似简单的执着。

如今的时代是属于年轻人的时代，而人生可奋斗的青春年华却非常短。当"70 后"的设计师见证了"80 后"的崛起没多久，"90 后"和"00 后"已经在披星戴月努力追赶。我们除了努力别无选择。如果您现在正当奋斗的年华，有意投身于互联网设计行业中，不妨阅读郗鉴这本书。相信您一定会有所收获。

国际设计艺术学院院长

李少博

USER INTERFACE

第 7 章　iPhone 设计规范

7.1　iPhone 的历史

每次苹果发布会UI设计师可能是最容易失眠的人。苹果推出全新iPhone时，UI设计师在设计iPhone平台上的App应用程序时必须跟随iPhone的尺寸、规范等特性调整设计稿。也就是说，几乎每次苹果发布会都是UI设计师加班的通知书。2018年9月13日凌晨，苹果在Apple Park总部的乔布斯剧院举行了2018苹果秋季新品发布会，这次苹果发布了全新的iPhone XS、iPhone XS Max、iPhone XR三款手机。但iPhone X、iPhone Plus、iPhone 6/7/8、iPhone SE等苹果手机仍在“服役”，所以移动端UI设计师必须对苹果所有生产过和“现役”的iPhone有所了解。

起源

谈到iPhone，人们首先想到的是史蒂夫·乔布斯（Steve Jobs）。尽管乔布斯已经去世，但是他的理念仍然是现代智能手机设计的原则。乔布斯不仅重新定义了智能手机，还定义了移动端应用程序。他很早就对个人电脑产生了兴趣，在游历了印度和日本之后，他进入了大学校园。在校园里除了无线电和嬉皮士文化，他认为大学课程多半是无聊的。但他曾特意选修了一门课程——“字体设计”。他所在大学的字体设计课是全美最著名的，在那个课堂上乔布斯学习到了网格设计、衬线体与无衬线体、字体的气质等设计知识。当然具有摇滚精神的字体Helvetica也深深吸引了乔布斯。后来乔布斯选择大学肄业并在自家车库创立了苹果公司，自此“车库”也成了创业者最喜爱的地标。苹果公司的第一代个人电脑内置了非常出色的用户图形界面系统（即GUI），并且内置了Helvetica等漂亮的字体。但这并不是乔布斯事业的终点，在经历了苹果公司的权利斗争后，成熟的乔布斯再次登上发布会的舞台，推出了真正能改变世界的产品 —— iPhone。一般的产品名都会用名字加上产品的类型命名，如百事可乐、英雄钢笔等。而iPhone似乎本身就是一个类别。在那次发布会上，乔布斯指责当时的功能手机太“愚蠢”，当时的功能手机性能很差，并且屏幕很小，实体键盘占用了很大的空间。之后，他拿出了一部像外星科技的产品——iPhone。自此，苹果重新定义了手机。乔布斯强调用户界面和交互设计的重要性，这种理念改变了当时的设计思维，并影响至今。乔布斯身后，移动端的格局在改变，接任乔布斯的蒂姆·库克和首席设计官乔纳森·保罗·伊夫也在陆续更新苹果手机的产品线，延续这些伟大的产品。

年轻的乔布斯

初代 iPhone

相关产品：iPhone（初代）、iPhone 3G（二代）、iPhone 3GS（三代）。

2007年1月9日，iPhone初代产品由乔布斯在苹果发布会上正式发布。初代iPhone产品的共同特点是玻璃屏、屏幕清晰度普通、3.5英寸屏（需要注意的是：日常所说的手机尺寸都是测量屏幕的对角线得出的）。iPhone没有实体键而整体是屏幕的设计，在当时仿佛是外星科技降临一般令人惊艳。为了让大众习惯直接在手机上点图标（在此之前人机互动都是间接输入的，如实体键盘、鼠标、触控笔等），乔布斯发布了革命性的操作系统iOS，手机的所有图标都是圆角，这样可以避免用户认为会刺到手指。所有图标和界面全部是拟物设计，这样可以更好地让用户理解哪些是可以操作的。按钮在手机上呈现的大小都是7mm左右，这是因为人类手指选择区域大概是7 ～ 9mm。系统充分地应用了多点触控的功能，用户不仅可以点击手机里的按钮，还可以进行长按、滑动、捏等手势操作。这些用户体验和人性化的设计在当时具有划时代的意义。随后，第二代产品iPhone 3G、第三代产品iPhone 3GS先后由乔布斯发布。这种手机能听歌、能打电话、能上网，同时用户可以在应用商店App Store下载第三方的应用程序，海量的第三方程序品种繁多。这款3.5英寸屏的手机得到的截图实际分辨率是480px×320px，所以做UI设计，App界面建图的尺寸就应该是480px×320px。

苹果初代产品（2007年）

iPhone 4

相关产品：iPhone 4（四代）、iPhone 4s（五代）。

iPhone 4于2010年6月8日发布。iPhone 4延续了iPhone初代的多点触摸（Multi-touch）屏界面，并首次加入视网膜屏幕、前置摄像头、陀螺仪、后置闪光灯，相机像素提高至500万。对UI设计师而言，最重要的就是加上了视网膜屏Retina。Retina是苹果提出的标准，它的含义是在应用场景的视距内让人无法看清单个像素。众所周知，近距离观察屏幕，一般的屏幕上都会出现一格一格的像素矩阵，屏幕就是由这些矩阵组成的。如果UI设计师希望用户得到更好的体验，自然是让用户看不到格子，这就需要加大屏幕的密度。如果屏幕的密度达到一个指定的水平（当然也取决于用户的视距，即用户与屏幕之间的距离），那么用户的眼睛就无法分辨出细小的像素颗粒，这种屏幕就被称为Retina屏，也可称为视网膜屏。这是用户体验的巨大进步，但是也是对UI设计师的巨大挑战。原先的设计稿统统需要放大才可以在iPhone 4中完美显示：如原来一个界面的尺寸是480px×320px，现在因为屏幕密度增加了一倍，界面尺寸就需要设计成640px×960px才够用。在电脑上看这个尺寸要比手机大两倍（那时的电脑屏幕通常不是Retina屏）。而且iPhone 3GS并没有完全被淘汰，为了使一个App适配两个不同尺寸的手机，每个App内预装了两套切图：一套是480px×320px的尺寸，也就是一倍图（@1×）；另一套是960px×640px的尺寸，也就是二倍图（@2×）。这两套图像资源的命名完全一样，只是二倍图结尾需要加上@2×标记它是高清尺寸，如home_icon@2×.png。

iPhone 4代产品（2010年）

逻辑像素和物理像素

逻辑像素（Logic Point）：逻辑像素的单位是pt，它是按照内容的尺寸计算的单位，iPhone 4的逻辑像素是480pt×320pt。但是由于每个逻辑的点因为视网膜屏密度增加了一倍，即1pt＝2px，所以iPhone 4的物理像素是960px×640px。iOS开发工程师和使用Sketch及Adobe XD软件设计界面的设计师使用的单位都是pt。

物理像素的单位就是pixel，简写成px。它是在Photoshop和切图中使用的单位，屏幕设计中最小的单位就是px，不可再分割。使用Photoshop设计移动端界面和网站的设计师使用的单位是px。因此，如果使用Photoshop设计界面，那么只需要记住所有px单位的数值和支持Photoshop的工具；如果使用Sketch或Adobe XD设计界面，那么只需要记住所有pt单位的数值和对应的工具即可。

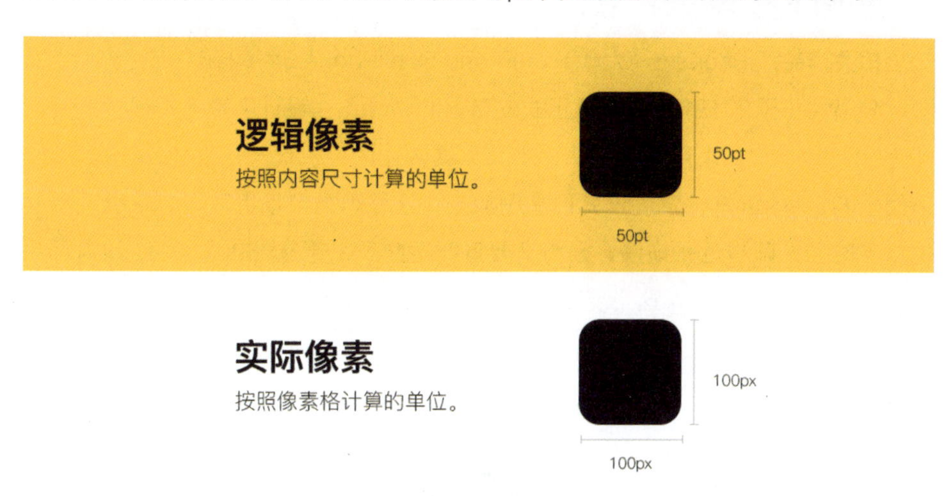

逻辑像素和实际像素计算方式不同

ppi

ppi（Pixels Per Inch）是屏幕分辨率的单位，表示每英寸显示的像素密度。屏幕的ppi值越高，这个屏幕每英寸能容纳的像素颗粒也就越多，那这个产品的画面的细节也就越丰富。当ppi值大于300时，人类就无法用肉眼察觉出屏幕上的“马赛克”格子。但是如果屏幕很大，那么呈现视网膜屏的ppi值也需要更大，因此iPhone Plus系列的ppi值比iPhone 6/7/8的ppi值要大。ppi在UI设计师的工作中其实影响不大，但理解它对设计师理解为什么iPhone 4比iPhone 3GS实际像素大一倍会有一定程度的帮助。

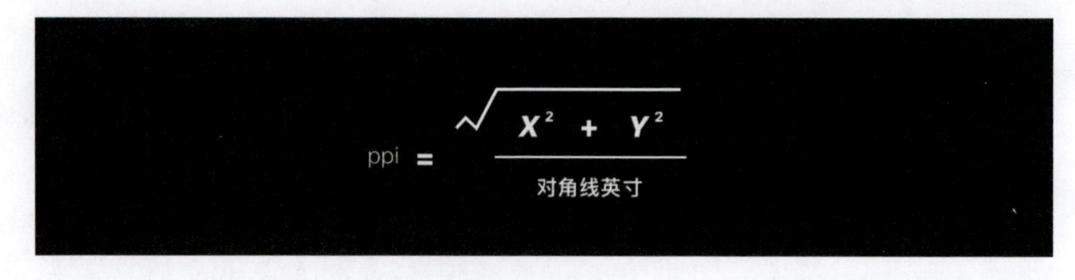

ppi的计算公式

iPhone 5

相关产品：iPhone 5（六代）、iPhone 5s和iPhone 5c（七代）。

iPhone 5于2012年9月13日正式发布。iPhone 5在设计上带来了很多争议，因为iPhone 5没有采用乔布斯认为的人类最合适的手机尺寸——3.5英寸屏，而是用了4英寸的屏幕，宽度没变但高度加长。这是因为市场上越大的手机越受欢迎。当时设计师也近乎崩溃，因为又要重新适配了。原来960px×640px的尺寸变为1 136px×640px，这个变化其实不大，就是稍高一些。于是@2×高清图的设计稿就变成了640px×1 136px。除了闪屏这样的界面需要单独做iPhone 4、iPhone 5、iPhone 3GS的尺寸之外，其他界面仍然维持两套设计稿即可。

iPhone 5

iPhone 5（2012年）

iPhone 6/7/8 和 iPhone Plus

相关产品：iPhone 6和iPhone 6 Plus（八代）、iPhone 6s和iPhone 6s Plus（九代）、iPhone 7和iPhone 7 Plus（十代）、iPhone 8和iPhone 8 Plus（十一代）。

这个产品的迭代周期值得大家留意，从iPhone 6到iPhone 8这段时间，iPhone 6/7/8的物理像素都是750px×1 334px；而所有iPhone Plus手机的物理像素都是1 242px×2 208px。如果按照逻辑像素计算，那么iPhone 6/7/8的逻辑像素就是375pt× 667pt；而iPhone Plus的逻辑像素就是414pt×736pt（因为这个屏幕太大，视距不同，所以屏幕密度更高）。至此，原来的手机全部被淘汰了。也就是说，iPhone 6/7/8成为UI设计师的设计标准，它的切图就是@2×，iPhone Plus（物理像素为1 242pt×2 208pt）使用@3×。从此没有@1×倍图了，只存在一个假想的概念。

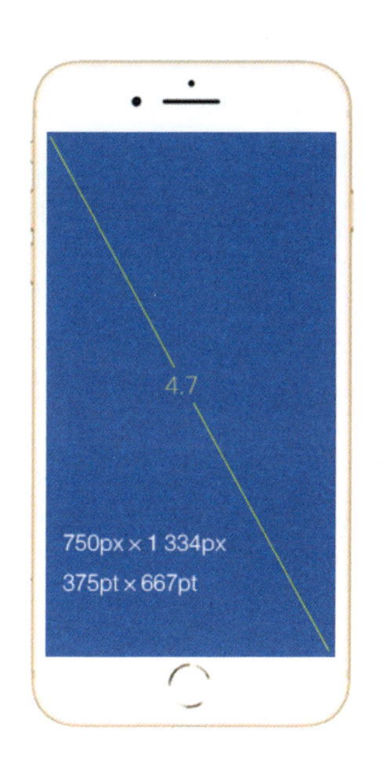

iPhone 6 / 7 / 8

iPhone 6/7/8 （2014年）

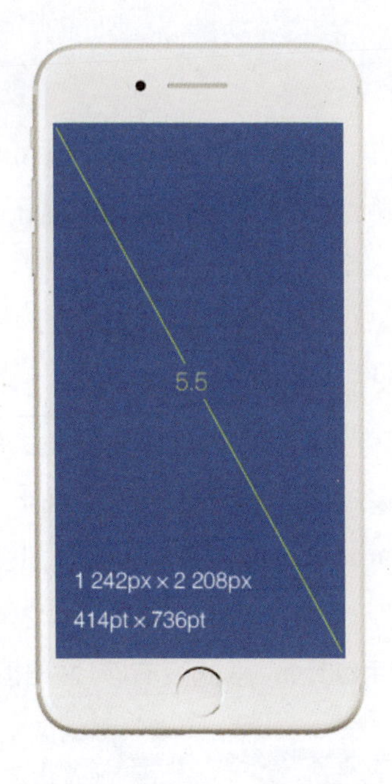

iPhone Plus

iPhone Plus（2014年）

iPhone X

相关产品：iPhone X（十一代）。

iPhone X、iPhone XS、iPhone XS Max、iPhone XR全部是全面屏。全面屏已不是新概念，因为从iPhone初代产品开始，手机业内就在构思如何把手机做成全部都是屏幕区域的技术。但是这个技术有很多难题，如前置摄像头和听筒如何处理。苹果采用的方案是“齐刘海”，即把四周处理成圆角的方式。iPhone X和后续三款（iPhone XS、iPhone XS Max、iPhone XR）全面屏采用的都是“齐刘海”。因为需要规避摄像头和麦克风听筒，所以导航栏比其他iPhone系列产品要高；而底部Tab栏因为最下方有圆角同样比其他iPhone系列要高。同时，这两个边界是不应该设置任何操作功能的。

iPhone X的物理像素是1 125px×2 436px，而逻辑像素是375pt×812pt。也就是说，使用Sketch或者Adobe XD等工具设计界面，iPhone X的宽度和iPhone 6/7/8的宽度是相同的，只是高了一些。如果需要出一套iPhone X的效果图，只需要把头尾替换成新版即可。而如果用Photoshop设计界面，宽度变化还是比较大的，需要放大处理，然后单独调整相关尺寸。

iPhone XS

iPhone X（2017年）

iPhone XS Max

相关产品：iPhone XS、iPhone XS Max、iPhone XR（十二代）。

这三款产品的像素分辨率可表示为以下形式。

iPhone XS：1 125px×2 436px

iPhone XS Max：1 242px×2 688px

iPhone XR：828px×1 792px

如果用点的单位表示，可表示为以下形式。

iPhone XS：375pt×812pt（iPhone 6/7/8分辨率宽度）

iPhone XS Max：414pt×896pt（iPhone Plus分辨率宽度）

iPhone XR：414pt×896pt（iPhone Plus分辨率宽度）

第十二代iPhone还是比较友好的：如果使用矢量界面工具，那么只需要调整设计稿的头尾即可；如果使用Photoshop，设计师需要放大、缩小设计稿，然后调整头尾，可以得到新版设计稿。而切图其实和之前没有变化，不管用什么工具设计同样要出两套切图，即@2×（750px×1 334px）、@3×（1 242px×2 208px）。

iPhone XS Max（2018年）

以 iPhone6/7/8 为基准设计

由于iPhone 6、iPhone 6s、iPhone 7、iPhone 7s、iPhone 8屏幕和分辨率都是一致的（750px×1 334px)，所以可以将其称为iPhone 6/7/8。而iPhone 6 Plus、iPhone 7 Plus、iPhone 8 Plus屏幕和分辨率都是一致的（1 242px×2 208px），所以可以将其称为iPhone Plus。而iPhone XS、iPhone X屏幕和分辨率都是一致的（1 125px×2 436px），所以可以将其称为iPhone X。相较而言，UI设计师更适合选择按照iPhone 6/7/8作为基准进行界面设计。如果使用Photoshop就建立750px×1 334px尺寸的画布，如果使用Sketch或Adobe XD等工具就建立375pt×667pt尺寸的画布。当然，如果要设计首页之类的界面，它的界面很长，可以设计一个长的设计稿，如750px×8 000px。

手机型号与像素对应表

手机型号	实际像素	逻辑像素	资　　源
iPhone XS Max	1 242px×2 688px	414pt×896pt	@3×

续表

手机型号	实际像素	逻辑像素	资　源
iPhone XS	1 125px×2 436px	375pt×812pt	@3×
iPhone XR	828px×1 792px	414pt×896pt	@2×
iPhone X	1 125px×2 436px	375pt×812pt	@3×
iPhone 8 Plus	1 242px×2 208px	414pt×736pt	@3×
iPhone 8	750px×1 334px	375pt×667pt	@2×
iPhone 7 Plus	1 242px×2 208px	414pt×736pt	@3×
iPhone 7	750px×1 334px	375pt×667pt	@2×
iPhone 6s Plus	1 242px×2 208px	414pt×736pt	@3×
iPhone 6s	750px×1 334px	375pt×667pt	@2×
iPhone SE	640px×1 136px	320pt×568pt	@2×

7.2 HIG 设计指南

上文中提到，建立界面可以根据750px×1 334px或375pt×667pt建立画布，但是具体状态栏的高度、导航栏的高度、Tab栏的高度，以及UIKit组件里的东西，苹果已提供了多个格式的规范。

资源下载地址为https：//developer.apple.com/design/resources/。

设计方式

在iPhone 6/7/8存量仍然很大的情况下，UI设计师做设计稿仍然需要以iPhone 6/7/8为尺寸建图。从苹果官网下载UIKit，可以找到其需要的一切元素。这些元素有PSD、Sketch及Adobe XD版本，不管用什么设计软件均可找到对应版本。打开之后会发现，苹果将UI设计师所需要的规范元素都已准备好了：如果需要一些弹窗或者控件，就在UI Elements找；如果需要界面的尺寸模板，就在Design Templates找。所有文件都有两份，结尾带有“-iPhoneX”的是为iPhone X系列设计的模板；没有标志的是为iPhone 6/7/8设计的模板。

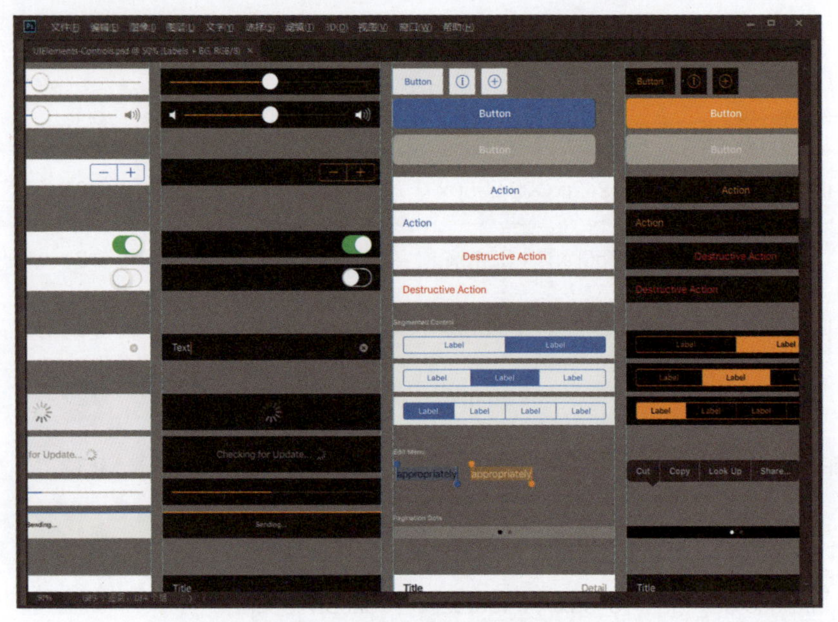

UI Elements 文件夹中的源文件

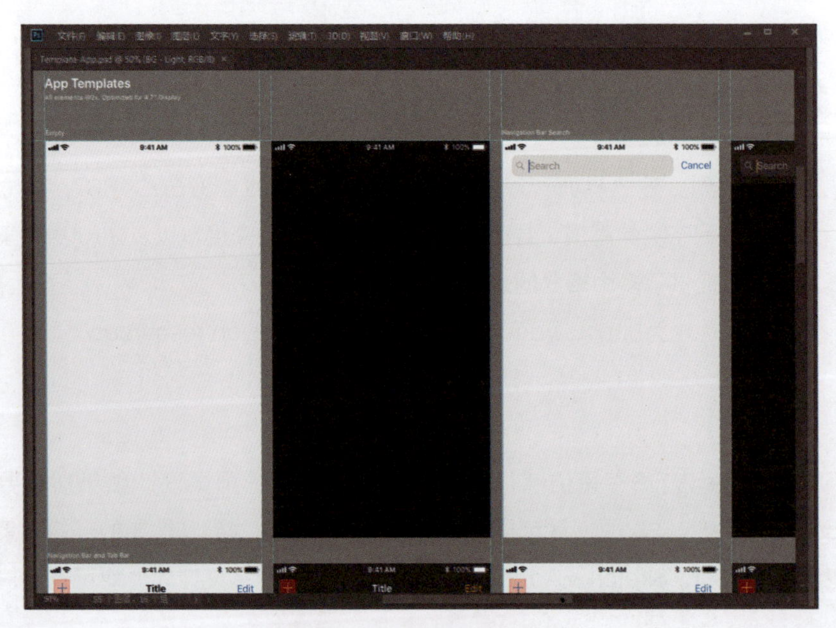

Design Templates中的源文件

状态栏和导航栏

状态栏（Status Bars）就是iPhone最上方用于显示时间、运营商信息、电池电量的区域。导航栏（Navigation Bars）就是状态栏之下的区域，一般来说导航栏中间是页面标题，左右是放置功能图标的区域。

在iPhone 6/7/8设计中，状态栏的高度为20pt（40px），导航栏的高度为44pt（88px）。这两个区域在iOS 7代之后就进行了一体化设计，因此它们加起来的高度是64pt（128px）。

在iPhone X设计中，状态栏的高度为44pt（132px），导航栏的高度也是44pt（132px）。这两个区域同样要进行一体化设计，它们加起来的高度是88pt（264px）。需要注意的是，因为iPhone X的ppi值为458，所以与iPhone 6/7/8的换算方法不同。

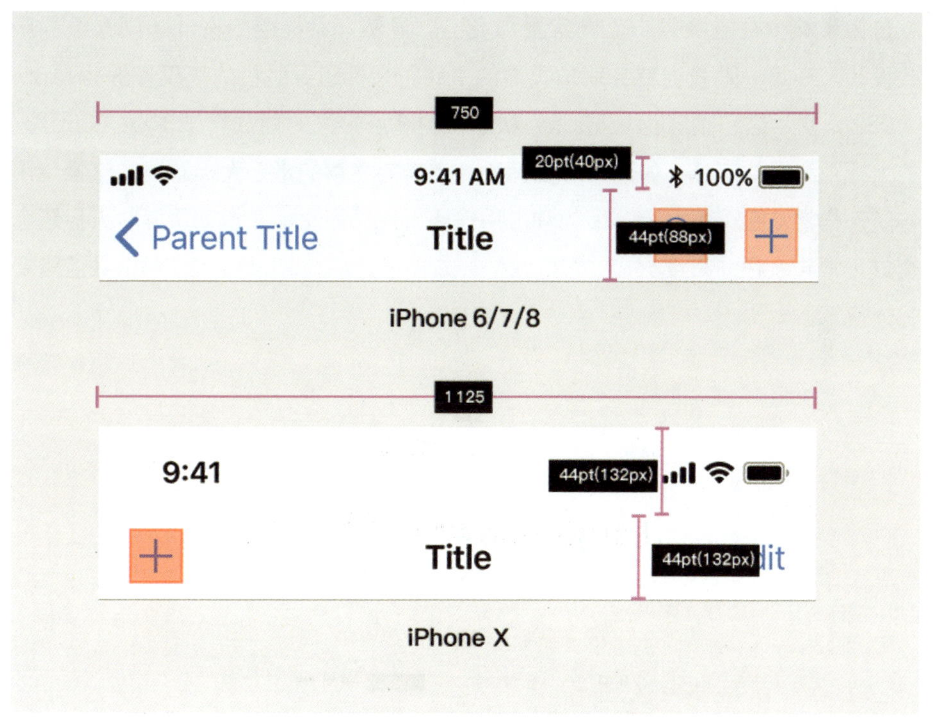

iPhone 6/7/8和iPhone X导航区域的差别

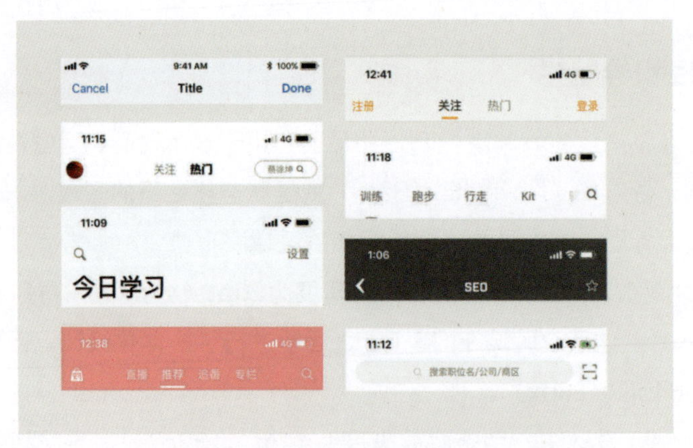

部分优秀App的导航区域设计

大标题导航栏

在最新的苹果设计中导航栏出现了一种新形式——大标题，出现这种形式就是为了减少视觉噪声，让内容更加突出。显然，大标题的设计如同报纸的版式设计，在第一眼我们就会明白页面的主题。大标题导航栏的高度一般为116pt（232px），这包括20pt（40px）状态栏的高度，同时能放得下34pt（68px）的大标题和辅助信息（如返回等图标）。但需要注意的是，大标题不应该像传统导航一样常驻在页面之上，因为它占用空间太大。因此，在滑动页面时大标题会变成正常导航栏的高度64pt（128px）。如果设计稿为iPhone X，那么数值需要另外换算。

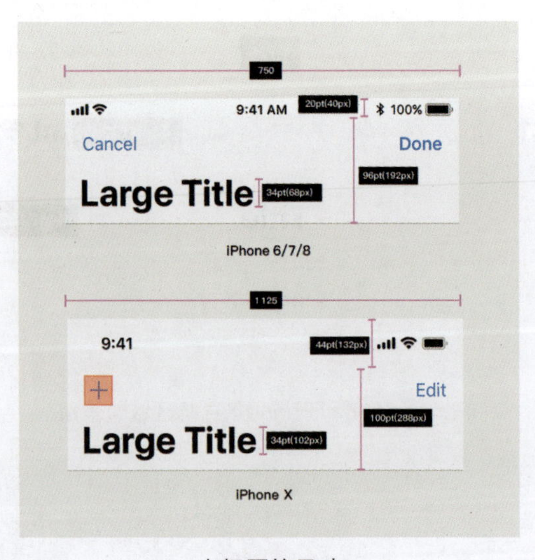

大标题的尺寸

导航栏图标

图标作为文字的补充，在移动端中应用非常广泛。在导航栏区域的功能如搜索、添加、更多、返回等，均需要用图标表达。@2×和@3×在逻辑像素单位是一样的，如果设计师使用Sketch、Adobe XD等矢量工具，可以参照逻辑像素数值进行设计。但是如果设计师用Photoshop工具以iPhone 6/7/8尺寸进行设计，就需按照@2×下的物理像素单位数值进行设计。

导航栏图标尺寸规范

建议尺寸	最大尺寸
48px×48px（24pt×24pt @2×）	56px×56px（28pt×28pt @2×）
72px×72px（24pt×24pt @3×）	84px×84px（28pt×28pt @3×）

标签栏（Tab Bars）

Tab栏（也称标签栏）指的是App底部的区域，如微信底部常驻的四个图标是聊天、通讯录、发现、我的。iOS规范中Tab栏一般有五个、四个、三个图标的形式，也就是把宽度平分为五份、四份、三份。iPhone 6/7/8设计中，Tab栏的高度为49pt（98px）。Tab栏的操作是最常用的，因为手指最方便选择而且这个栏是常驻在页面之上的。Tab栏的图标至关重要，因为很多用户可以通过图标找到重要功能的入口。通常UI设计师会在Tab栏图标之下加上10pt（20px）的注释文字，这个注释文字一般来说都是非常浅的浅灰色。

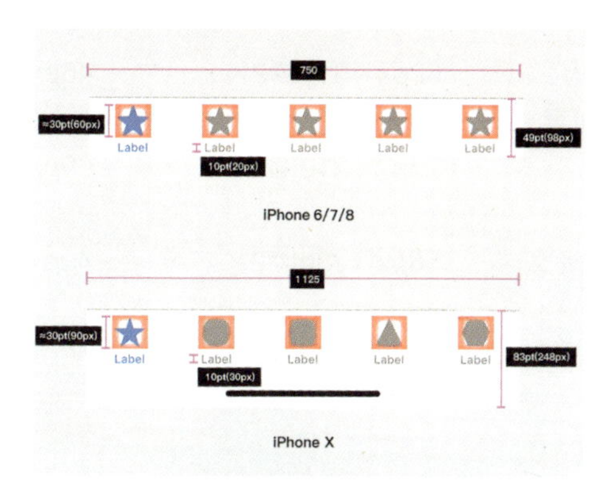

Tab栏的尺寸

Tab栏上的图标一般来说为30pt（60px）左右，苹果给出了四种不同形状Tab栏图标的尺寸，供大家设计时参考。其意义是让不同外形的图标看上去差不多大，以保证图标的平衡。标签栏图标的选中状态应该是彩色，从而与非选中状态进行区分。

真实设计中的Tab栏

Tab栏图标设计规范

造型		正常 Tab 栏	紧凑 Tab 栏
圆形		50px×50px（25pt×25pt@2×）	36px×36px（18pt×18pt@2×）
		75px×75px（25pt×25pt@3×）	54px×54px（18pt×18pt@3×）
方形		46px×46px（23pt×23pt@2×）	34px×34px（17pt×17pt@2×）
		69px×69px（23pt×23pt@3×）	51px×51px（17pt×17pt@3×）
扁形		62px（31pt@2×）	46px（23pt@2×）
		93px（31pt@3×）	69px（23pt@3×）
长形		56px（28pt@2×）	40px（20pt@2×）
		84px（28pt@3×）	60px（20pt@3×）

Tab栏图标应该尽量使用清晰的填充风格

工具栏（Tool Bars）

工具栏在苹果自带浏览器的底部。工具栏提供了与当前任务相关的操作和按钮，在滑动时可以收起。工具栏同Tab栏一样都是位于浏览器的底部，但是高度略窄，其高度为44pt（88px）。

闪屏资源

由于闪屏是一张完整的静态满屏图片，不同于其他页面（由切图和文本拼成），因此闪屏的适配更简单，UI设计师需要提供不同尺寸的闪屏效果。闪屏资源就是满尺寸的一张PNG，上端不需要状态栏里的信息，程序会在开发完毕时自动在闪屏中补上状态栏里的信息。UI设计师需要提供的闪屏尺寸如下表所示。

需要提供的闪屏尺寸

手机型号	实际像素	逻辑像素	张　数
iPhone XS Max	1 242px×2 688px	414pt×896pt	1
iPhone XR	828px×1 792px	414pt×896pt	1
iPhone X	1 125px×2 436px	375pt×812pt	1
iPhone 8 Plus	1 242px×2 208px	414pt×736pt	1
iPhone 8	750px×1 334px	375pt×667pt	1
iPhone SE	640px×1 136px	320pt×568pt	1

安全距离

作为iPhone全面屏系列手机，“齐刘海”无疑是一个特征。但是全面屏又带来了使用上的问题：上下左右是圆角、顶部“齐刘海”使屏幕凹下一块。所以在带有圆角和“齐刘海”的标注区域不应该设置任何功能，仅可在上端设置状态栏，底部圆角区域留白。界面竖屏使用时，左右临近手机边缘的区域不建议放任何操作，应留出一定的边距（Margin）。虽然这个边距没有明确严格的规定，但是一般的App会留出16pt～24pt的边距，防止用户在屏幕边缘不易选择，不过内容却可以呈现在边距里。横屏使用手机时，左右同样不易选择，同时还有令人困扰的“齐刘海”，因此左右也需留出一定的边距。这样界面最终形成一个安全距离的矩形，内容可以完整地呈现在这个矩形内。

iPhone X系列由于全面屏上下出现不可操作区域

色彩

在iPhone上显示的色域比UI设计师设计图时的RGB色域广，因此在iPhone上设计怎样的颜色都可以。只要符合产品气质并且从色彩心理学理论角度思考，用什么颜色是设计师的自由。官方建议的系统色彩如下图所示。

系统红
R255 G59 B48
#FF3B30

系统橙
R255 G149 B0
#FF9500

系统黄
R255 G204 B0
#FFCC00

系统绿
R76 G217 B100
#4CD964

系统浅蓝
R90 G200 B250
#5AC8FA

系统蓝
R0 G122 B255
#007AFF

系统紫
R88 G86 B214
#5856D6

系统粉
R255 G45 B85
#FF2D55

系统白
R255 G255 B255
#FFFFFF

系统超浅灰
R239 G239 B244
#EFEFF4

系统浅灰
R229 G229 B234
#E5E5EA

系统浅中灰
R209 G209 B214
#D1D1D6

系统中灰
R199 G199 B204
#C7C7CC

系统灰
R142 G142 B147
#8E8E93

系统黑
R0 G0 B0
#000000

系统半透明
R10 G10 B120
Opacity 5%
#0A0A78

系统半透明
R25 G25 B100
Opacity 7%
#191964

系统半透明
R25 G25 B100
Opacity 18%
#191964

系统半透明
R0 G0 B25
Opacity 22%
#000019

系统半透明
R4 G4 B15
Opacity 5%
#04040F

iPhone自身使用的系统色

字体

iOS中英文使用的是San Francisco（SF）字体（下载地址为https：//developer.apple.com/fonts），中文使用的是苹方黑体。安装好以后会发现中文苹方的字族有不少可供选择的粗细，UI设计师设计界面时需要根据信息的逻辑权重分配粗细：标题应该较粗，而说明字体应该较细并且可以设计成灰色。其实字体的设计最重要的考量就是信息层级。苹果认为App的字体信息层级可分为大标题（Large Title）、标题一（Title 1）、标题二（Title 2）、标题三（Title 3）、头条（Headline）、正文（Body）、标注（Callout）、副标题（Subhead）、注解（Footnote）、注释一（Caption 1）、注释二（Caption 2）等几种。

HIG对App的字体建议（基于@2×）

位置	字族	逻辑像素	实际像素	行距	字间距
大标题	Regular	34pt	68px	41	+11
标题一	Regular	28pt	56px	34	+13
标题二	Regular	22pt	44px	28	+16
标题三	Regular	20pt	40px	25	+19
头条	Semi-Bold	17pt	34px	22	-24
正文	Regular	17pt	34px	22	-24
标注	Regular	16pt	32px	21	-20
副标题	Regular	15pt	30px	20	-16
注解	Regular	13pt	26px	18	-6
注释一	Regular	12pt	24px	16	0
注释二	Regular	11pt	22px	13	+6

上述HIG的建议全部是针对英文SF字体而言的，中文字体需要UI设计师灵活运用，以最终呈现效果为基准进行调整。在设计具体界面时UI设计师一定要根据用户的使用情景综合考虑，把设计稿导入手机，思考行高与字体大小是否是可读的。10pt（20px）是手机上显示的最小字体，最大的应该是目前的大标题字体，可达到34pt（68px）。

启动图标

在设计模板还比较匮乏时，设计师需要设计启动图标（1 024px1 024px），之后按照程序员的要求切出几十个不同尺寸的图标。例如，在手机中@3×情况下桌面图标尺寸为180px×180px，在@2×情况下为120px×120px，在应用商店图标需要使用的尺寸是1 024px×1 024px。这个工作太烦琐，现在我们只需要专注启动图标设计本身即可。在苹果提供的资源中，有Template-AppIcons-iOS这个文件。打开这个文件，用UI设计师设计的启动图标替换智能对象里的内容，会发现所有尺寸的图标都变成了设计的图标。设计师将背景隐藏，切出这些图标即可。图标设计建议使用Illustrator等矢量软件，再使用规范切出图像资源。

Template-AppIcons-iOS

控件

控件包括输入框、按钮、滑杆、页卡、开关等，在设计模板中已经全部列出。为了使设计更符合整体产品品牌调性，这些控件都可以做成自定义的设计样式，但这样会增加工作量和切图资源。因此，UI设计师在无须过多体现设计感的页面中（如设置界面）都使用系统默认控件，而在一些品牌感需要强调的页面或产品中（如白噪声产品、游戏等）则会使用自定义的样式。如果UI设计师想自己设计控件，应注意两件事：第一，选择区域基本符合44pt（88px）原则，即在手机上大小为7～9mm，适合手指选择；第二，应设计操作的不同状态，不可只设计一种状态。

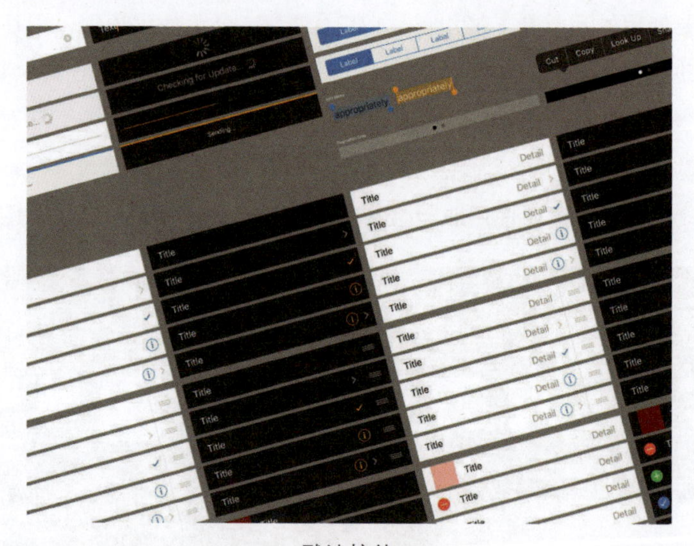

默认控件

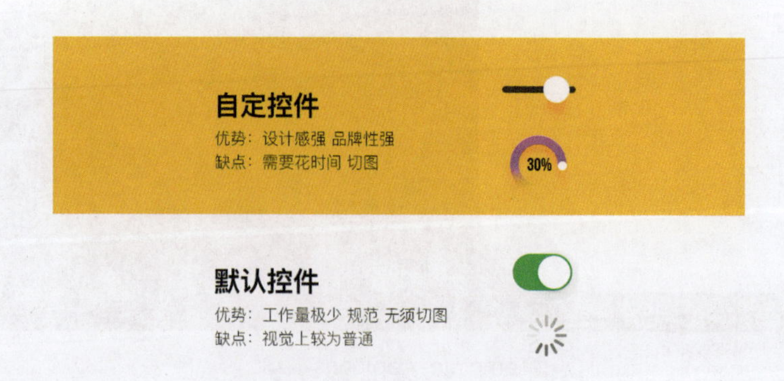

自定控件和默认控件

控件中无处不在的44pt（88px）

上文提到，人的手指选择区域为7～9mm，在@2×中就是44pt（88px）。苹果的导航条、列表、工具栏中44pt（88px）无处不在。UI设计师在设计时一定也要考虑手指的选择区域。

无处不在的44pt（88px）

键盘

在设计模板中UI设计师也可以找到键盘的设计。很多设计师做界面设计时不考虑输入状态下键盘会遮挡到的空间，如果考虑到这种情况，那么一些界面中的输入框和信息可能都应上移。当然也有例外，有一种方式就是当输入一个表单时，页面会垂直定位到当前输入的位置。

iPhone X　　iPhone 6/7/8

键盘高度

iTunes 上传截图

在程序上传App Store时需要提供多张App截图，以供用户了解App的功能。很多设计师不太清楚这个尺寸，这里需要提供1 242px×2 688px和1 125px×2 436px两套截图。有时UI设计师也会在这个尺寸上做一些设计，使用户在App Store打开App介绍时获得更好的体验。

ITunes上传用截图

7.3 工作流程

前期调研阶段

在设计界面之前，UI设计师必须做用户研究以了解产品的调性，如用户研究手段中的用户画像、用户调研、用户使用场景分析、设计竞品分析等。前期进行用户研究，对UI设计师深入了解产品大有裨益。

原型图阶段

App产品设计首先需要构建出原型图，之后开始视觉设计。这个工作有些公司是由产品经理负责的，也有些公司是由交互设计师负责的，还有的公司因为人手较少，也会出现由UI设计师负责的情况。即使有产品经理或其他职能人员完成原型图，UI设计师也需要和产品经理等人员沟通需求并探讨原型图，并不是产品经理向UI设计师下发需求。UI设计师应站在视觉和交互的角度提出自己建设性的意见，而不是简单等原型图完成后照着上色。关于原型图的工具，UI设计师既可以用Axure RP设计原型图，也可以使用墨刀、Adobe XD等新工具完成原型图。

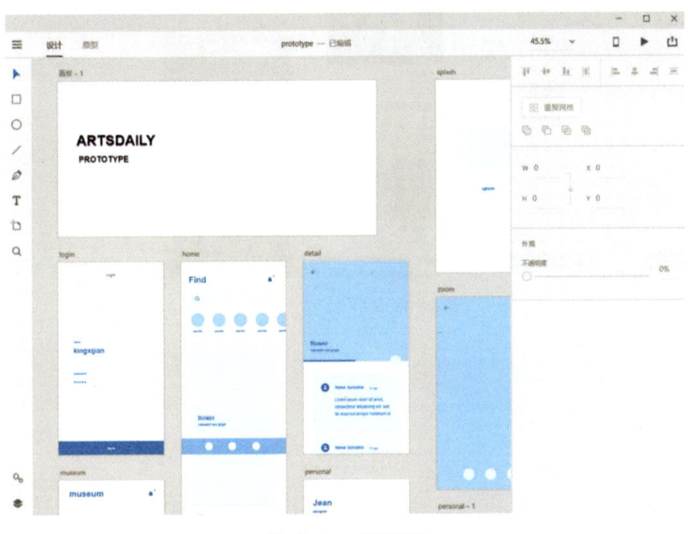

构建App原型图

（工具：Adobe XD）

视觉稿阶段

视觉稿阶段要根据原型图确定的内容和大体版式完成App的界面设计。目前，业界主要以Sketch、Adobe XD、Photoshop三个软件完成App的界面设计。Sketch和Adobe XD都是以逻辑像素的单位（pt）设计的，然后导出图像时再放大两倍、三倍进行切图。这样做的好处是不必在设计的时候使用偶数。因为Photoshop主要是处理图像而非矢量图形的软件，在设计移动端界面时如果做成一倍，切图会变得很模糊，所以要基于二倍图进行界面设计。例如，如果以iPhone 6/7/8的界面进行设计，那么在Sketch和Adobe XD中建立的画布就是375pt×667pt，而在Photoshop中则是750px×1 334px。

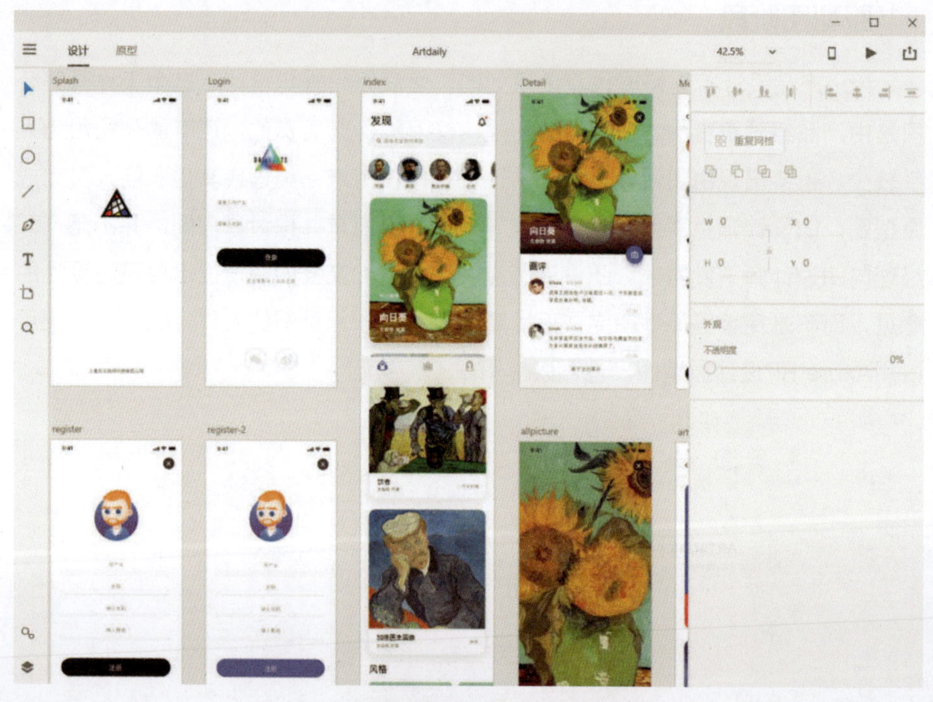

视觉稿设计阶段（一）

（工具：Adobe XD）

视觉稿设计阶段（二）

（工具：Photoshop）

iPhone 6/7/8 尺寸

在iPhone 6/7/8尺寸下，状态栏高度为20pt（40px）、导航栏高度为44pt（88px）、Tab栏高度为49pt（98px）、导航标题字号建议为17pt（34px）、导航栏图标建议为22pt（44px）、Tab栏图标建议为30pt（60px）、Tab栏图标注释文字为11pt（22px）、左右安全距离建议为12pt（24px）。字号从10pt（20px）～34pt（68px）均可，应视具体情况而定。

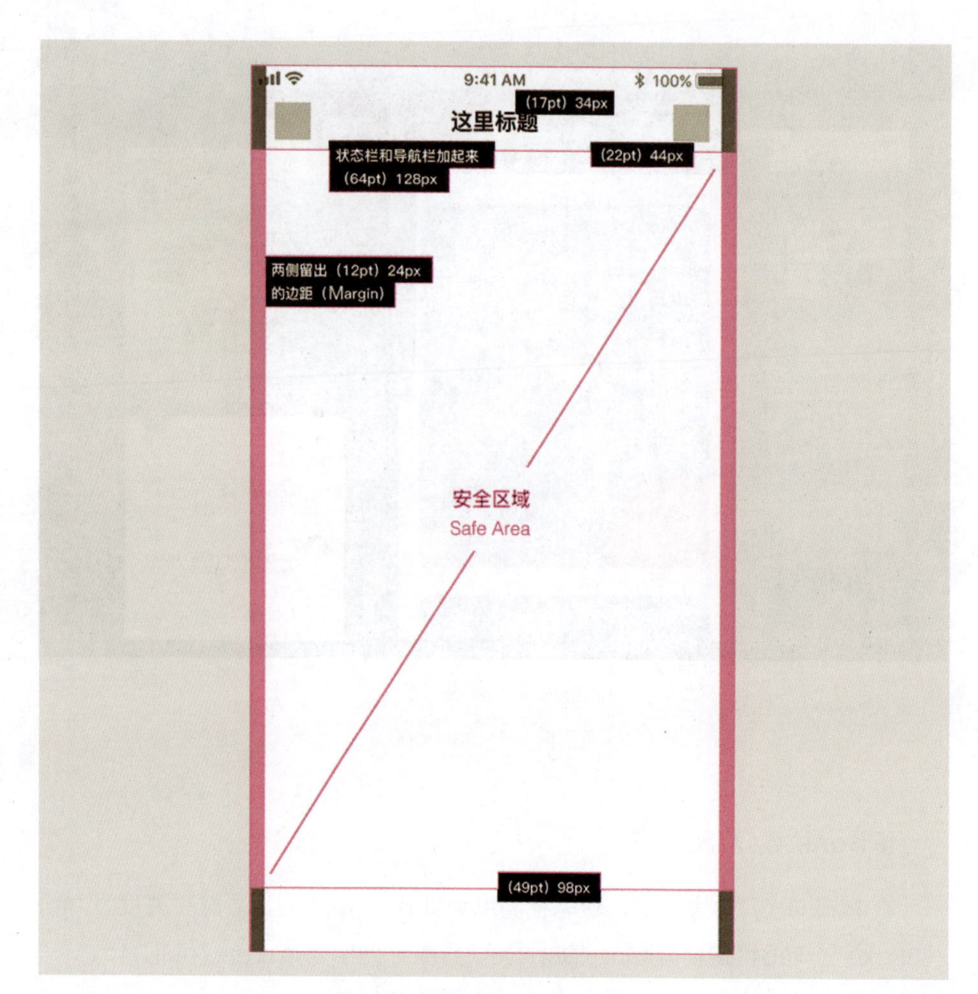

在iPhone 6/7/8尺寸下的设计尺寸

实时预览设计稿

在Sketch、Adobe XD、Photoshop等软件中设计界面时存在一个问题：电脑和手机上呈现出的效果不同，这是尺寸和观察方式不同导致的。最好的解决方法是UI设计师应实时查看设计稿在手机上的呈现效果。以下App通过数据线或Wi-Fi连接电脑后，即可及时在手机中看到还没有保存的设计稿呈现在手机中的样子。

Design Mirror：可实时预览Photoshop、Adobe XD等设计稿

Adobe XD：可实时预览XD画板

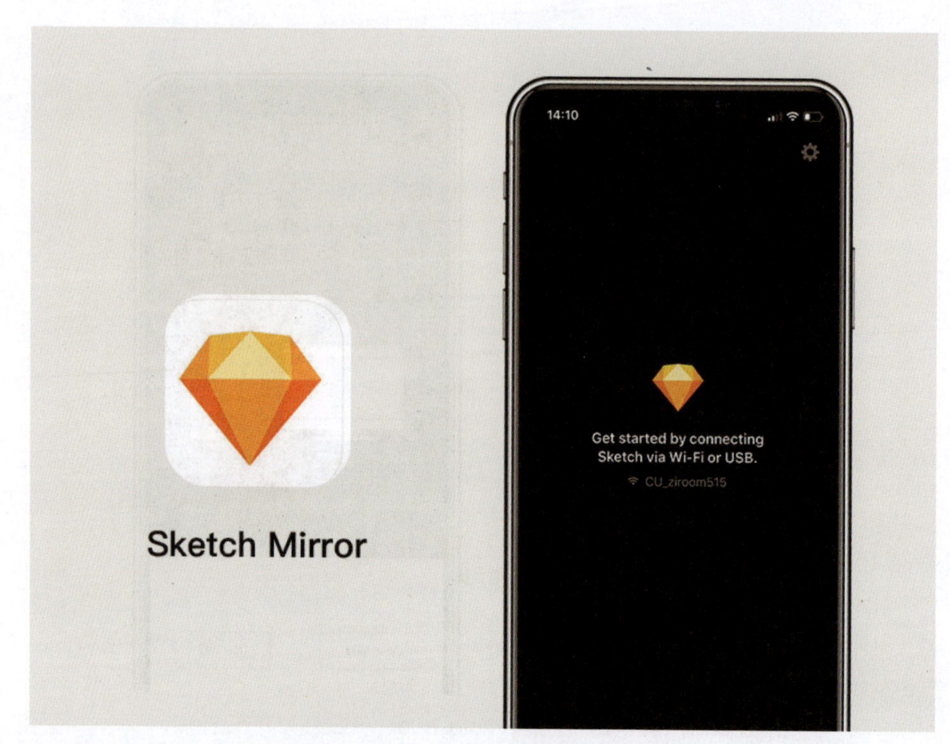

Sketch Mirror：可实时预览Sketch画板

iPhone X 设计效果图

虽然程序员对iPhone X等全面屏手机的适配只需要UI设计师提供切图即可，但很多设计师比较喜欢iPhone X和最新iPhone XR、iPhone XS Max等的设计效果，也比较乐意把设计稿改成iPhone X的设计图放到作品集或者在汇报时展示。如果设计稿需要调整为iPhone X的显示效果，可以下载iOS 12设计源文件，把界面头尾替换成iPhone X专用头尾——在“刘海”和圆角处做留白。Sketch和Adobe XD都是用一倍图设计，不涉及修改尺寸，改头尾即可。而Photoshop比较复杂，需要先等比例变大整个设计稿，再把宽度改为1 125px即可。使用Photoshop变大的设计稿会模糊，还得一个一个调整，然后再改头尾。

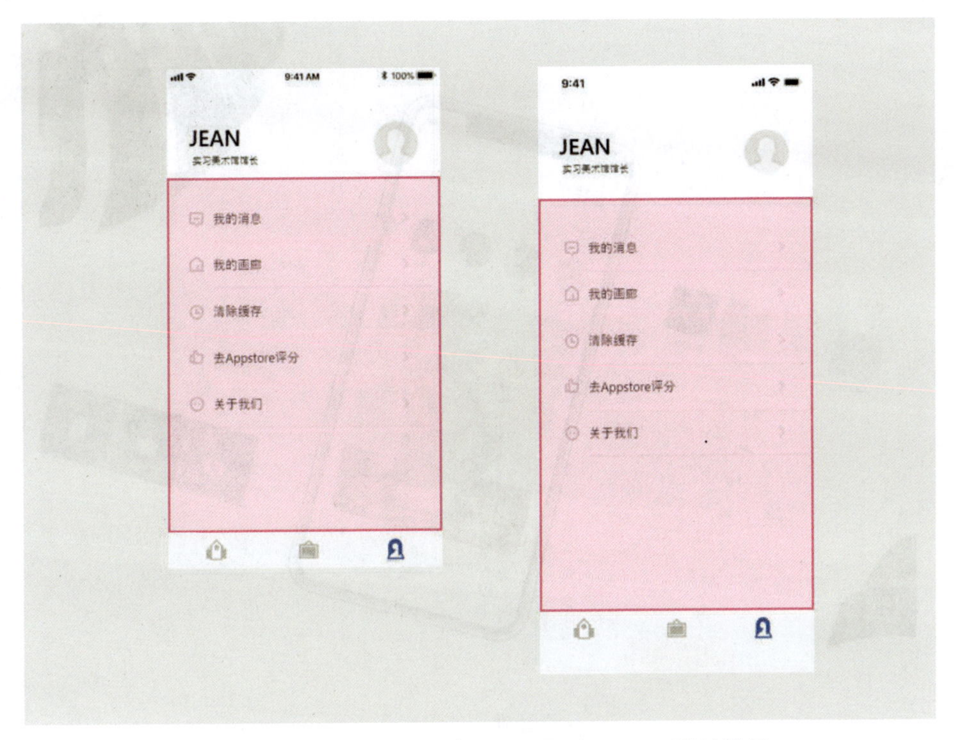

替换导航区域和Tab栏区域，即可得到iPhone X设计效果

视觉规范

App设计一套视觉规范是非常有必要的，有了视觉规范UI设计师就可以把控整体的设计和语言。一般来讲，一套App应该有3～5种主题色和辅助色，以及5～10种不同变化的字体样式。这些如果没有落实到一套规范中，就很容易跑偏。一套移动端应用的视觉规范应该包括以下几点：

主色/辅色/色彩规范：规定App所能使用的色彩种类。

文字颜色/大小规范：规定App主要使用文字的大小、颜色、应用场景等。

ICON规范：规定App的ICON设计规范。

应用图标规范：规定App的应用图标使用规范。

按钮和交互态规范：规定App内所有按钮和交互态的样式。

间距规范：规定App内所有间距的尺寸。

设计规范的内容

The source of this icon is the crystal pyramid in front of the Louvre, which means to take users into the palace of art. At the same time, many auxiliary graphics are added to help the logo create a stronger visual sense.

090edb 090edb 090edb

d7d7d7 d7d7d7 090edb

设计规范中的色彩规范

设计规范的类型可以是PNG或者多个页面组成的PDF文件。其他设计师打开UI设计师制定的设计规范，可以清晰地找到当前项目适合使用的元素和字体大小、间距等。虽然是多人协同工作，但可以保证项目设计风格的一致性。

切图

iPhone尺寸大小各异，如果程序只有一套切图，就会造成有的手机显示很差。因此，UI设计师应在程序里放置多套切图，然后让程序判断“主人”的手机是什么型号，以显示不同的切图，这样才能够完美地呈现给用户最好的体验。切图的方法有很多种；Sketch和Adobe XD可以直接导出；Photoshop不具备这个功能，但可以使用Cutterman、蓝湖等插件导出切图。不管是自带功能还是插件，导出切图都可以导出@2×和@3×图，而设计稿只需要iPhone 6/7/8一套即可。

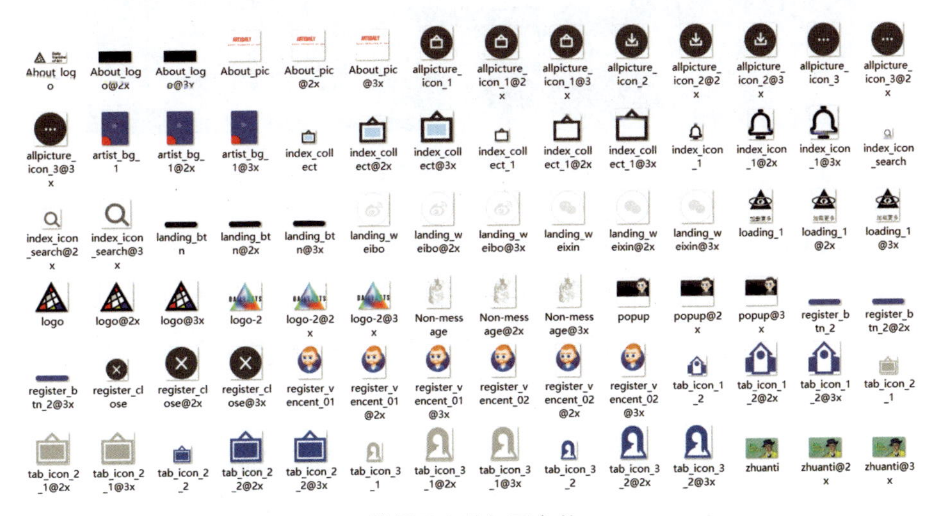

某项目中的切图文件

Adobe XD 切图功能

在Adobe XD中将需要切出的元素在图层面板（Ctrl+Y）选择“添加批量”导出标记记录，然后选择“菜单”→“导出”→“所选画板”→“用于iOS”→“导出所有画板”即可。

Adobe XD自带切图功能

使用 Cutterman 协助 Photoshop 切图

在Cutterman官网下载Photoshop插件后，选择“窗口”→“扩展功能”→“Cutterman”调出面板；然后选择“iOS”并高亮选中“@3×”和“@2×”；在图层面板选中需要切图的元素，选择“导出选中图层”即可。

Photoshop中的Cutterman 插件

使用蓝湖切图

在蓝湖平台可以下载Sketch、Adobe XD或Photoshop对应的插件。在不同设计软件插件中将设计稿上传到蓝湖（Photoshop需要用插件标记要切出的元素），然后在蓝湖网页版单击“切图”按钮，选择“视网膜@2×”和“高清视网膜@3×”，再选择“下载该页全部切图”即可。

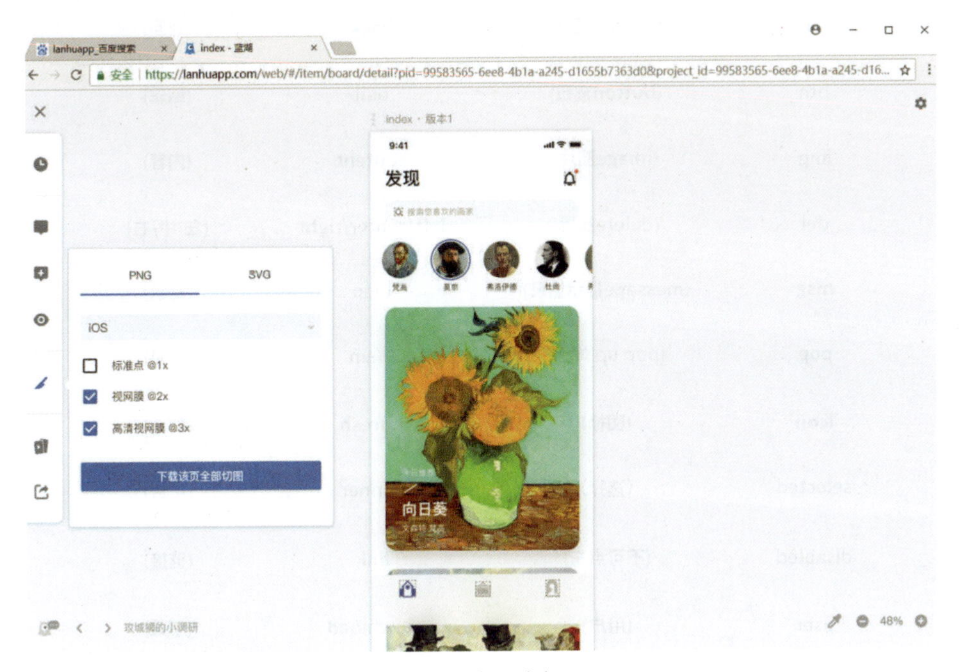

在蓝湖平台导出切图

切图命名规范

切图最后需要命名成规范的格式，这样方便程序员查找。切图命名的格式建议为全英文。借由上述工具切图后，需要整理切图命名，或在切图之前对图层命名。切图命名对照表如下表所示。

切图命名对照表

简称	含义	简称	含义
bg	(backgrond背景)	default	(默认)
nav	(navbar导航栏)	pressed	(按下)
tab	(tabbar标签栏)	back	(返回)
btn	(button按钮)	edit	(编辑)
img	(image图片)	content	(内容)
del	(delete删除)	left/center/right	(左/中/右)
msg	(message提示信息)	logo	(标识)
pop	(pop up 弹出)	login	(登录)
icon	(图标)	refresh	(刷新)
selected	(选择)	banner	(广告)
disabled	(不可点击)	link	(链接)
user	(用户)	download	(下载)

切图可按照“功能_类型_名称_状态@倍数”的格式进行命名，如导航条上有一个搜索图标，那么它的名称可表示为以下形式：

nav_icon_search_default@2×.png

（导航_图标_搜索_正常@2×.png）

iOS 开发语言

iOS开发工程师最重要的三个工具是Objective-C、Swift、UIKit框架。Objective-C是目前最有效率的语言，而Swift开发非常高效。一般iOS工程师会在这两种语言中选择一种作为开发工具。UIKit是苹果系统自带的一套框架，这个框架有设置按钮、滑竿、状态栏、电池电量、键盘等接口可供调用。因此，在很多第三方App的界面中，有许多控件和苹果自带程序是一致的，这就是UIKit的功劳。

开发视角

（作者：@alvaroreyes）

了解开发工程师的语言和工具对UI设计师做设计非常有帮助，他们会知道哪些效果能做、哪些效果不能做、哪些效果能做但不好做等。资深iOS开发工程师程威对UI设计师关注的问题进行了如下解答：

1.在iOS开发中，图片能否定位拉伸？

原生支持定位拉伸，机制和.9类似，用PNG图片就能做到。

2.能否通过代码构建投影？

原生支持代码构建投影，但是在某些情况下会引起性能问题，可以通过切图作为替代方案。

3.能否使用PDF作为矢量切图？

原生支持PDF格式的矢量图，但复杂图形可能支持得不太好。

4.能否使用SVG作为矢量切图？

原生不支持，但可以使用UIWebView和WKWebView来加载，也可以通过第三方库来使用SVG格式的矢量图。

5.能否支持GIF动画？

原生不支持，但是可以通过其他方式实现。

和iOS工程师沟通

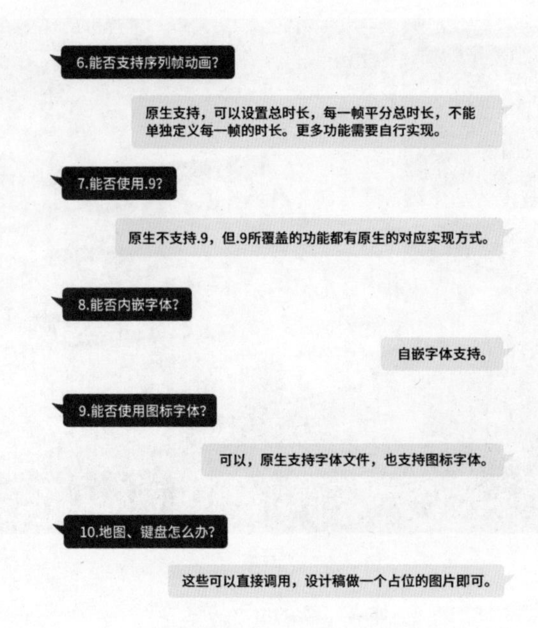

和iOS工程师沟通（续）

明白了iOS工程师工作的机制后，UI设计师在设计界面时就可以做到心中有数。在平时工作中，UI设计也应该多和开发人员多沟通，学习他们实现的方式，以便自己的设计能够更好地实现。

标注

切图后程序员得到了一大堆碎片，把这些碎片重新用Objective-C或者Swift构建回之前设计的界面并没有想得那么简单。开发工程师可能总是在思考构架层面的问题，而忽视了视觉还原，并且由于iOS的开发人员不会使用设计软件，因此很容易出现如14pt或者28px的文字，实现后成为16pt或者32px。这种问题UI设计师可以通过一些标注软件把图标之间的位置、字体的高度、字体的大小和色彩进行标注，让程序员轻松省力地还原之前的设计稿。

蓝湖平台自动标注功能

将Sketch、Adobe XD和Photoshop的设计稿上传至蓝湖后，在蓝湖平台每个页面左侧有一个类似分享的图标，单击会获取一个网址，这个网址就是系统生成的自动标注。它会自动识别设计稿中字体的大小和间距等，甚至有代码可供参考。

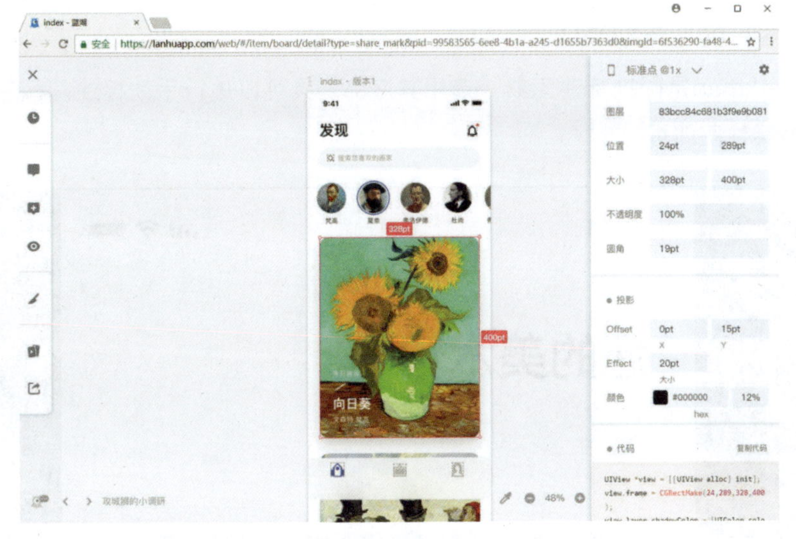

蓝湖自动标注工具

使用 px 像素大厨标注

像素大厨提供了自动标注、手动标注两种标注方法。自动标注需要上传设计稿；手动标注需要设计师使用“尺子”测量距离，使用“吸管”吸取色号。在界面上部有单位选择，如果给iOS开发做标注，那么单位最好选择pt，与开发环境一致。

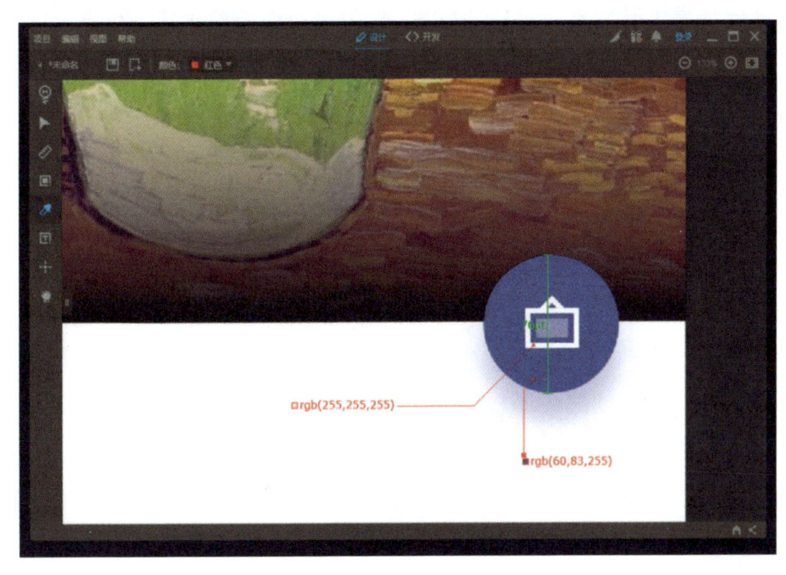

像素大厨标注工具

Markman 手动标注

Markman是国产标注工具，选用其底部工具可以进行手动标注，标注后导出PNG标注图即可。

Markman标注工具

动效

据资深iOS开发工程师程威介绍，目前iOS主流的动效实现方式有四种。第一种，设计师提供开发动效视频或GIF，开发人员依照效果编写代码，调用静态切图重新做一遍，这样的还原度可能会有问题，需要开发人员和设计师多沟通。第二种，可以使用序列帧的方式实现动画，原理是向开发人员提供按顺序命名的PNG，如1.PNG、2.PNG等，然后开发人员用代码将它们快速替换，实现动画。第三种，可以给程序员AVI等视频文件直接插入视频。第四种，使用Airbnb开源的Lottie（https：//airbnb.design/lottie/），具体来说是通过Ater Effects完成动效，然后通过BodyMovin插件导出json文件，里面记录的就是动画的细节，然后在安卓、iOS、React Native上都有一套对应的SDK，其可以解析这个json文件还原成动画。这个方式的还原度很高，除了部分AE特效不支持外，堪称完美。其实还有QuartzCode、CoreAnimator等工具，有兴趣的读者可以进行尝试。不管使用什么方式，笔者认为最优秀的动效还是要靠设计师和开发人员“真诚地交流”。

项目走查

当最终完成界面设计后，UI设计师需要将其和设计稿进行对照还原。除了用肉眼辨别之外，设计师也可以把还原后的程序截图放到Photoshop中对照，寻找问题。程序员收到的反馈就是一个有截图对照和标注的文档，这个文档可以成为Buglist。

截图后可在软件中对比寻找问题

项目走查除了判断视觉还原程度，还要兼顾动效、选择状态等动态效果是否符合设计预期。如果有问题设计师需要及时向技术人员反馈，反馈的方式建议是文档类型，保证有据可查。

7.4 本章小结

当设计iOS平台的App时，可以选择使用Sketch、Adobe XD、Photoshop等工具。为了切图和适配方便，UI设计师以iPhone 6/7/8尺寸（750px×1 334px或375pt×667pt）为基准进行设计。设计过程中需要通过Adobe XD或Mirror等工具随时在手机上预览设计效果。之后设计师需要把图像资源输出成@2×视网膜屏幕和@3×高清视网膜屏幕两套图像资源，这时可以使用Cutterman或Sketch和Adobe XD自带的切图功能切图。为了保证开发工程师能够完美地还原设计稿，设计师需要提供标注。通过蓝湖或像素大厨、Markman等工具可以把设计稿完美标注给程序员，这时程序员就可以明白每个元素的大小和间距。最后，要对完成的程序进行验收。如果以后苹果发布了新的款式的手机，笔者希望各位设计师能够厘清脉络，透过现象看到本质，找出合适的设计适配方法。

参考资料

苹果开发者中心网址：

https://developer.apple.com/

苹果人机交互规范：

https://developer.apple.com/design/human-interface-guidelines/

iOS设计资源下载：

https://developer.apple.com/design/resources/

第 8 章 Material Design

8.1 安卓是什么

想象一下，过年同学聚会上，大家把手机都放在饭桌前，除了各种型号的iPhone之外，一定会有OPPO、vivo、魅族、小米、华为、三星，也许还有一加、锤子、联想等品牌的手机。除了iPhone，这些手机全部都是使用了安卓底层构架的设备，也就是人们通常所说的安卓手机。苹果手机和其他品牌的手机在硬件的外观、桌面系统设计、价格方面都不一样，所以不可能是一种系统，这就要从安卓的诞生说起。有一个极客名叫安迪·鲁宾（Andy Rubin），他曾经在苹果公司工作，后来他离开苹果公司开始了漫长的创业之路，可他的项目似乎都不怎么顺利。直到2003年，他创立了安卓公司。安卓是一个基于Linux的开放源代码的操作系统，安迪·鲁宾当时的计划是免费把安卓系统提供给手机生产商，然后在预装了安卓系统的手机上提供增值服务。由于免费开源加上性能出众，在2014年搭载安卓系统的设备就超过了100亿部。当时诺基亚的塞班系统和很多其他的手机操作系统称霸着手机操作系统市场，而安卓像一匹黑马一样来了个突然袭击。后来大家都知道了，诺基亚销声匿迹，连微软的Windows Phone操作系统现在也很少听到。之后，Google收购了安卓，有了Google母公司的资源，安卓的发展就更加顺利，在2017年全球智能手机市场有85%的设备使用了安卓系统。可以说当今世界除了苹果的iOS操作系统之外，几乎全部都是安卓的市场。就连人们日常生活中的一些智能设备、银行的手写签名系统、ATM机等都大量采用了安卓操作系统。需要注意的是，安卓是一套与Windows类似的操作系统，而并不是像苹果一样的软硬件打包产品。

安卓在我国的飞速发展

由于安卓是一套性能非常好的底层框架，但是用户体验和设计上都是白纸，因此很多开发商基于安卓系统的底层系统开发了交互良好、视觉设计更佳的表现层部分，这种开发被称为安卓ROM开发。在中国，很多公司抓住了安卓的“免费午餐”发展出了自己的手机品牌。例如，小米就是通过优化安卓底层框架，加上自身研发的、用户体验良好的交互和视觉，完成了MIUI——一款基于安卓的手机操作系统包。没错，最早小米并不是靠硬件取胜的，而是靠MIUI创业的。当时手机市场上的操作系统都不太注重用户体验，MIUI无疑让大家打开了新世界的大门，于是很多人开始把自己的三星或者其他手机刷成MIUI系统，由于刷机会让手机发烫，他们也自嘲是“发烧友”，于是就产生了“发烧友”文化。后来小米自己开始生产手机就更加有粉丝基础了。与此同时，国内MP3大厂魅族也开始研发自己的手机，搭载了优化性能和体验的Flyme同样是基于安卓底层框架开发的。几乎每一个国内手机品牌都会有一套自身的ROM系统，如小米有MIUI、魅族有Flyme、锤子有Smartisan、联想有联想乐OS、华为有华为ROM等。基于免费的安卓底层框架开发操作系统的表现层部分，可以节省巨大的经费和资源，因此这些公司可以迅速崛起。

8.2 安卓的尺寸

由于安卓的市场发展较乱，没有像苹果一样严格的硬件生产规范，因此安卓屏幕尺寸异常杂乱。从下图可以看到，市场上的安卓屏幕尺寸大小不一，其中使用率最高的是720P和1 080P。

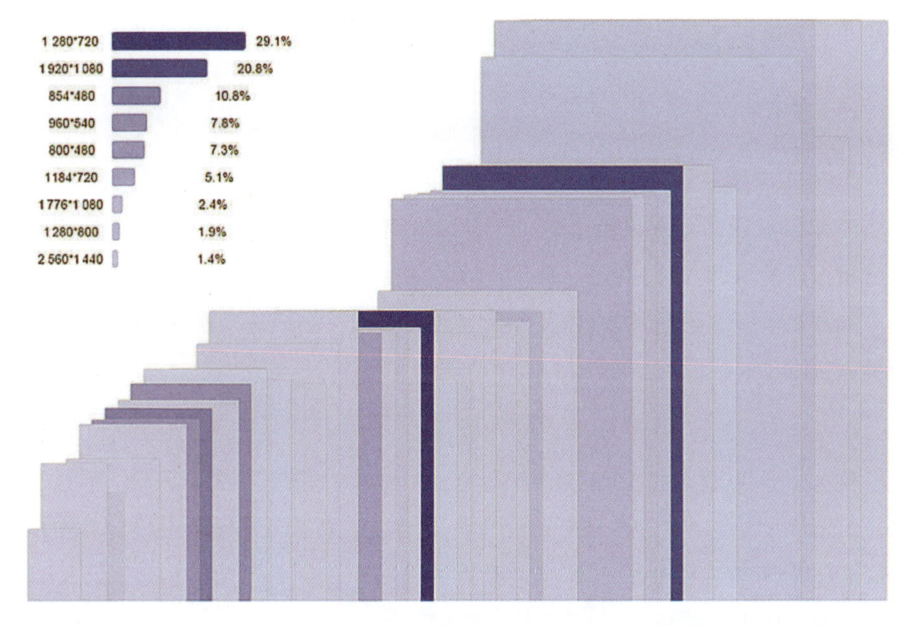

主流安卓设备分辨率占比

（数据图表来自友盟）

要想让App同时在这么多种屏幕下都可以完美显示，根据用户目前使用率最高的720P和1 080P，建图时一般使用1 080P的分辨率进行设计，在以下六个尺寸中使用切图进行适配。

安卓主流分辨率表

分辨率	密度	像素值/px	dp对应px
mdpi	HVGA	480 × 320	1dp=1px
hdpi	WVGA	480 × 800	1dp=1.5px
hdpi	FWVGA	480 × 854	1dp=1.5px
xhdpi	720P	1 280 × 720	1dp=2px
xxhdpi	1 080P	1 920 × 1 080	1dp=3px
xxxhdpi	4K	3 840 × 2 160	1dp=4px

其他的分辨率可以使用自适应的方法进行适配，这也是目前安卓设备的主流适配方式。为了方便查询每个设备的dp值和px值，Material Design准备了一个

网站来查询主流安卓设备的尺寸（网址为https：//material.io/tools/devices/）。

dp 单位

dp是独立密度像素的简称（Density-independent pixels），是安卓设备上的基本单位，如同苹果设备上的pt一样，dp与UI设计师建图时的px单位需要通过分析设备的ppi值进行换算。ppi的计算公式上文已有介绍，此处不再赘述。

如果有了一个设备的ppi值，然后使用公式即可知道这个设备中dp与px的换算关系：

dp×ppi/160＝px

例如，这个设备的ppi值是320，那么1dp×320ppi/160＝2px，则这个设备上1dp等于2px（也就是和iPhone 6类似的高清屏）。在给安卓设计稿做标注时，设计师可以在像素大厨等标注软件中选择作图的分辨率（如xxhdpi），然后标注单位中可以选择dp单位，这样设计师标注的单位数值和安卓开发工程师使用的单位就是一致的。否则，安卓工程师要进行二次换算，将设计师标注的px单位换算成dp单位才可以进行工作。在下文中，笔者提到的大部分设计尺寸的单位都是dp，也就是说设计师要针对不同的屏幕进行换算。例如，在hdpi下，1dp＝1.5px；而在xhdpi下，1dp＝2px。

sp 单位

sp是独立缩放像素的简称（Scale-independent Pixels）。安卓平台允许用户自定义文字大小（小、正常、大、超大等），当文字尺寸是“正常”状态时，1sp＝1dp＝0.00625英寸，而当文字尺寸是“大”或“超大”时，1sp＞1dp。这如同在电脑中调整桌面字体，只有字体大小发生改变，而窗口和图标不会改变。默认情况下1sp＝1dp。所以，设计师在设计安卓界面时，标记字体的单位应选用sp。很多标注软件如蓝湖和像素大厨都支持sp单位标记字体。

三大金刚键

安卓底部本来应该有三个金刚键，即返回键、Home键、任务列表键。这三个金刚键是安卓交互的一部分，安卓平台上的应用程序交互基于三大金刚键。这三个键一般都在底部，方便手指选择，也就是说这三个按键应该是最常用的操作。但是由于很多用户比较喜欢iPhone的单独Home键设计，因此很多厂商会在硬件上隐藏三大金刚键或像iPhone一样保留Home键。其实安卓还可以开启三大金刚键的虚拟键，也就是在底部常驻半透明的三个按键。安卓本来不鼓励第三方App设计底部Tab栏，因为这样会出现两个底部常驻区域，显得很臃肿，可是很多厂商想让产品接近iPhone的样子，不但手机上有Home键，而且也不展开虚拟三大金刚键。因此，本来安卓App是不需要自己设计返回键的，但是由于厂商硬件的问题，为保险起见在安卓平台上的App也都会像在苹果平台一样，在左上角加上返回图标。

三大金刚键

切图方法

安卓没有用@3×和@2×的文件后缀区分每套切图，而是采用文件夹的区分方式。例如，UI设计师切出五套不同分辨率的切图，那么不同的分辨率应该按照drawable-mdpi、drawable-hdpi、drawable-xhdpi、drawable-xxhdpi、drawable-xxxhdpi的文件夹存放各套切图。

.9 切图

.9是安卓平台开发中一种特殊的图片形式，文件扩展名为.9.png。如果有一个气泡bubble，那么它的.9切图命名格式就是bubble.9.png。这种图片可以表明哪部分可以被拉伸，哪部分不要拉伸。设计师要做的就是使用Photoshop的铅笔工具，把铅笔设置为1px大小，透明度为100%，颜色选择#000000纯黑色，然后在切图边缘画出1px的横竖线，再把这张图命名后缀加上.9，这样就和系统打好了暗号。后续，开发人员在开发环境就可以设置哪些部分可以拉伸、哪些需要保留。设计师画的黑色“暗号”是不会显示给用户的。

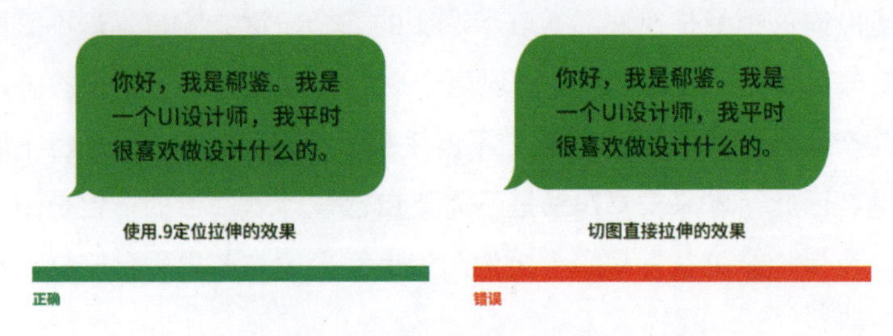

不固定位置的切图需要.9规定拉伸范围

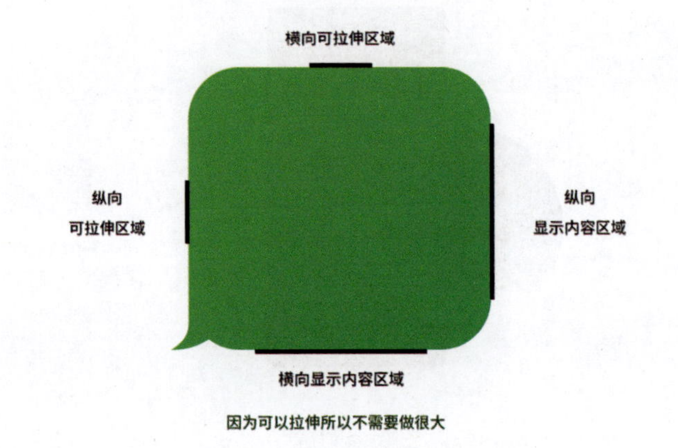

画四条线规定内容（如文字）和可拉伸区域（无圆角方便拉伸）的位置

设计方法

由于安卓设备ROM设计不相同、屏幕尺寸不相同，而且三大金刚键也不一定存在，在这种情况下，设计师可采取目前主流的以下三种设计方法。

（1）直接延续iOS平台上的设计。设计师可直接用给iPhone准备的设计稿更改切图的大小即可最快速得到安卓切图，这种方法目前是最快的。如果使用Photoshop设计界面，设计师可以使用Cutterman直接切出五套安卓切图，设计稿尺寸无须修改。如果使用Sketch或Adobe XD工具需要按照安卓尺寸进行设计稿的调整才能输出正确的切图。这种适配方式很常用，如微信、支付宝在安卓平台上的版本都是和苹果端一致的。

（2）为安卓提供专属的设计稿。这种方式会花费一定的时间，其实也是根据iPhone设计稿结合安卓的特点，如尺寸（1 920px×1 080px）、直角、字体（中文为思源字体）、信息条的样式等进行微调，然后切出相应的切图即可。例如，网易云音乐等App在iOS和安卓平台上有一些细微的差距。

（3）按照安卓最新的Material Design规范进行单独的安卓版界面设计。这个是最花时间的，但也是最规范的。Google为旗下全线产品提供了一个类似苹果HIG的设计规范，并且有独特的设计语言。如果公司允许，使用Material Design设计安卓版是最好的，如知乎、印象笔记等产品采用了Material Design的设计方式。下文将详细介绍Material Design设计规范和如何使用这种设计风格构建产品界面。

8.3 什么是 Material Design

Material Design不仅仅是安卓阵营产品的设计规范和风格，它还鼓励设计师和开发者把这种风格用在苹果设备与Windows设备上。作为设计规范，它有时很包容，有时却又非常严格。使用了Material Design的产品给人很强的统一感和秩序感。从历史角度来看，Google的产品从来没有一个正式的严格视觉规范，甚至每个产品线都有自己的设计风格和自己的品牌。2011年，拉里·佩奇出任Google的首席执行官，他改变了“程序员主导一切”的情况，并召集Google最好的设计师一起重新设计了所有产品的语言，终于在2014年的Google I/O上推出了Material Design，宣告Google重视设计的时代来了。Google旗下的电脑、穿戴设备、电视等设备都可以使用Material Design作为视觉规范，Google甚至鼓励开发者在iOS平台也使用Material Design。Google的Material Design并不是简单的扁平设计，而是一种注重卡片式设计、纸张的模拟，使用了强烈对比色彩的设计风格。这种风格形成了独一无二的Material Design。Material Design的目标是创建一种优秀的设计原则和科学技术融合的可能性（Create），并给不同平台带来一致性的体验（Unify），同时可以在规范的基础上突出设计者自己的品牌性（Customize）。以下内容是根据Material Design最新规范（2018）进行分析和阐述的，在Material Design官方网站可以阅读更多内容（网址为https：//material.io）。

Material Design 的隐喻

Material Design并不是完全的抽象扁平风格，它从物理现实中学习了如质感、投影、加速度、纸张的模拟等隐喻方法，这些都会让Material Design更容易被用户理解。其实Google一直在尝试不同的设计风格，如很早之前的长投影设计风格和后来的扁平化设计实验等。扁平化设计的优势是信息噪声少，缺点是情感传递不足，而Material Design似乎是一个很好的解决方案。Material Design在最大限度保证可读性的基础上有一些广为熟知的物理现实的影子，因此在一定程度上它既是拟物的也是扁平的。

8.4 设计理念

Material Design的设计中有很多设计理念是需要UI设计师深度学习的，学习这套理论的思维模式。即使有些设计师不使用Material Design，学习之后对其设计思维提高也是一个非常有益的。

Z 轴的概念

众所周知，三维是*X*轴（左右）、*Y*轴（上下）、*Z*轴（前后）组成的立体世界，而二维是只有*X*轴和*Y*轴的平面世界。

手机界面是一个平面二维的空间，而Material Design通过二维的一些表达手段，如投影、动效等构建出了*Z*轴（前后）的概念。

Material Design中的*Z*轴

Z 轴的投影

不同投影暗示了不同元素的高度。如同桌子上的几张纸层叠在一起，重要的纸在其他纸张之前，它的投影就是最高的。因此，在Material Design中投影最高的代表Z轴最高值，也是最重要的内容。

2dp、6dp、12dp、24dp的投影区别

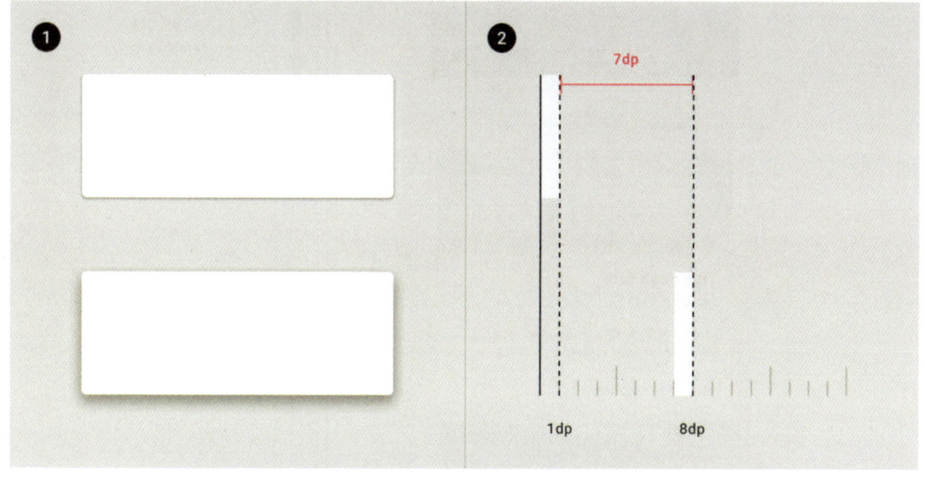

正面和侧来观看，1dp和8dp海拔高度产生的阴影大小不同

界面中的Z轴应用

不同的功能使用不同的Z轴高度，可以表明它们的重要性和逻辑层级关系。这种投影是由编程完成的，并非切图，这点需要特别注意。Material Design为第三方开发者提供了动态且真实的投影和Z轴高度设置。

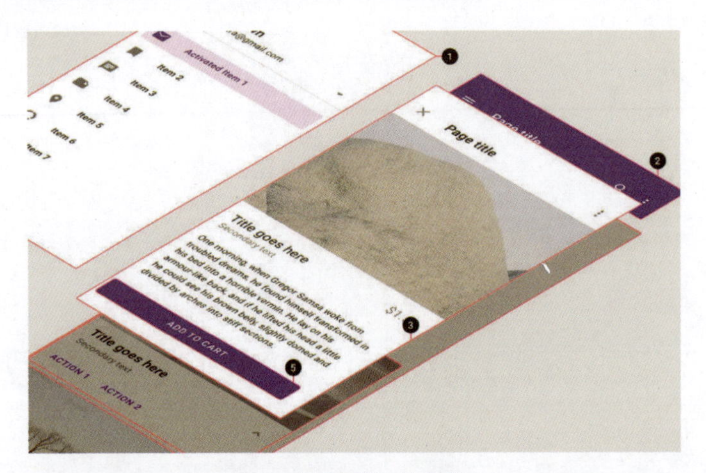

App中不同的Z轴高度

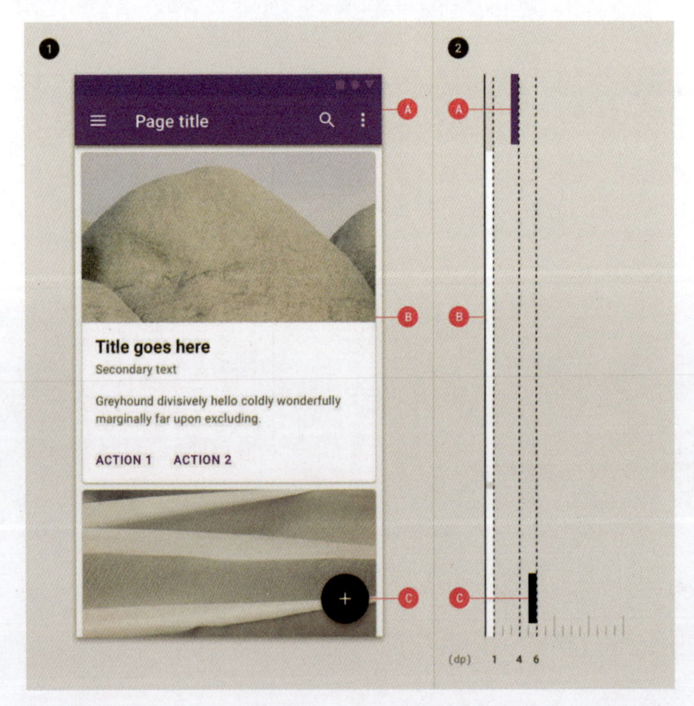

顶部应用栏（A）、卡片式设计（B）和悬浮球FAB（C）高度的对比

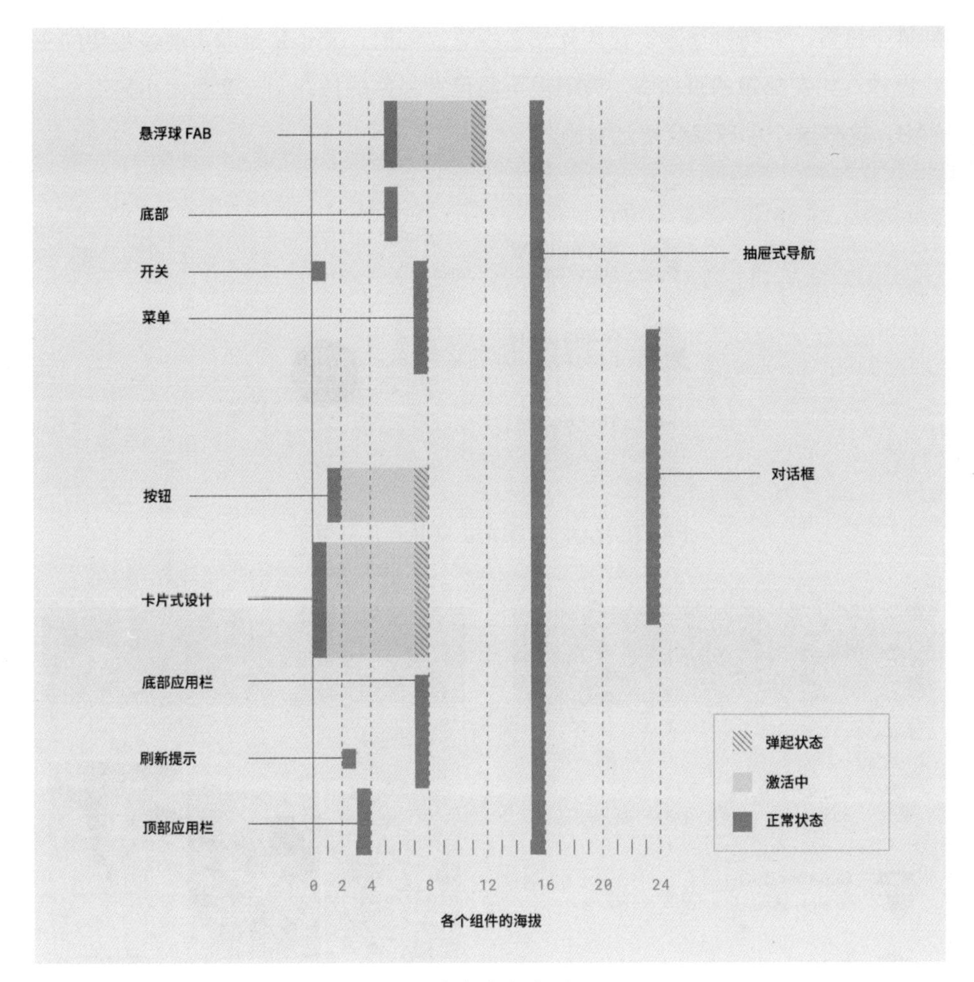

界面中海拔高度对照

8.5 组件

组件是Material Design区别于iOS等其他设计的重要标识。设计师看到FAB时就应知道这是Material Design；看到底部栏的独特设计也应知道这是Material Design。想做一款“原汁原味”的Material Design，就要了解组件的特征。

悬浮球 FAB（Buttons：Floating Action Button）

悬浮球可能是Material Design中最明显的标志。一个圆圆的小球固定在屏幕的某个位置，它特别显眼，让人无法忽视它。同时，它也是当前页面最重要的主线操作，如在邮箱的页面中，FAB很可能是发邮件的按钮。一个页面中只有一个FAB，这样这个小球就会更加显眼。

FAB在App的右下角位置并且常驻屏幕

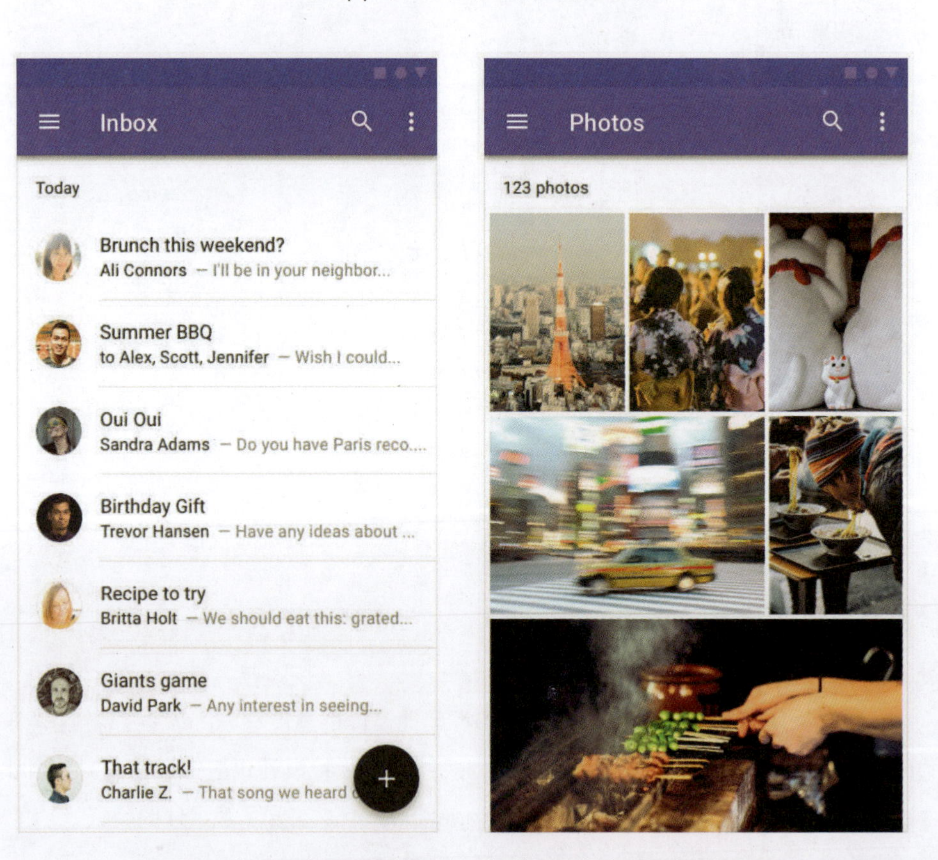

FAB是一个页面中最显眼的设计，但并不是每个页面都需要FAB

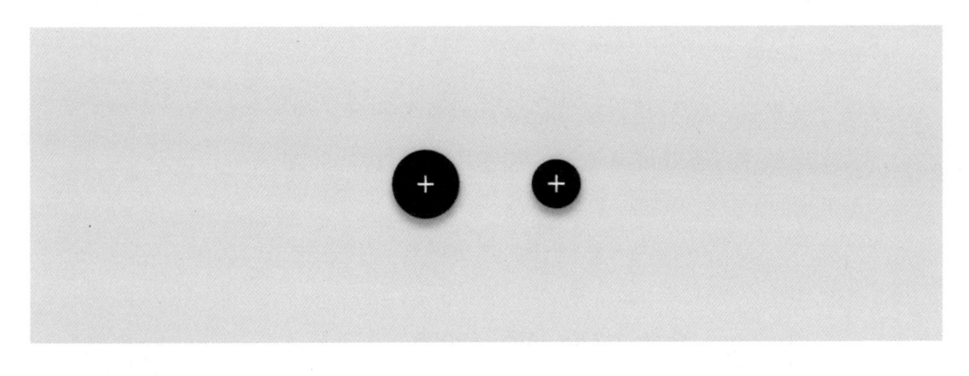

FAB 的尺寸

FAB默认尺寸（56dp×56dp）和 Mini尺寸（40dp×40dp）都可以选择，在不同的页面和不同的情况下设计师可以使用不同大小的FAB。

可交互的 FAB

FAB可以具有一个跳转走的功能，它也可以是一个展开的子菜单。这个有趣的交互是从Path应用中学到的：选择前是某个图标的样式，选择后FAB本身变成了关闭按钮，而且会弹出两个以上的子菜单图标矩阵。

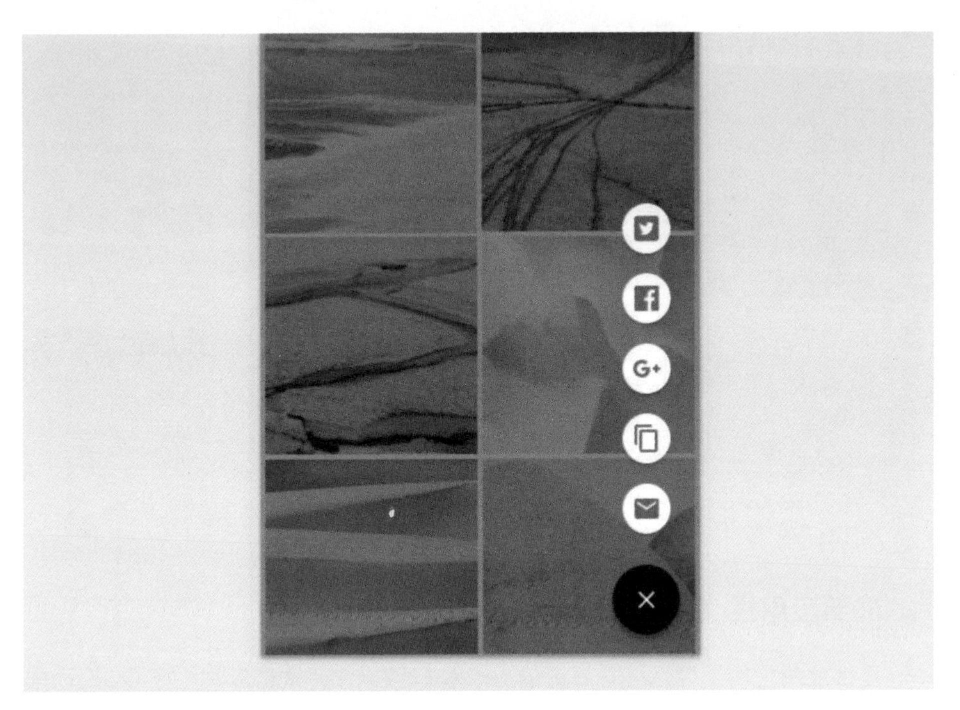

可交互的FAB

扩展形 FAB

对设计师来说，这种悬浮按钮应该已经很熟悉了，或许不知道它也是FAB。这种带文字异形并且不随屏幕滚动的按钮属于扩展形的FAB。

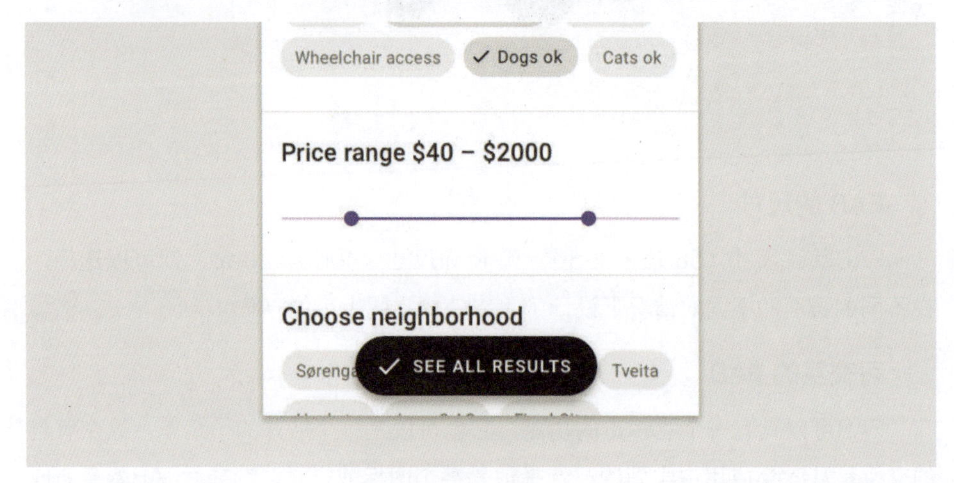

扩展形FAB

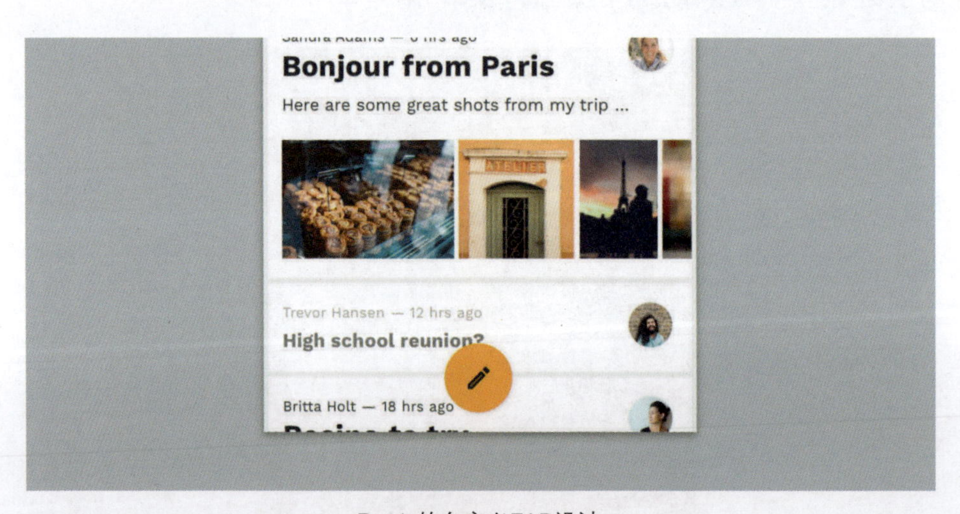

Reply的自定义FAB设计

底部应用栏（App Bars：Bottom）

底部应用栏用于显示屏幕底部的导航和按键操作。底部应用栏与iOS设计中的Tab栏类似，但是与Tab栏不同的是底部应用栏通常不会等分为几份，而是放置一些FAB、导航等的功能性图标，并且讲究排版的节奏感。

底部应用栏

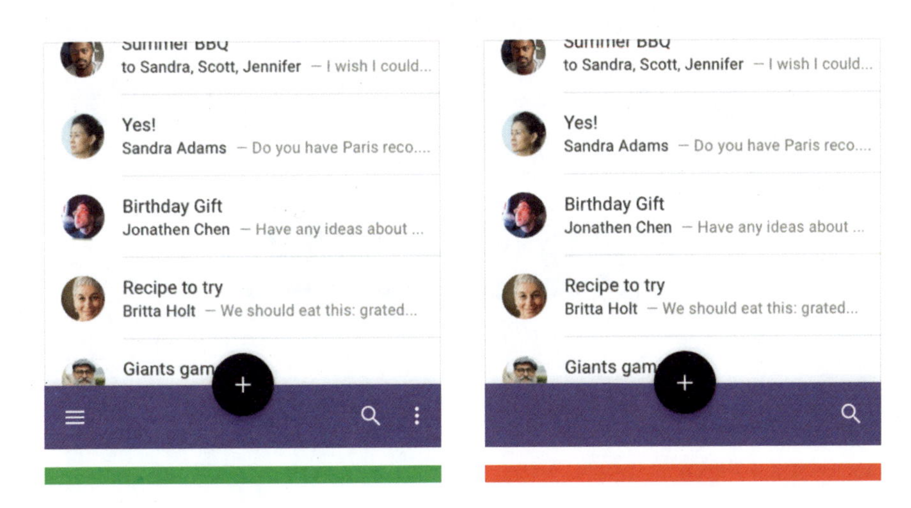

底部应用栏上的图标必须为两个以上（不包括FAB）

底部应用栏的组成

底部应用栏由容器、导航抽屉控制、浮动操作按钮（FAB）、动作图标、更多菜单控件几部分组成。

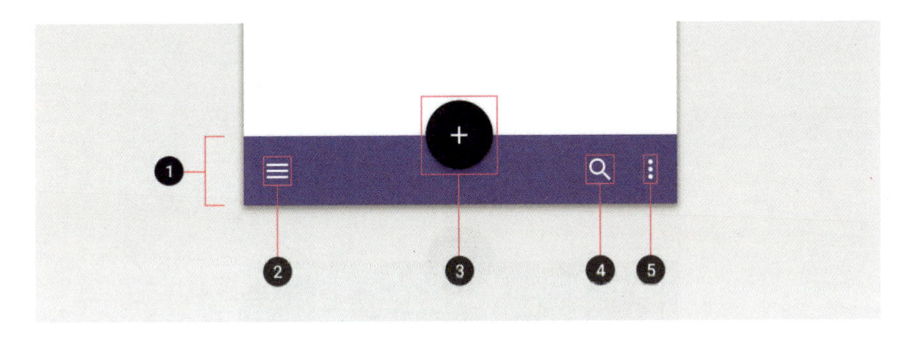

底部应用栏的组成

1—容器；2—导航抽屉控制；3—浮动操作按钮；4—动作图标；5—更多菜单控件

以FAB为中心的底部应用栏版式

FAB侧对齐的底部应用栏版式

没有FAB的底部应用栏版式

FAB和底部应用栏重叠的版式

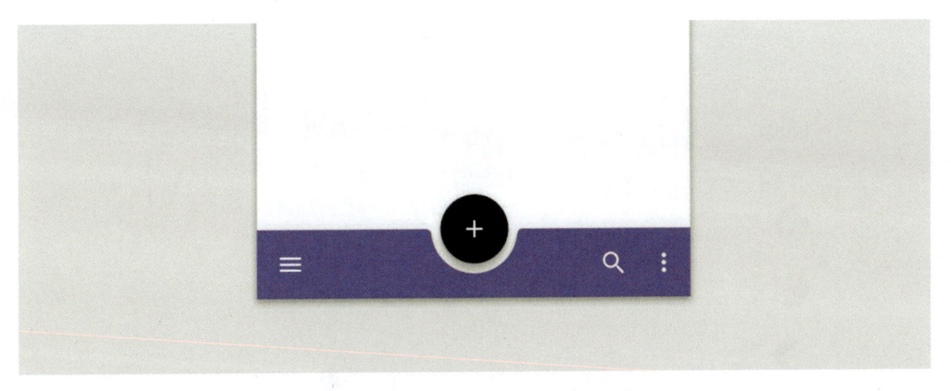

FAB插入设计的底部应用栏版式

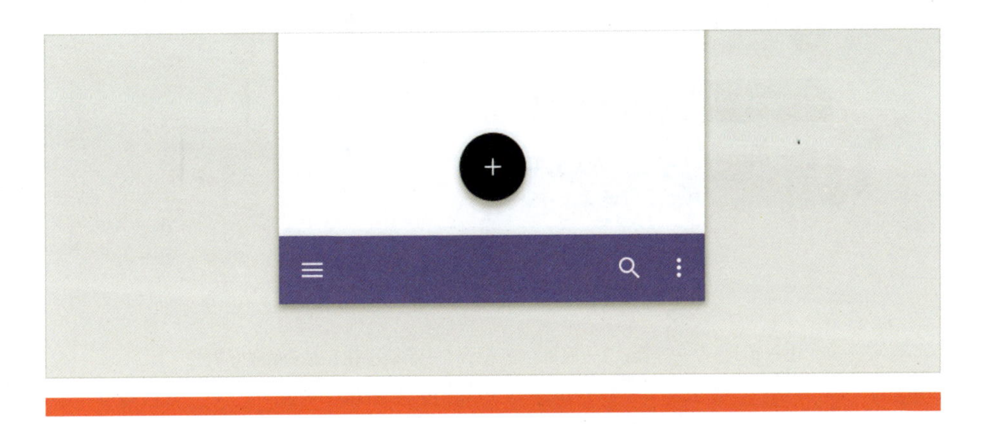

错误的版式：FAB脱离底部应用栏并且占了多余的空间

底部应用栏的层级

底部应用栏的层级分为容器（0dp）、底部信息栏（6dp）、底部应用栏（8dp）、浮动按钮（12dp）、页卡（16dp）几部分。

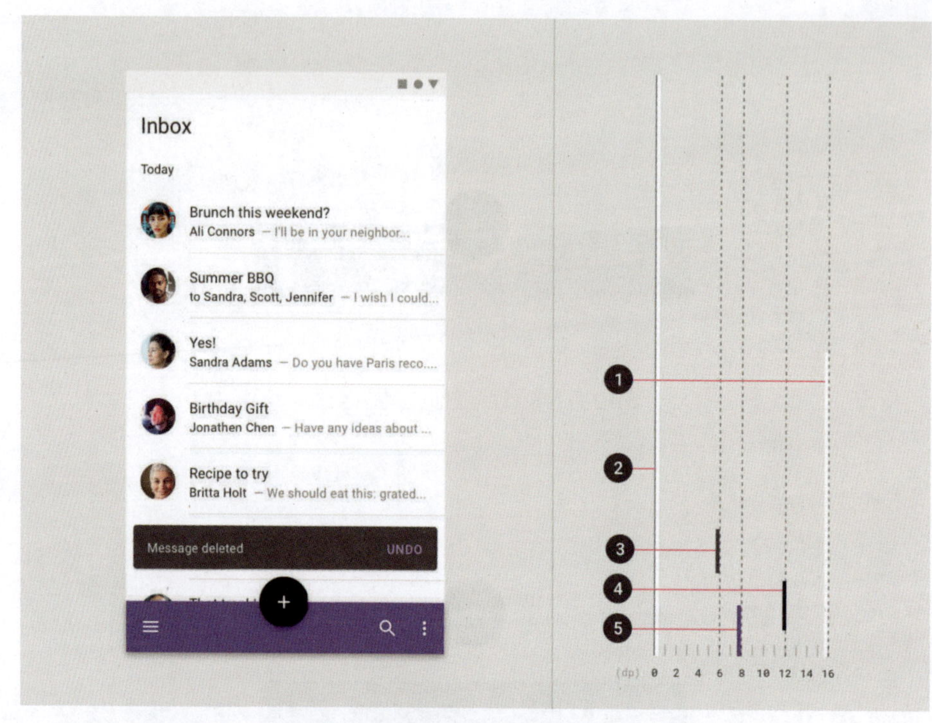

底部应用栏的层级

1—页卡；2—容器；3—底部信息栏；4—浮动按钮；5—底部应用栏

顶部应用栏（App Bars：Top）

顶部应用栏和iOS中所使用的导航栏十分相似，但不完全相同。顶部应用栏中的标题并非居中，而是像报纸一样是左对齐的。这是因为Material Design认为阅读应该如在报纸上一样按照从左到右的顺序排列，并且图标左侧最多可放置一个系统图标，右侧可放置多个系统图标。

Material Design中的顶部应用栏

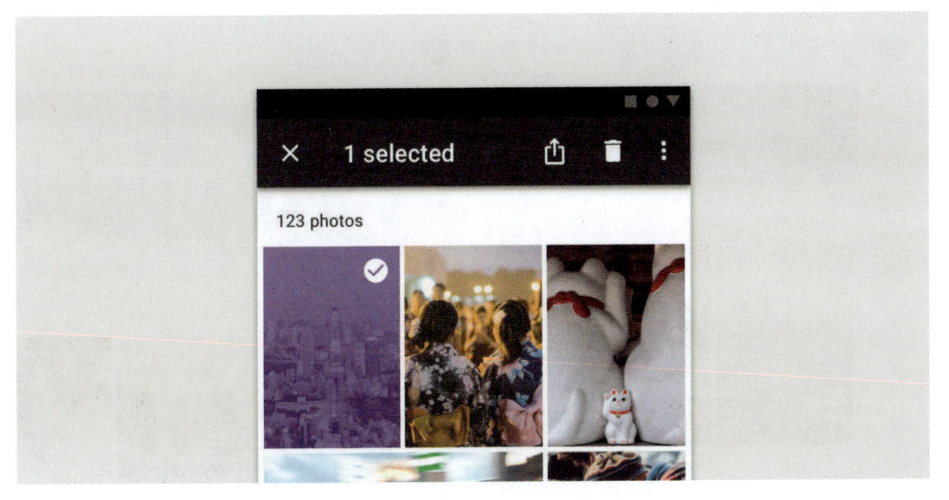

顶部栏可变为选择状态时的工具栏

顶部应用栏的组成

顶部应用栏的组成部分包括顶部栏容器、抽屉式导航图标（可选）、标题（可选）、系统图标（可选）、更多按钮（可选）。

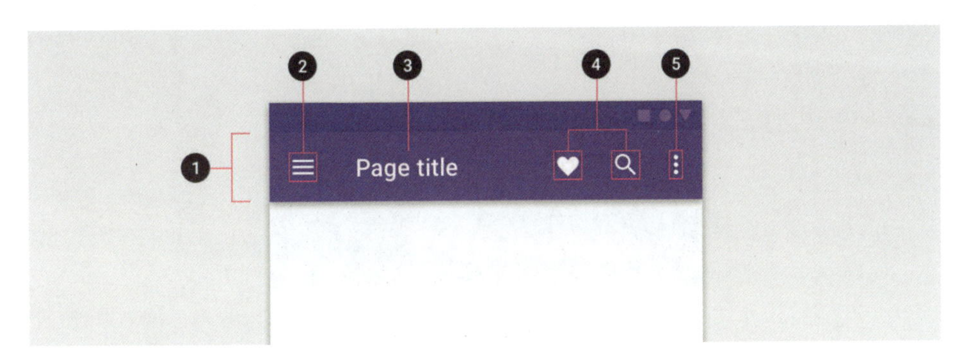

顶部应用栏的组成

1—顶部栏容器；2—抽屉式导航图标；3—标题；4—系统图标；5—更多按钮

突出标题

顶部应用栏可改变高度以凸显标题（类似苹果的大标题设计），这样也可以让标题容纳更多的文字，如新闻App就需要这个特性。

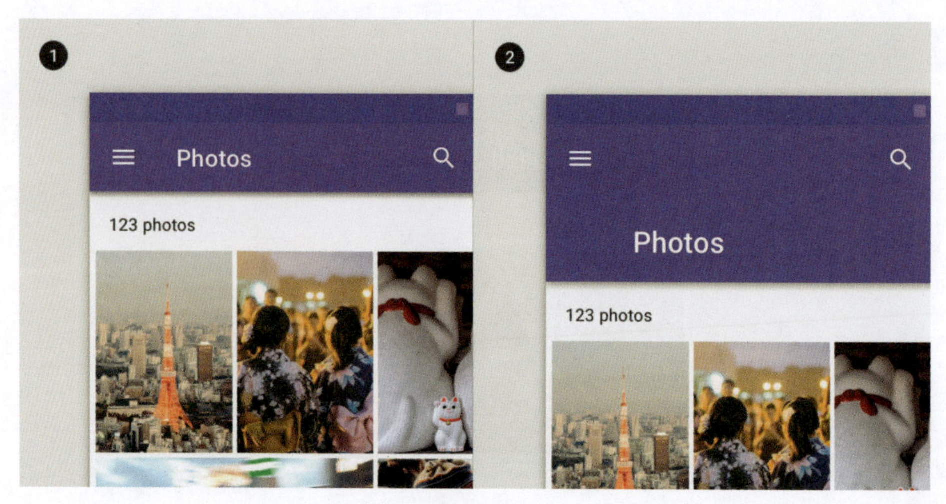

突出标题的设计

顶部应用栏嵌入图片

为了减少视觉层级，顶部应用栏中也可以嵌入图片以增强界面的整体感，如下图所示。

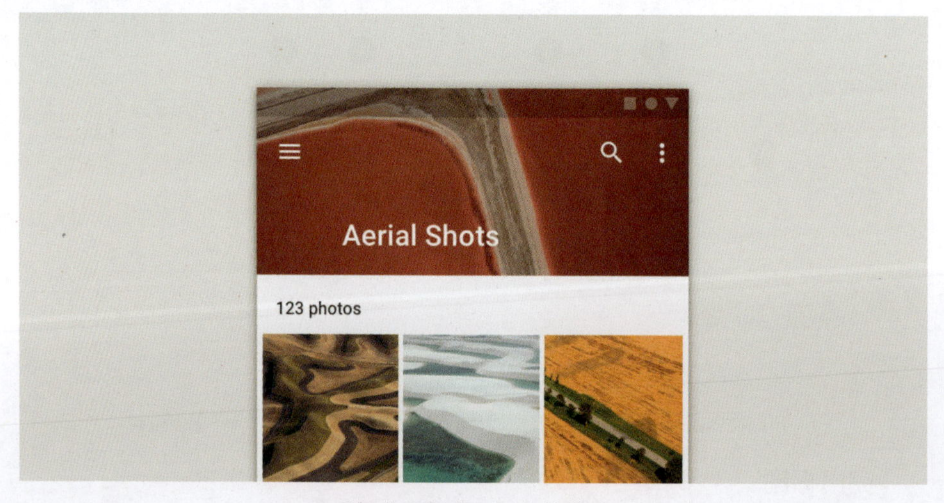

顶部应用栏嵌入图片的样式

背板设计（Backdrop）

在应用引发的某个操作中，可设计背板承载某些选项和辅助信息。背板的设计与iOS中的Action Sheet类似，但又更加个性化。

背板设计示例

背板设计的辅助控件主要包括以下几点。

（1）背板设计隐藏时，后层控件可以提供有关前层的辅助信息。

（2）背板设计激活时，后层会显示与前层相关的控件。这样可变的设计可以让用户更加方便地找到需要的功能。

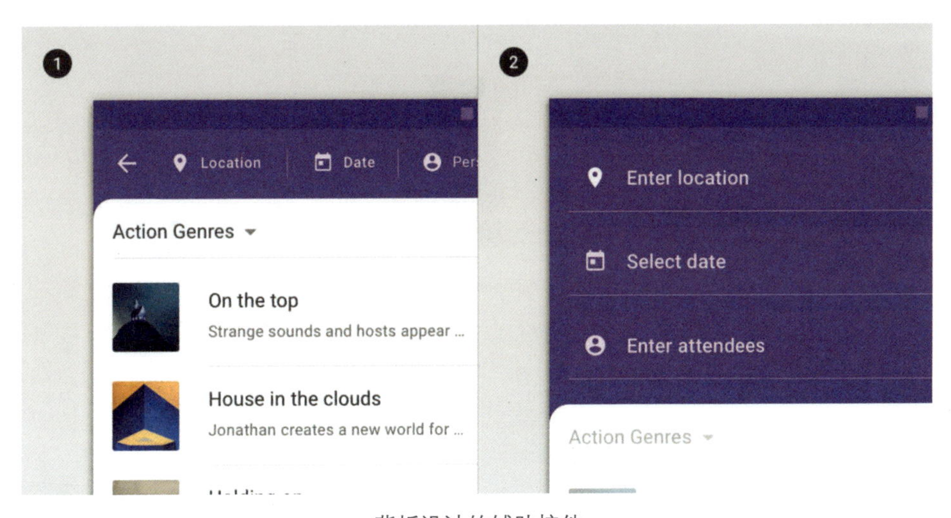

背板设计的辅助控件

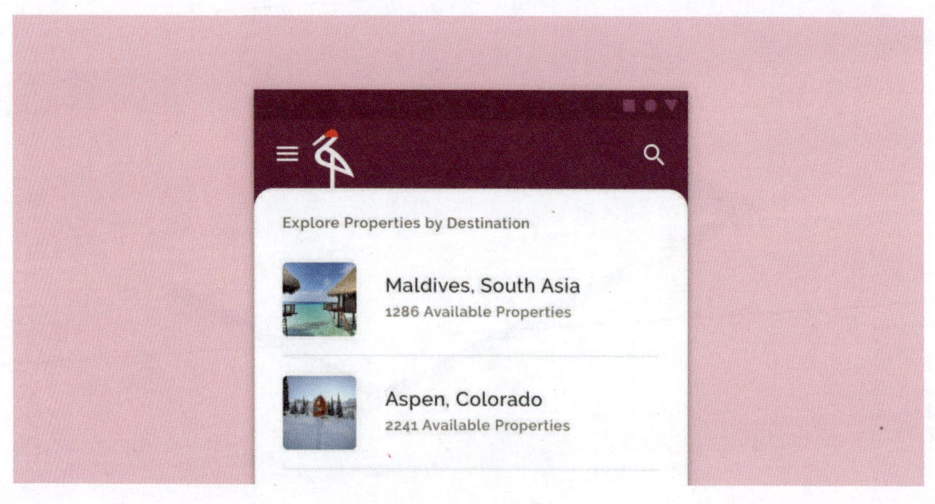

Crane App所使用的背板设计

SHRINE所使用的背板设计采用了增强品牌感的直角

横幅（Banner）

横幅是顶部栏下面的第一个凸显区域，显示突出的消息和相关的可选操作。它可以是一个对话，也可以是一个提示或者包含图形的设计。

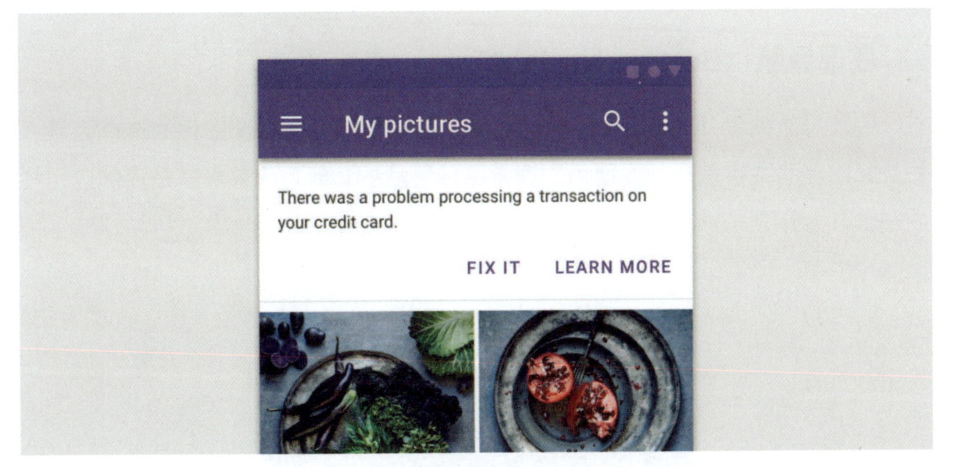

横幅形式的对话框

搭配底部导航，横幅可直接置顶

底部导航（Bottom Navigation）

底部导航的设计和iOS类似，也是将底部宽度等分为多个图标的选择区域，并且配以辅助文字信息，方便用户理解图标背后的功能。底部导航是底部应用栏的一个有力补充。

底部导航的设计如同iOS中的Tab栏

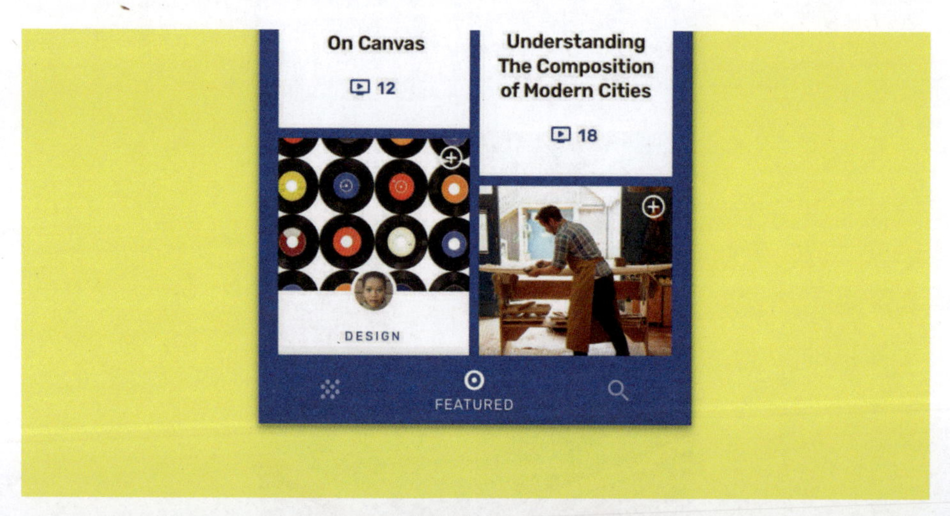

OWL App中的个性化底部导航栏

按钮（Buttons）

按钮是最常见的元素，Material Design提供了多种多样的按钮设计风格。由于不同的功能和环境，按钮可以使用纯文字按钮（这种按钮只有加粗带色彩的文字，可以理解为可选择的链接）、线性按钮（这种按钮用一个线框说明选择区域，比较不显眼）、填充按钮（这种按钮较为明显）、切换按钮（这种按钮使用率低于其他按钮样式）。

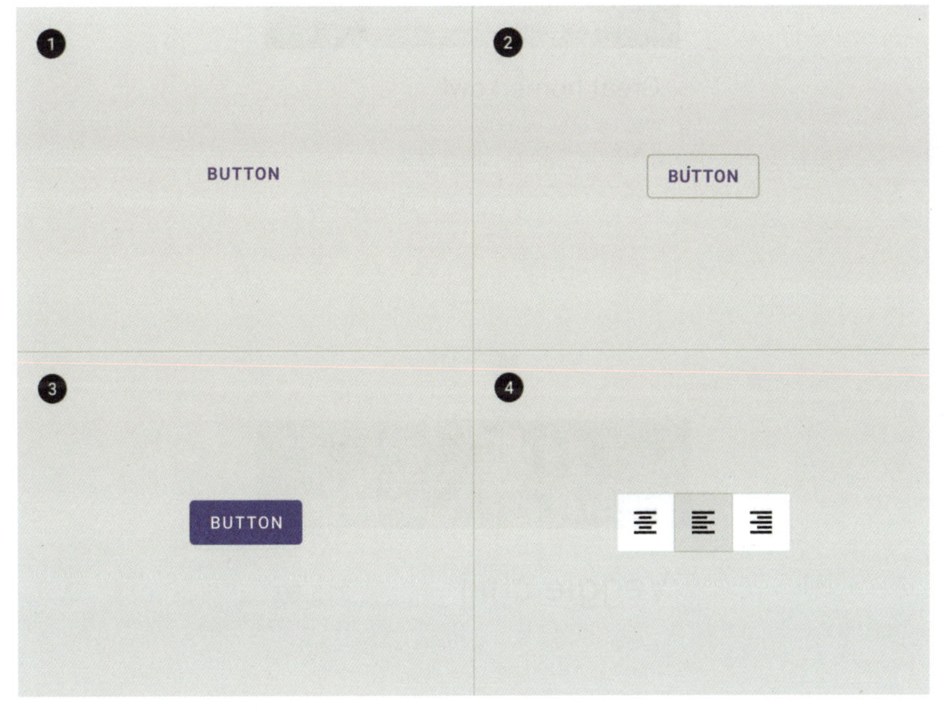

按钮的四种样式

1—纯文字按钮；2—线性按钮；3—填充按钮；4—切换按钮

和图像结合的文字按钮

线性按钮

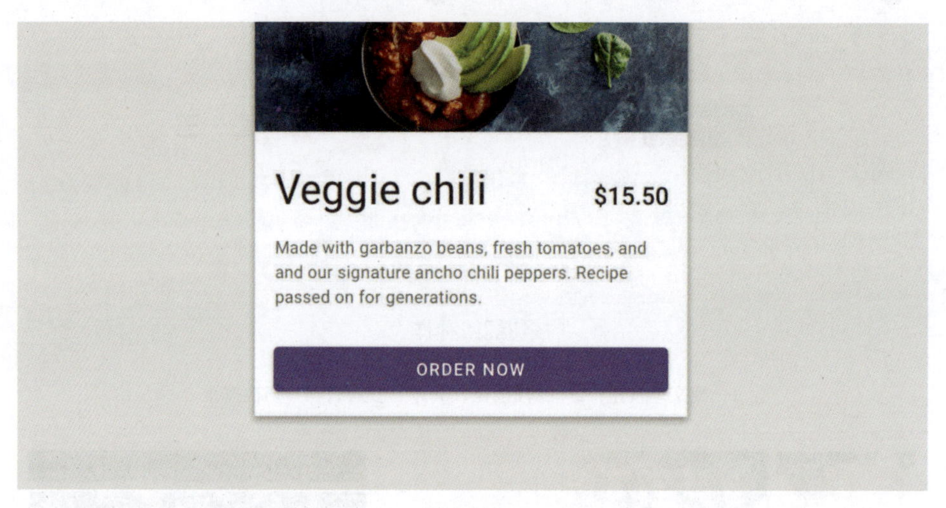

填充按钮

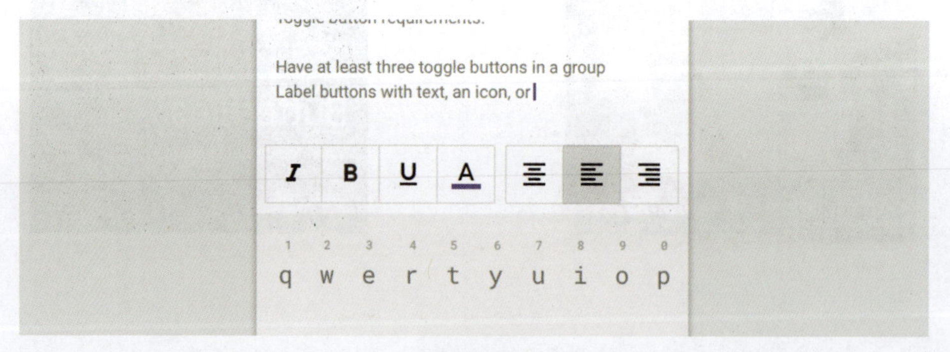

切换按钮

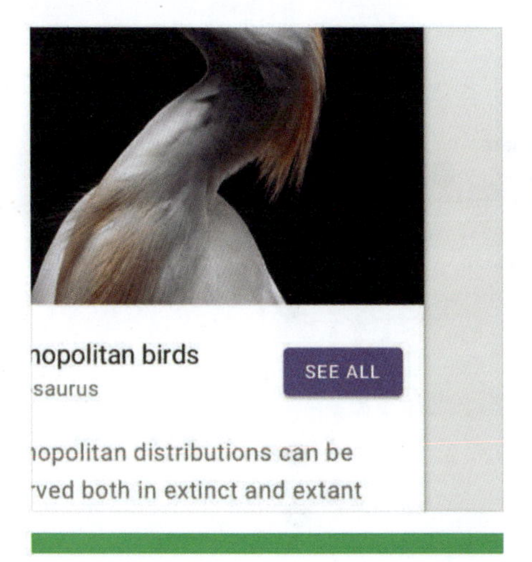

按钮文字应清晰简洁

卡片式设计（Cards）

卡片式设计同样是Material Design的显著标志。其实卡片式设计如同一个小的单元，在这个单元里的信息逻辑关系更加紧密。如果一个单元的信息过多，很容易在用户在阅读时发生串行现象，卡片式设计能有效地规避这个问题。

卡片式设计的组成

卡片式设计包含以下几部分：①容器卡容器，它容纳所有卡元素，容器的尺寸由元素占据的空间决定；②缩略图（可选），缩略图可以放置头像、图标和Logo；③标题文字（可选），标题文字通常是卡片中最重要的标题，一般文字较大；④小标题（可选），小标题可以放置文章署名或标记位置等信息；⑤多媒体（可选），卡片可以包括各种媒体，包括照片和视频等；⑥辅助文字（可选），通常是对于多媒体的描述信息；⑦图标（可选）；⑧按钮（可选）。

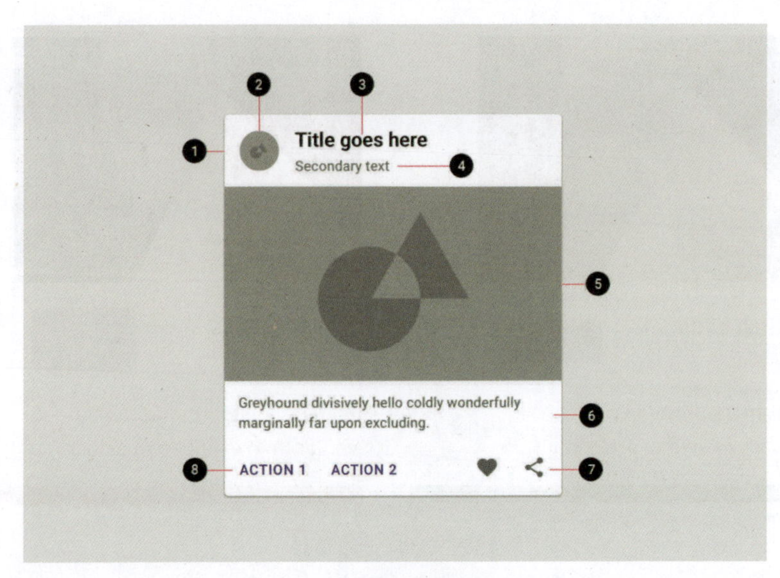

卡片式设计的组成

1—容器卡容器；2—缩略图；3—标题文字；4—小标题；5—多媒体；
6—辅助文字；7—图标；8—按钮

卡片式设计的分割线

如果卡片中的内容元素不属于一个逻辑，那就可以使用一条分割线将其分隔成两个区域。但需要注意的是，分割线需要使用非常轻的颜色，并且左右不要通过去，以保证卡片的完整性。

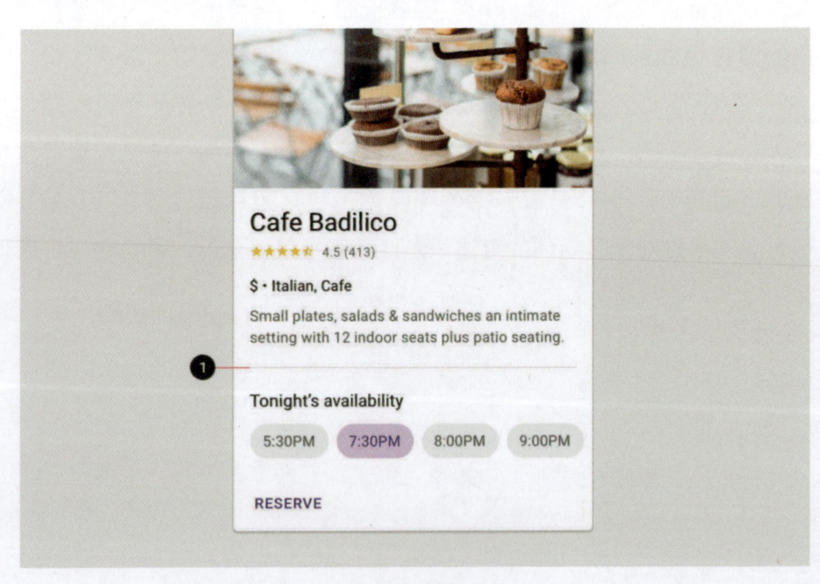

卡片设计的分割线

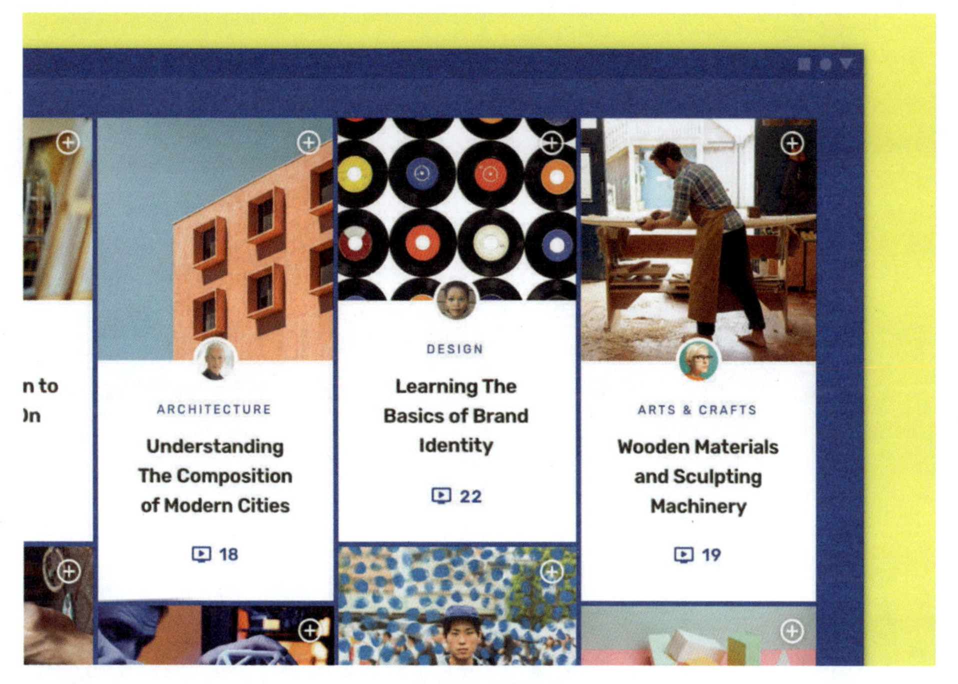

Owl的页卡设计

纸片（Chips）

纸片通常是输入框中多个元素的组合，纸片有选中态和交互态等丰富的交互。例如，邮件添加邮件人的操作就是在一个输入框内添加一个纸片的操作，这样的纸片可以承载头像和文字双重信息。

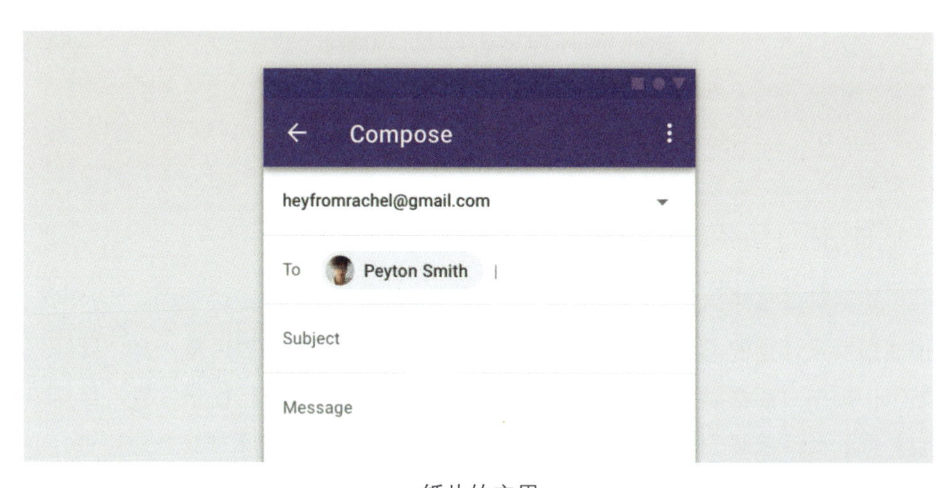

纸片的应用

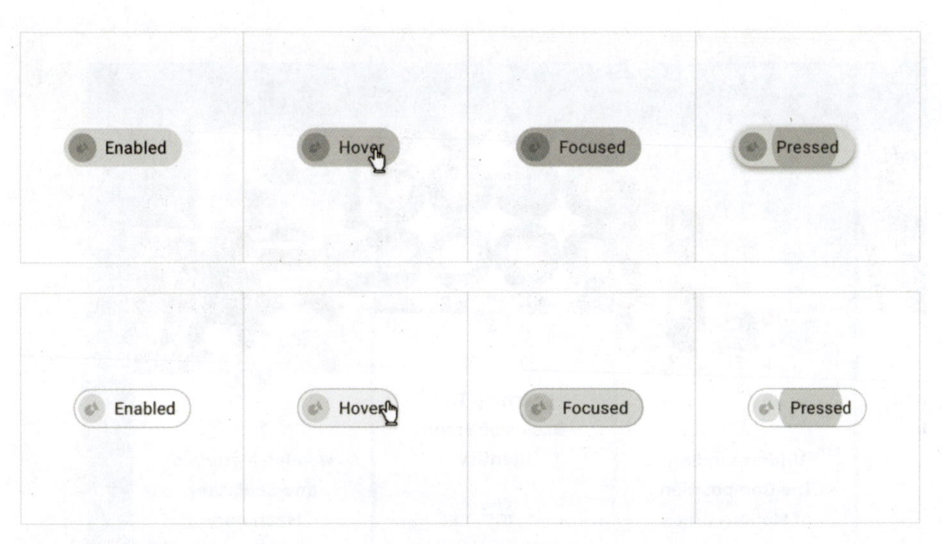

纸片的交互态

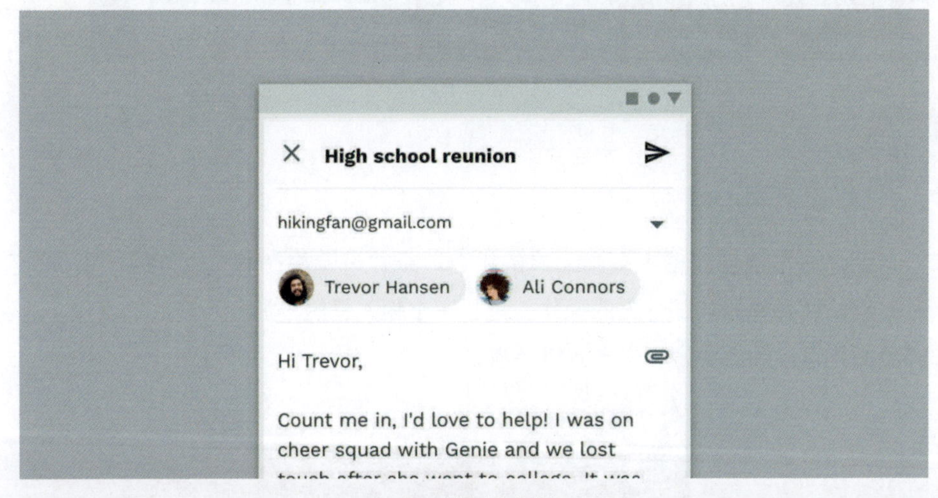

Reply的纸片设计

对话框（Dialogs）

对话框是移动端交互中很重要的一环。Material Design提供了丰富的对话框形式以供设计师使用。对话框可以分为模态对话框和非模态对话框，其主要区别如下：模态对话框需要和人交互；非模态对话框更多的是显示提示信息。目前笔者介绍的对话框属于模态对话框，稍后介绍的Snackbar则属于非模态对话框。

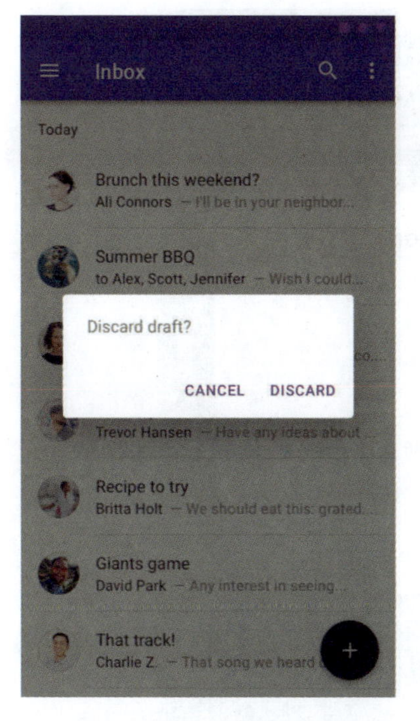

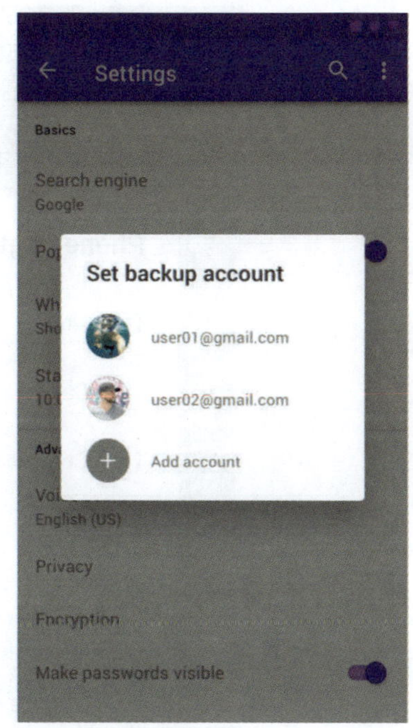

左图为警告对话框，右图为简单对话框

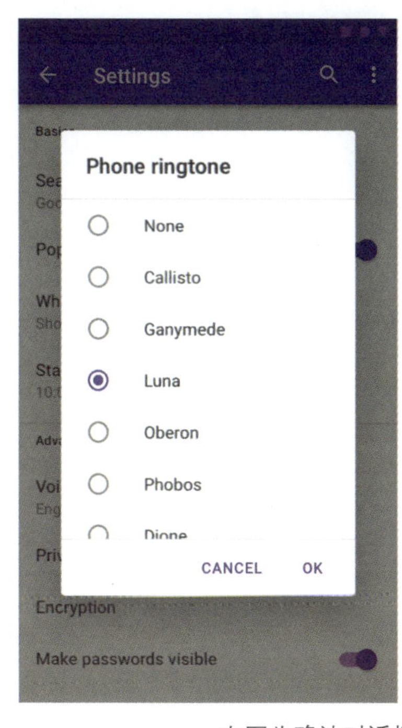

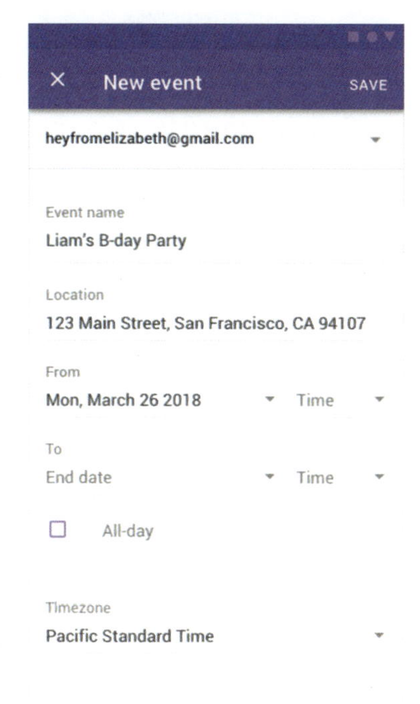

左图为确认对话框，右图为全屏对话框

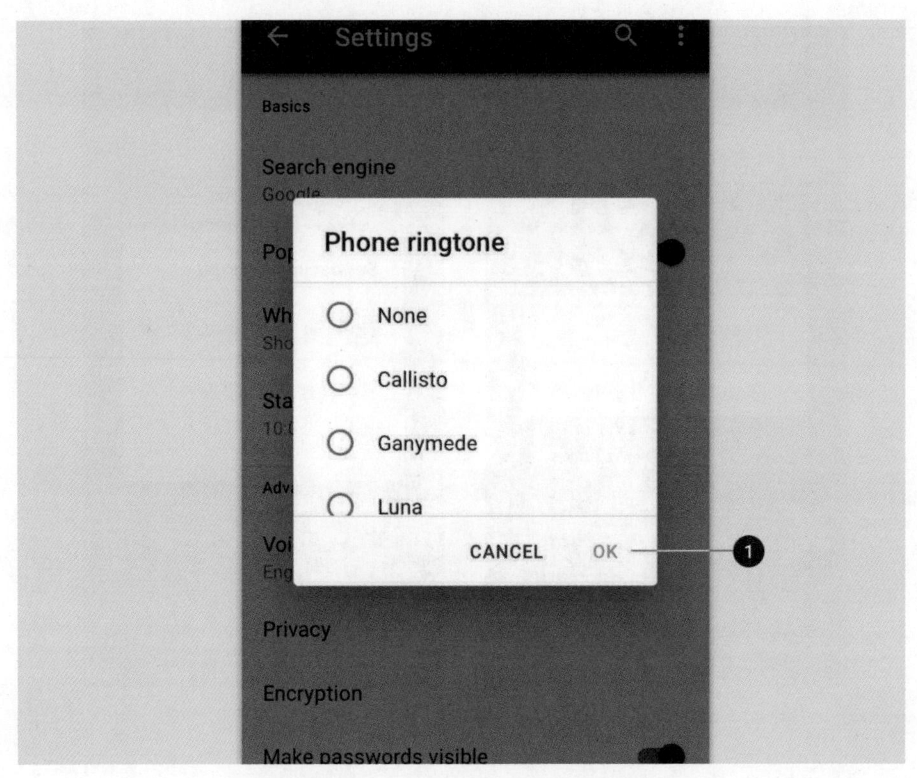

在用户选择前，禁掉确认功能防止用户选择

分割线（Dividers）

分割线在设计界面中很常见。信息的分割按照轻重依次是面的分割、线的分割、留白的分割。最常用的是用以区分一个面中不同功能或者不同逻辑的分割线。分割线主要包括以下几种。

全出血分割线和插入式分割线

左图为全出血分割线，右图为插入式分割线。全出血分割线给人的感受是信息完全独立，而插入式分割线更方便用户阅读并准确找到当前阅读的位置。

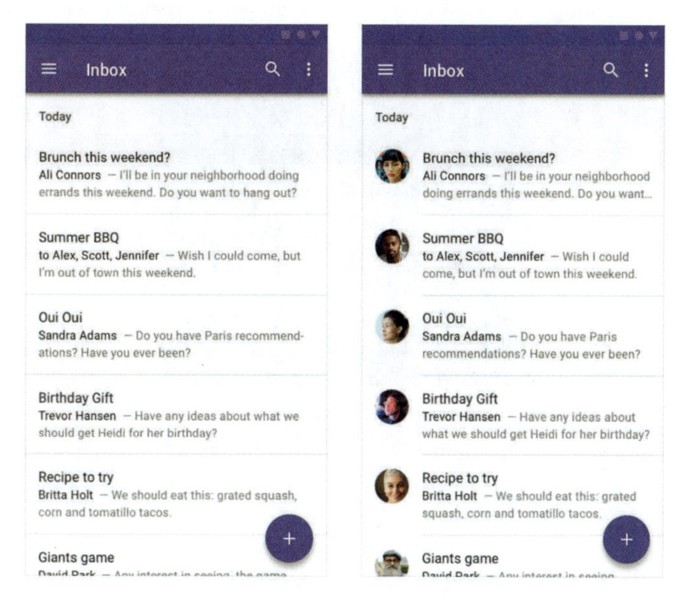

全出血分割线和插入式分割线

居中分割线和标题分割线

如果信息阅读曲线沿中心进行，设计师可以为用户提供居中分割线，以保证阅读顺序。如果信息需要使用标题进行区分，设计师同样可以使用带小号标题的标题分割线。

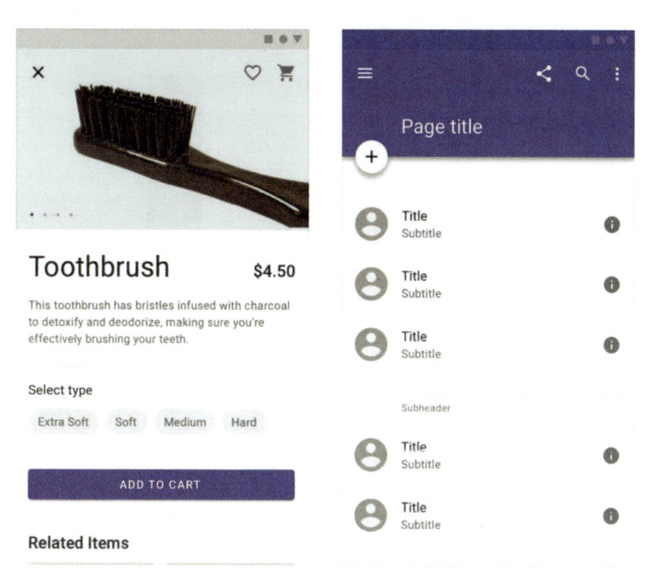

居中分割线和标题分割线

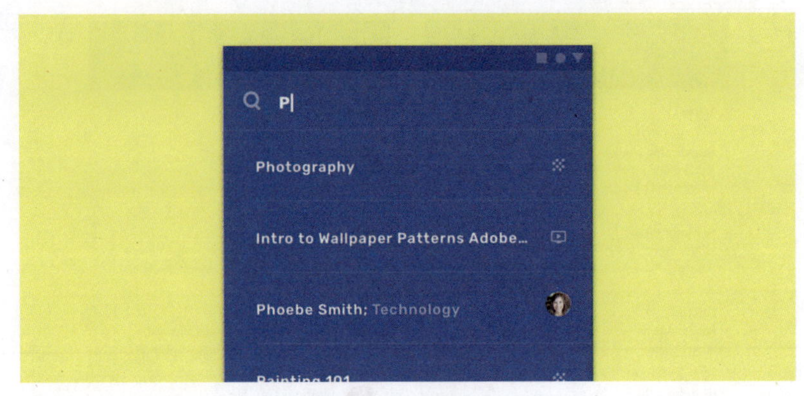

Owl界面中的分割线

抽屉式导航（Navigation Drawer）

抽屉式导航笔者最早是在苹果平台的应用Path看到的。Path不仅设计了抽屉式导航，甚至还有FAB。很多产品经理都很喜欢这款产品，但遗憾的是2018年Path关闭了该项服务。虽然Path的火爆使很多iOS应用使用了抽屉式导航的交互，但是苹果并不建议开发者使用这种交互形式。因为抽屉式导航和Tab栏相比，Tab栏的用户触发率更高，而抽屉式导航需要选择两次才能触发某个功能，层级较深。但是Material Design很喜欢这种交互形式，并鼓励设计师在底部应用栏增加一个导航图标，选择激活抽屉式导航。

抽屉式导航

抽屉式导航由以下几部分组成：容器（可选）；头部（可选），通常为用户个人信息；分割线（可选）；选中态；选中态的文本；没有激活的文本；小标题；底层界面（不可操作）。

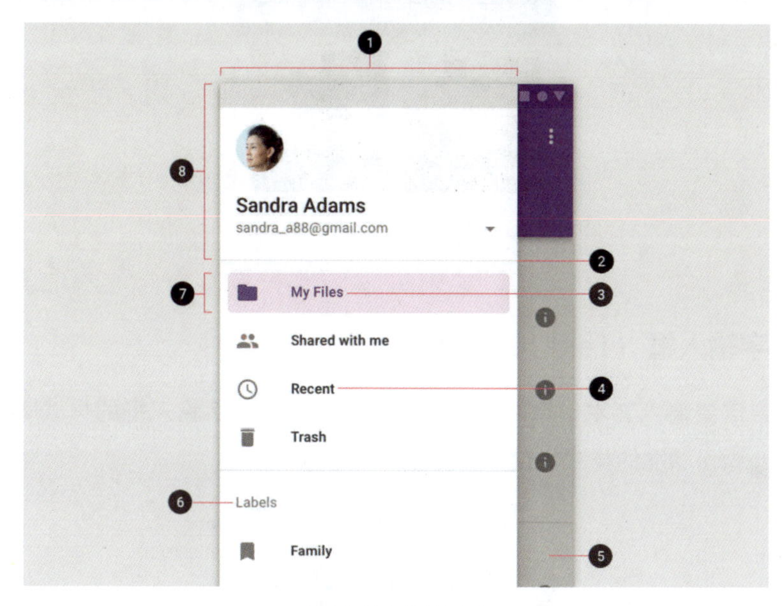

抽屉式导航的组成

1—容器；2—分割线；3—选中态的文本；4—没有激活的文本；
5—底层界面；6—小标题；7—选中态；8—头部

页卡（Tabs）

页卡常见于顶部应用栏，作为应用栏的一部分存在。一般由2～3个页卡组成。当用户选择其中一个页卡时，应用栏下方跳转对应内容。

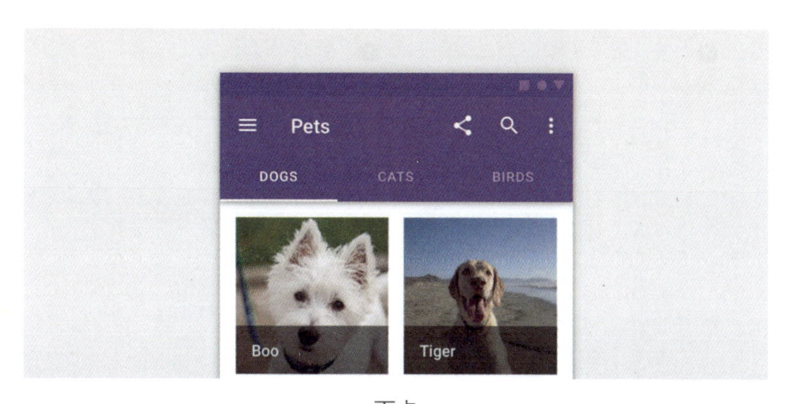

页卡

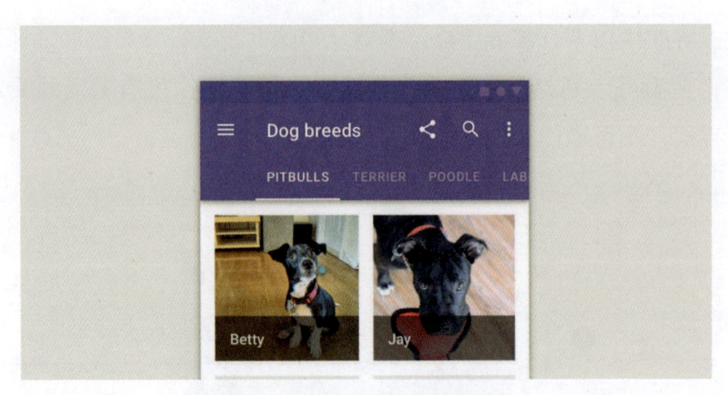

当页卡过多时可以使用滚动形页卡

文字输入框（Text Fields）

用户需要输入文本信息时会使用文字输入框，文字输入框的样式Material Design也做了漂亮的样式供设计师参考。

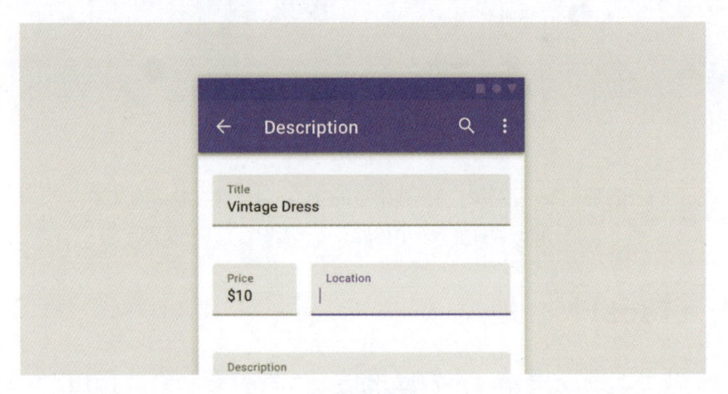

文本输入框

左图为填充形输入框，右图为线框输入框

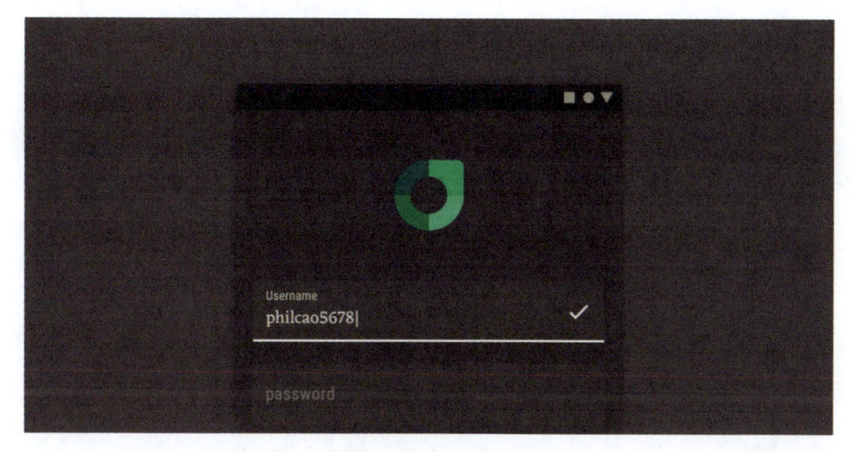

Rally的填充形输入框

图片组（Image Lists）

如果要构建一个类似朋友圈或者相册的界面，那么设计师应该如何排列一组图片呢？怎样排列才能够让用户感觉有秩序并且友好呢？

图片组

图片组的四种形式

正常图片组：每张图片大小一样，间距统一并且通常会窄一些，给人秩序感和统一感。这种图片组的形式要求图片源显示出来是大小统一的。

排版图片组：有一点像微软Metro的排版，图片按照栅格分割，最大尺寸的图片等于四个小图片拼起的高、宽，宽尺寸的图片宽度等于两个小图片的宽度相加。

照片墙图片组：结构比较松散，适合图像尺寸不均等的内容展示，效果如同家居中的照片墙。

瀑布流图片组。这种形式比较常见，有点像国内的花瓣瀑布流，图片宽度全部相等，由于高度不等会展现出如同瀑布一样的形式。

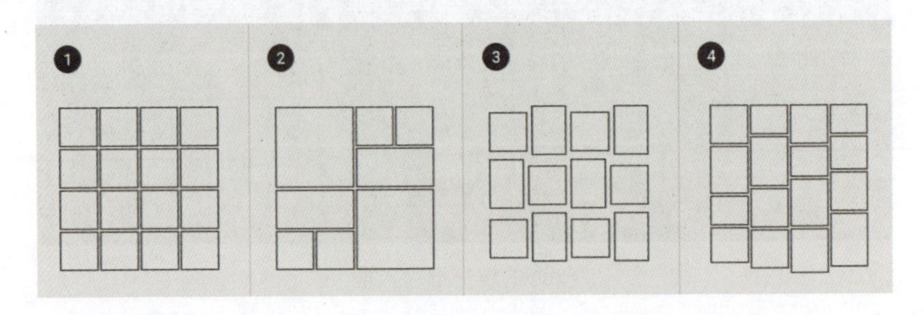

图片组的四种形式

1—正常图片组；2—排版图片组；3—照片墙图片组；4—瀑布流图片组

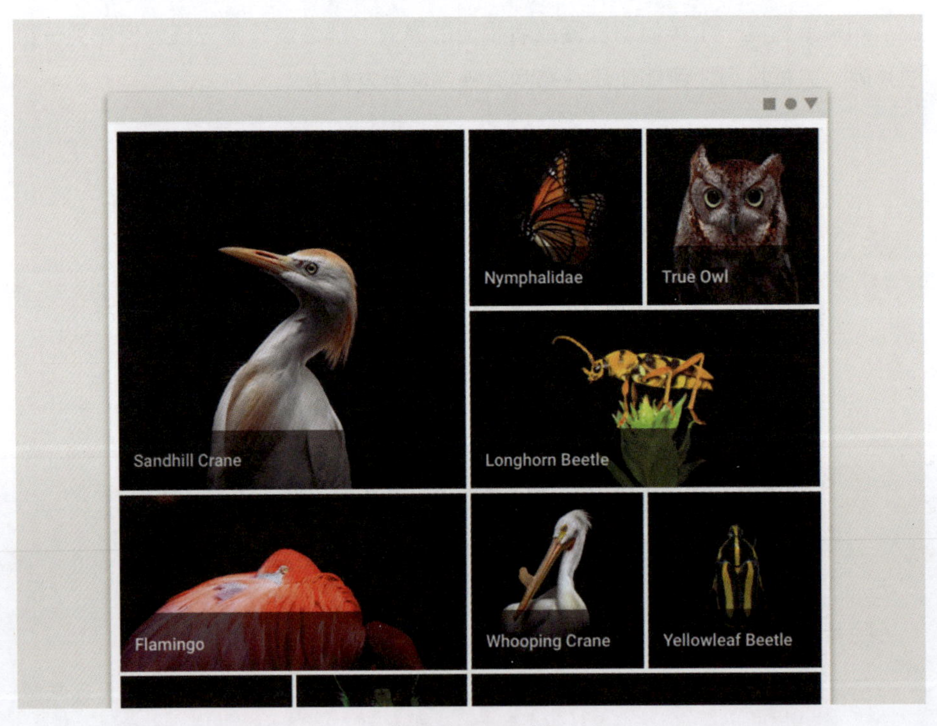

排版图片组示例

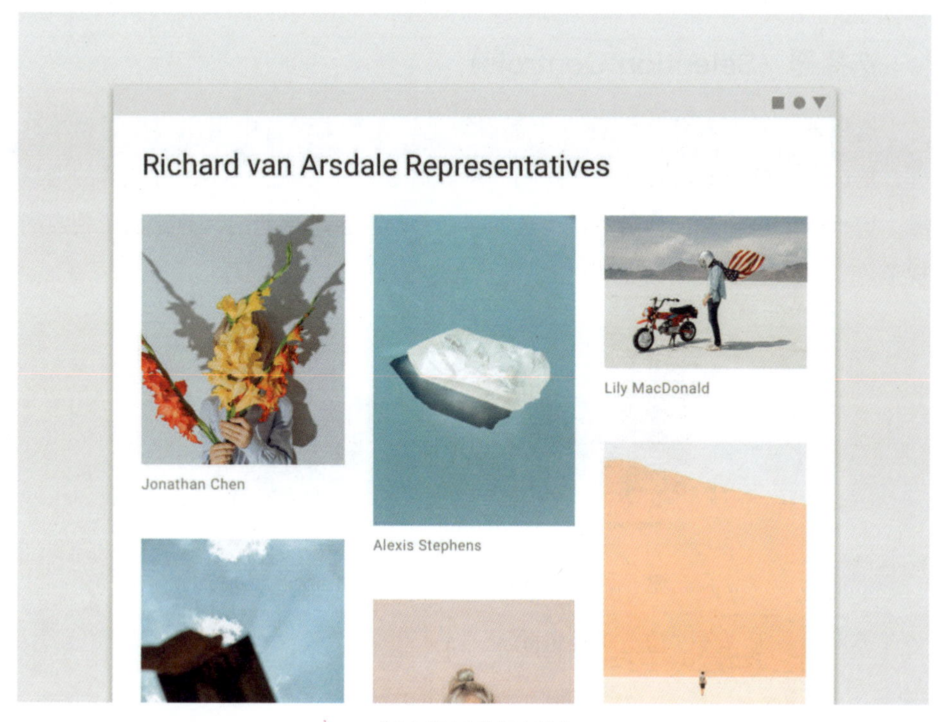

瀑布流图片组示例

滑块（Sliders）

设计师在设计某个音乐类的App或者视频App时，音量或者其他设置都需要一个滑块，从而方便用户进行调节。调节的功能就可以使用滑块来隐喻。

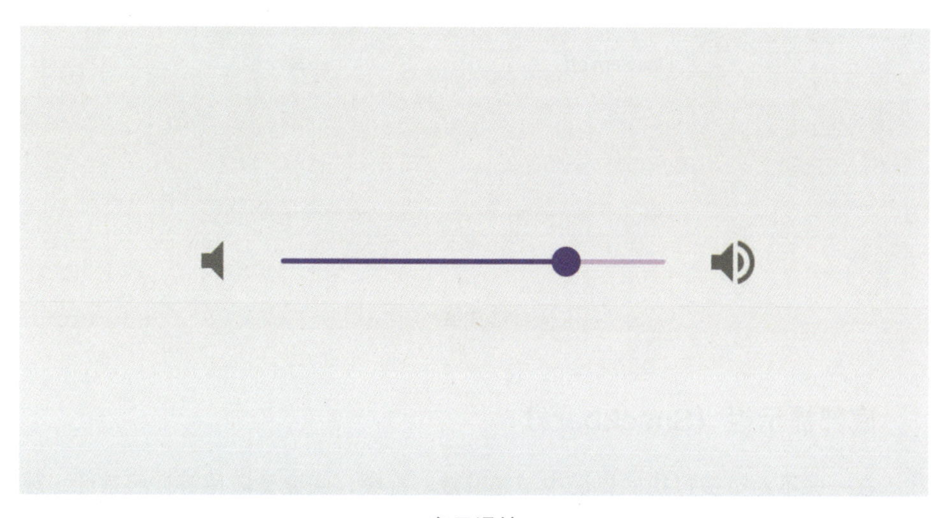

音量滑块

选择器（Selection Controls）

选择器在网页和移动端程序中都很常见。在苹果设备中用户很少看到单选框、复选框等选择器，转而使用按钮和Action Sheet代替这些不太好选择的选择器。但是Material Design仍然认为选择器在移动端也是可行的，并给出了相应的规范。

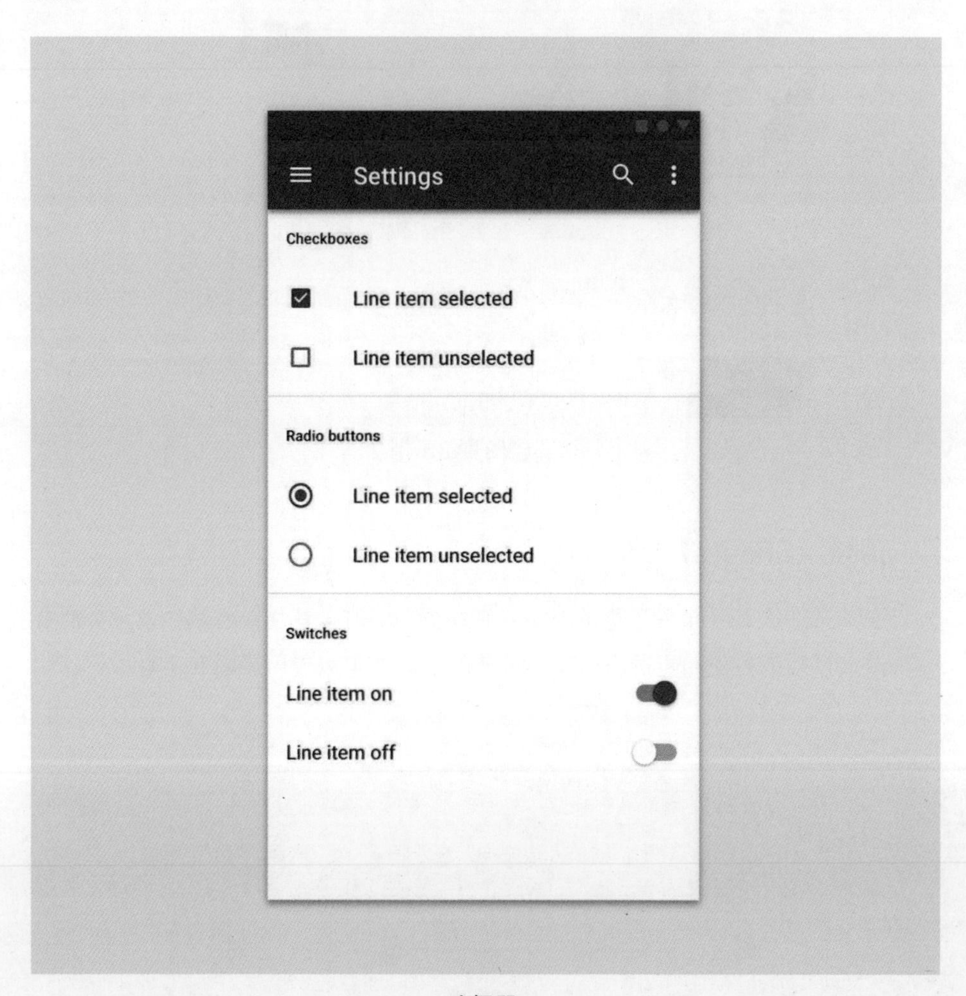

选择器

底部提示栏（Snackbars）

在一些不希望被打扰的界面中（如游戏、视频、阅读类应用等）经常会出现一些提示信息，这些信息如果用警告对话框弹在游戏前并必须点确认，用户体验感就会很差。因此，需要一个对用户不过多打扰，并且信息不必确认操作的信息提示工具栏，这就是底部提示栏。

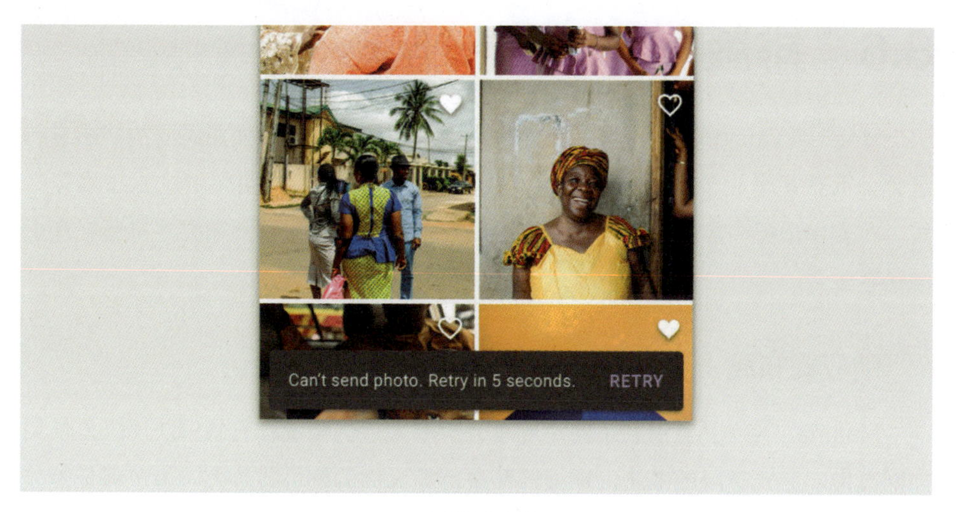

底部提示栏

状态指引（Progress Indicators）

某个进程加载内容时，需要让用户感知到这个状态。Material Design提供了一个类似跑马灯的动画，这样不但可以传递状态，而且不占用多余的空间。

状态指引

8.6 排版

Material Design支持不同屏幕的分辨率，主流机型可以使用不同的切图进行区分，而很多非主流机型就不能靠切图一一适配，只能使用如响应式布局等形式。在安卓适配中因为响应式布局需要缩放内容，所以设计师需要在排版中考虑栅格系统。

响应式布局

Material Design意识到了安卓屏幕分辨率太多的情况，它的解决思路是使用如网页中响应式布局的做法，根据屏幕进行等比例的缩小或放大。为了保证缩放的显示效果，Material Design要求设计师在设计之初就使用栅格系统，这样可以更有效地进行响应式布局。

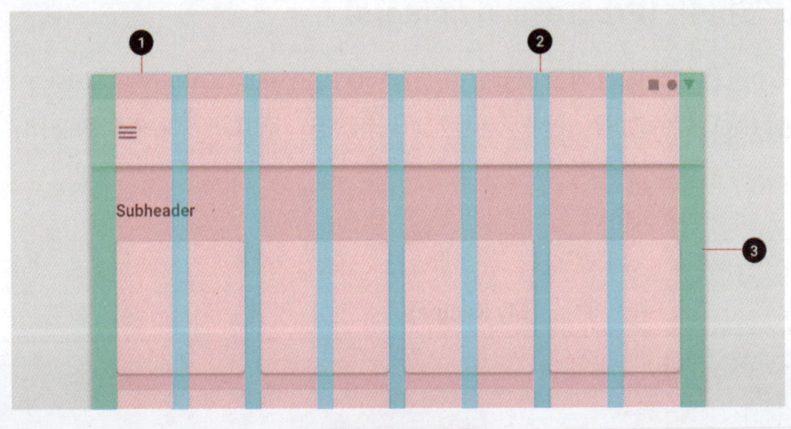

栅格系统三要素

1—列；2—水槽；3—边距

列（Columns）

建立列的时候要考虑整体的宽度，然后进行整除。设计师做界面时可以和列对齐，这样就达到了所有宽度都是倍数或有联系的效果。在平面设计中，栅格系统是为了让界面更有秩序感，而在UI设计中，除了视觉的要求还有来自自适应需要整除元素的要求。

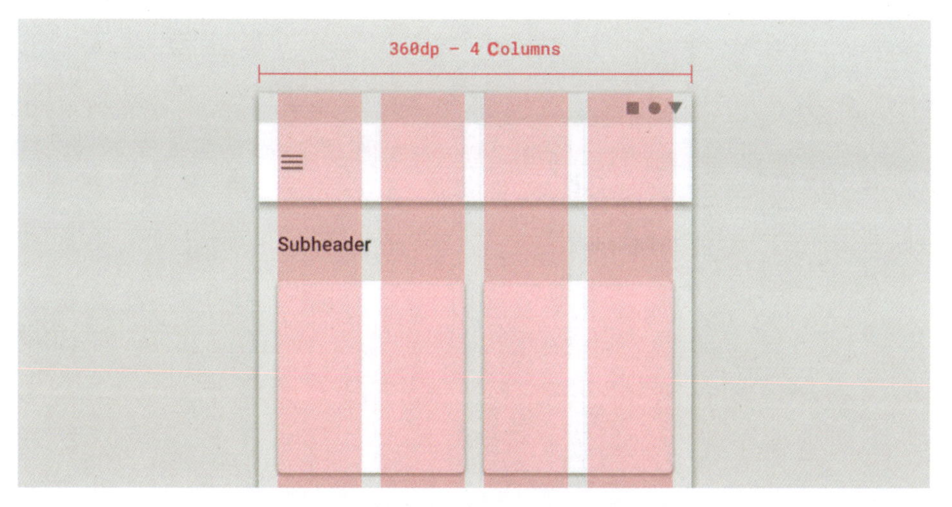

在360dp宽度的手机设备中，使用4个列

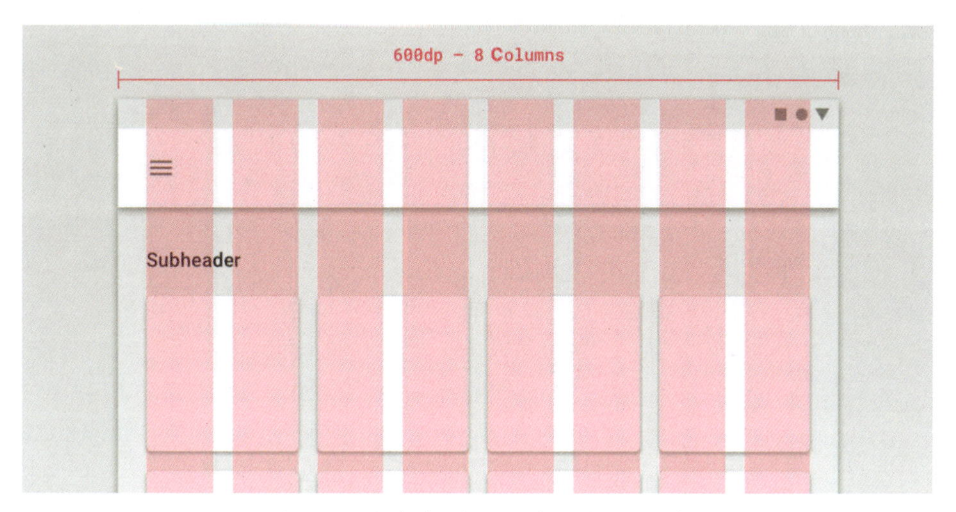

在600dp宽度的平板设备中，使用8个列

水槽（Gutters）

水槽是用来区别内容的，被作为列之间的留白使用。在响应式布局中，列的宽度是不变的，然而水槽的宽度是可变的。

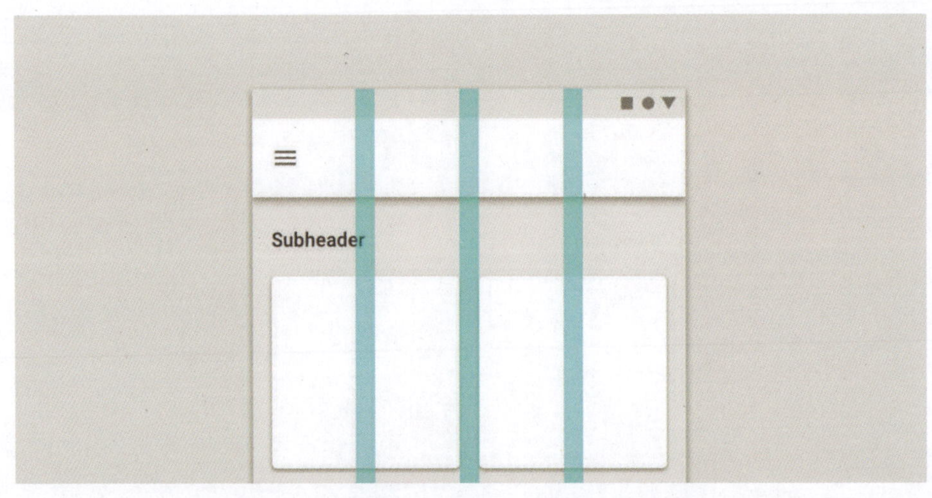

在360dp宽度的手机设备中，使用16dp的水槽

在600dp宽度的平板设备中，使用26dp的水槽

边距（Margins）

边距是栅格和屏幕之间的距离，在不同的屏幕上设计师可以根据手指选择方便程度给予不同的边距作为安全距离，同时可以解决列和水槽无法被整除的一些情况。

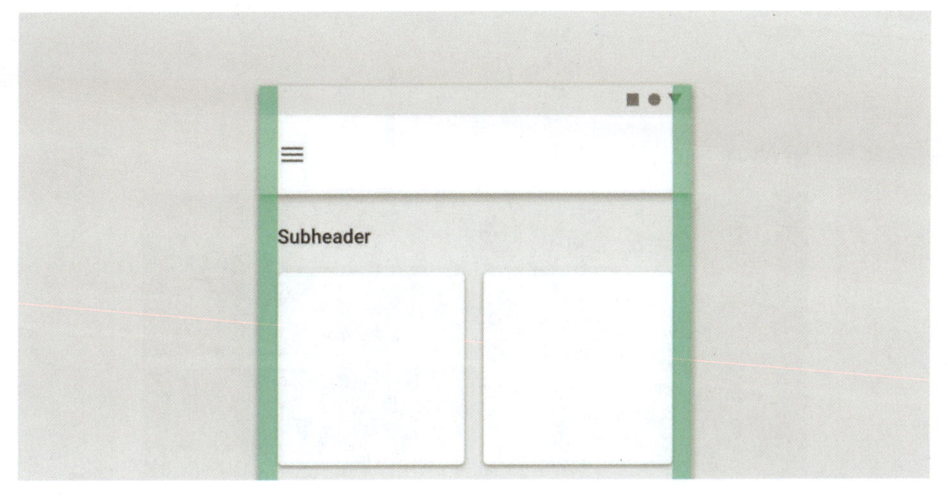

在360dp宽度的手机设备中，使用16dp的边距

在600dp宽度的平板设备中，使用24dp的边距

可自定义栅格系统

设计师设计的界面由于内在的逻辑关系需要，不能直接套用很多固定的栅格系统版式，这种情况下可以根据需求进行自定义栅格系统。例如，信息间的水槽就要考虑信息之间的逻辑关系。因此，不要死板地使用栅格系统，设计师可根据自己的需要自定义，这才是好的设计。

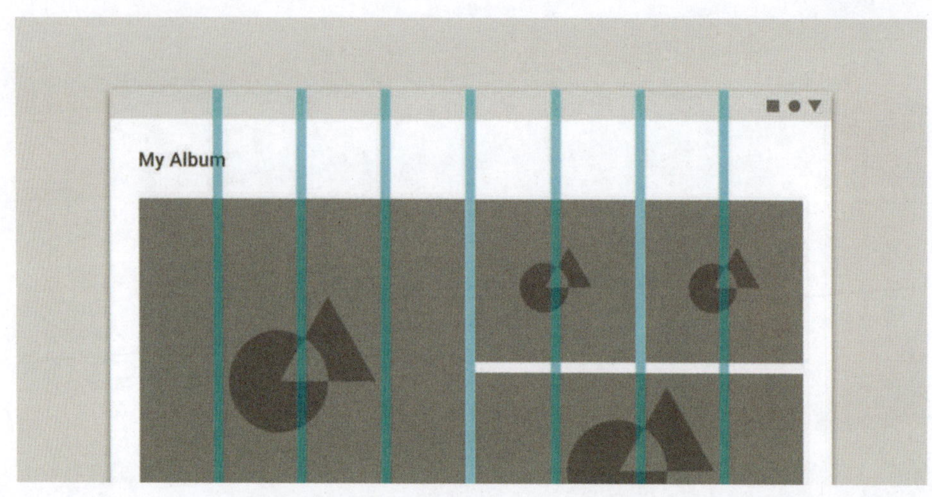

为了让用户感知图像是紧密相关的，网格使用了8dp的水槽

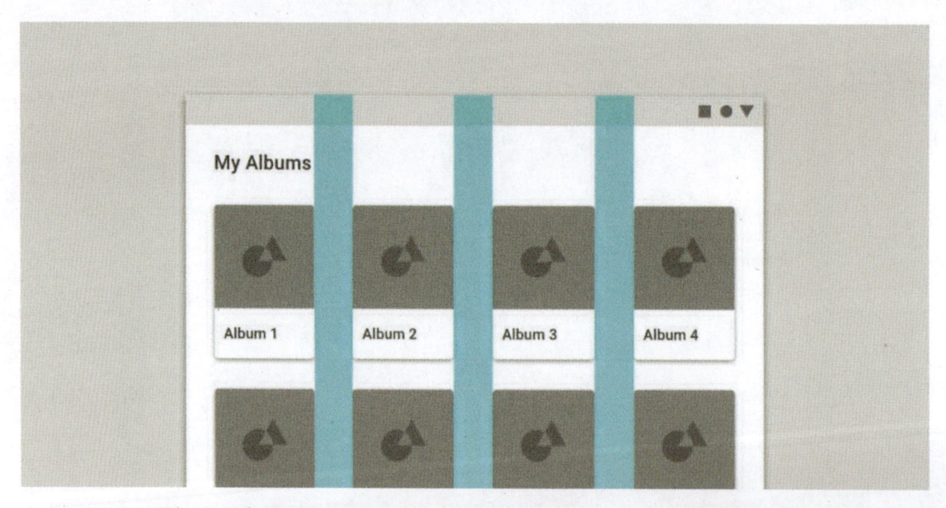

为了让用户认为专辑是各自独立的，使用了较大的32dp水槽创建列之间的分隔

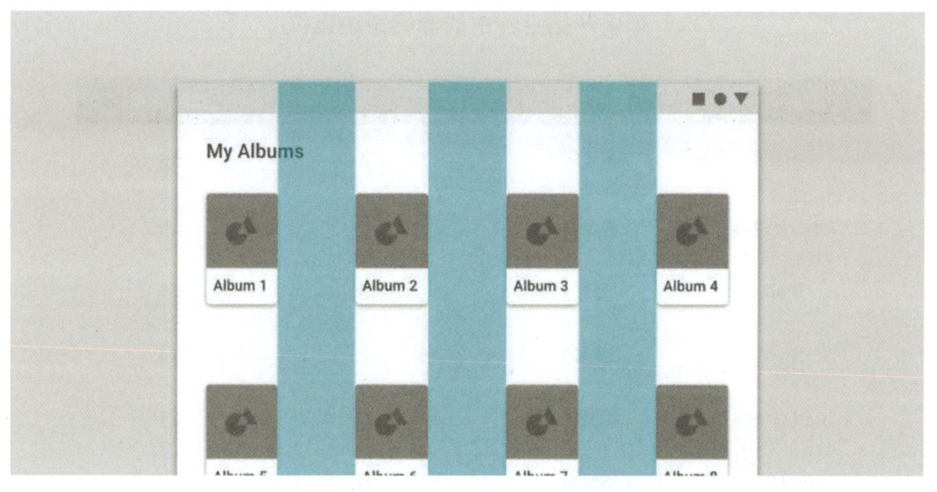

错误案例：使用了太大的水槽，使界面显得分裂

不同设备中的栅格系统建议

宽度（dp）	窗口大小	列	边距/水槽
0 ~ 359	xsmall	4	16
360 ~ 399	xsmall	4	16
400 ~ 479	xsmall	4	16
480 ~ 599	xsmall	4	16
600 ~ 719	small	8	16
720 ~ 839	small	8	24
840 ~ 959	small	12	24
960 ~ 1 023	small	12	24
1 024 ~ 1 279	medium	12	24
1 280 ~ 1 439	medium	12	24
1 440 ~ 1 599	large	12	24
1 600 ~ 1 919	large	12	24
1 920 +	xlarge	12	24

苹果产品平台中的栅格系统建议

宽度（dp）	窗口大小	列	边距/水槽
iPhone	横竖屏	4	16
iPhone Plus	横竖屏	4	16
iPad	竖屏	4	16
iPad	横屏	4	24
iPad 多任务	横竖屏	12	24
iPad Pro	横竖屏	12	24

8.7 色彩

Material Design的配色灵感来源于现代主义设计和路标等标识，因此它的色彩选择都非常鲜亮，颜色在明度和纯度上都较为适中，在设计App时这些颜色能够突出信息并且使人愉悦。Material Design非常重视背景和文字的色彩对比，设计师需要最大化地保证文字的可读性。在配色时需要注意三个原则：分级，设计师可以使用不同的颜色告诉用户哪些是可交互的、哪些是装饰，并且色彩与信息的逻辑关系应该是相关的，重要的元素应该使用最突出的颜色；清晰，文本和背景一定要有色彩反差，也就是常说的“黑纸白字”和“白纸黑字”；品牌，一个产品的品牌与调性体现在移动端应用程序上就是主色调了，如网易系的红色、QQ音乐的绿色等，能让人时刻都明白自己使用的是什么产品。

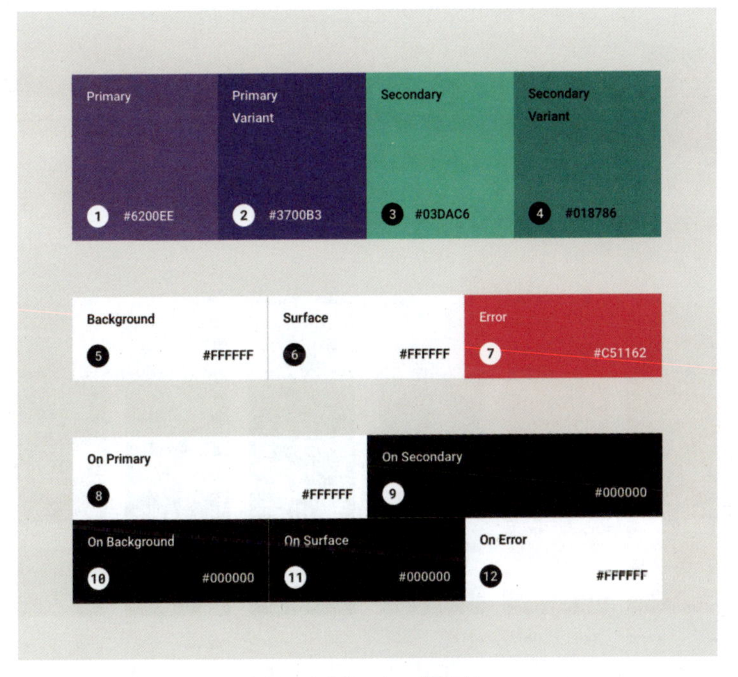

Material Design的配色

主色和辅助色使用同色系的样式

色表参考

Material Design提供了大量色值可供参考，如果配色时设计师有选择恐惧症，可以尝试使用官方提供的配色色表作为参考。如果要自选颜色，一定要注意禁止选择比较“脏”的颜色。

色表参考

界面中的色彩

在界面中，设计师需要考虑状态栏、顶部导航栏、底部应用栏和FAB在色彩上的关系。状态栏和顶部导航栏一般采用邻近色设计，与iOS导航栏和状态栏的一体化设计类似。底部应用栏和FAB在颜色上一般使用对比色，用以强调FAB的重要性。

顶部导航栏色彩

顶部状态栏使用了深紫色，导航栏使用了稍浅的紫色，保持顶部色彩统一，令用户感知这部分同属一个逻辑关系。

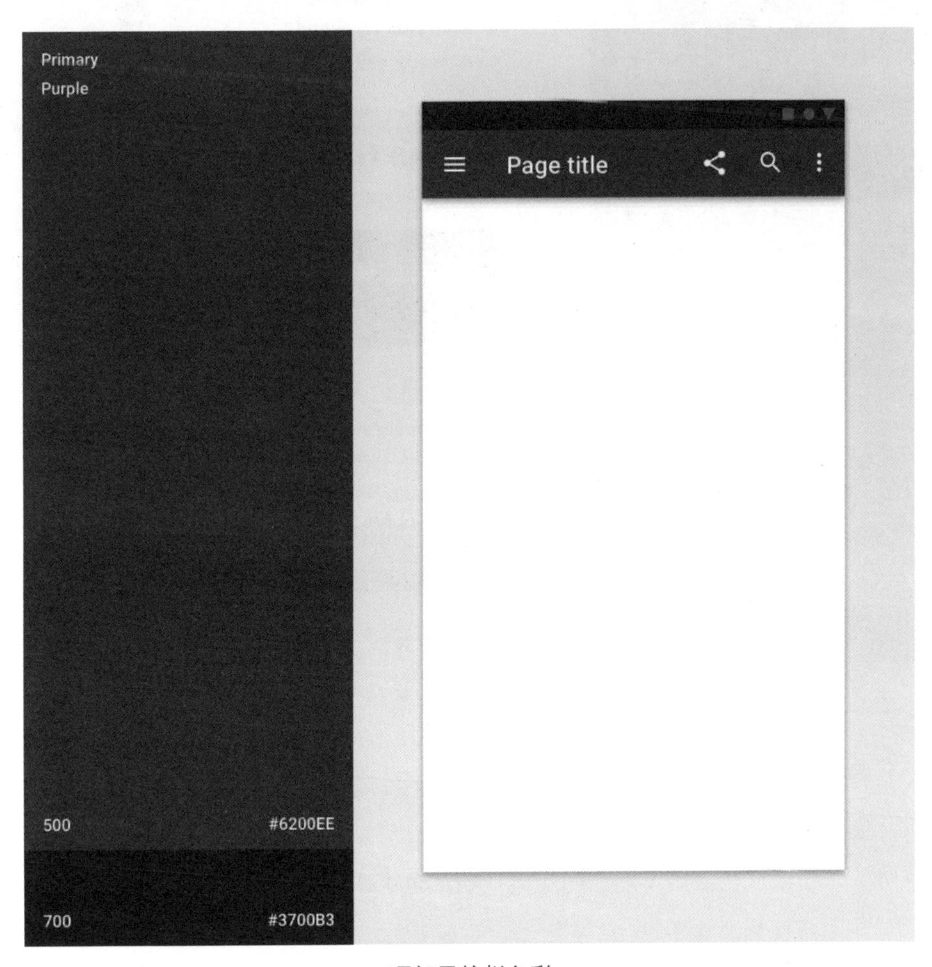

顶部导航栏色彩

底部应用栏色彩

这个案例中底部栏使用了辅助色藏蓝，而FAB使用了很明显的橙色。这样可以强调FAB功能的重要性，并且底部应用栏藏蓝向后退让出用户关注焦点。

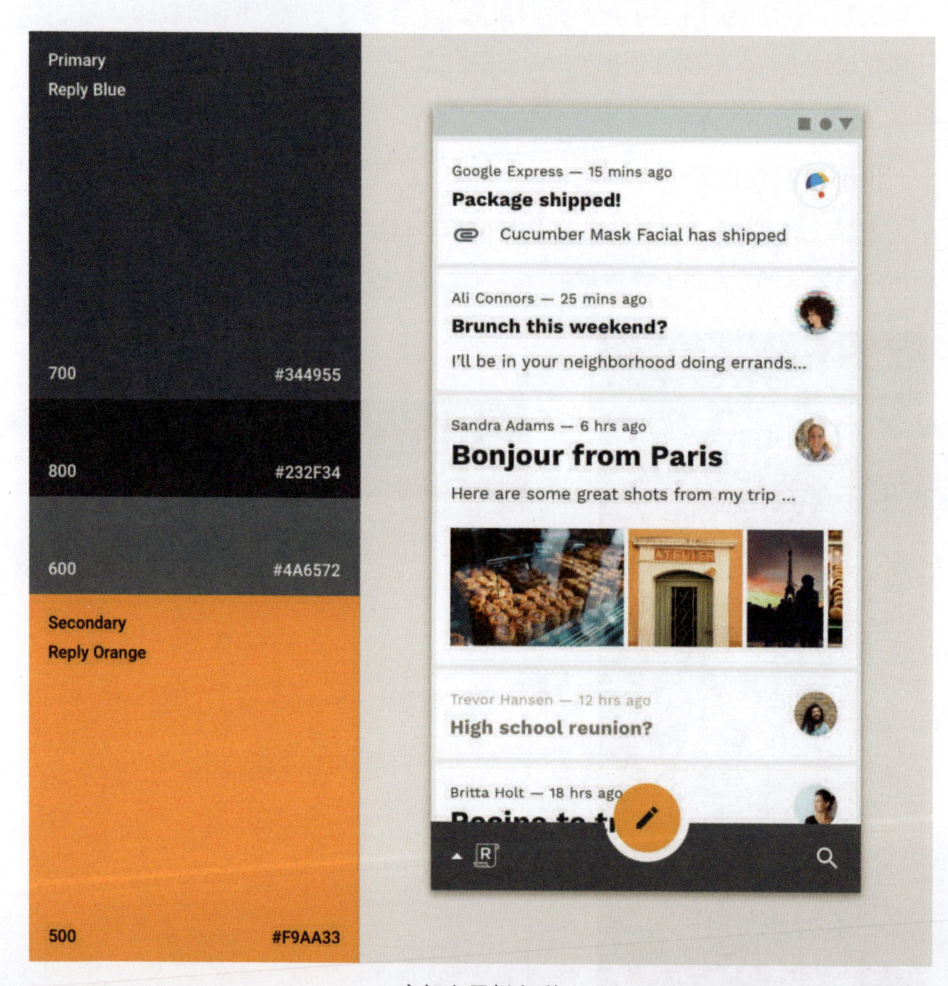

底部应用栏色彩

界面整体配色

这个应用程序的主色调是粉红色（100）。因为粉色与黑色搭配会显得“脏”，所以深色使用了黑色的变体（粉红色900）。另外，二级颜色（粉红色50）用于按钮和交互态。

界面整体配色

强烈的对比色

如下图所示，选择中的状态使用了和背景对比强烈的粉色，并且让上面的角进行弯曲提醒用户这个选项已被选中。

强烈的对比色

8.8 文字

关于Material Design在安卓设备上使用的字体，设计师都应该了解：中文使用思源字体，英文使用Roboto字体，其他Google免费字体也全部都可以在安卓Material Design中使用。

字体单位

在安卓设备上有一个特别需要大家注意的单位，即sp。dp是测量安卓间距、图片尺寸、按钮控件高度和宽度的单位，而字体却有一个单独的单位sp。字体单位对比如下表所示。

字体单位对比

平台	安卓	iOS	网页
字体单位	sp	pt	rem
转换率	1.0	1.0	0.062 5

字体大小

在安卓设备上字体大小同iOS设备一样，设计师可以自由使用合适的字号，同时Material Design为设计师提供了一个参考表。

字体大小参考

字号	字体	字重	字号	使用情况	字间距
H1	Roboto	Light	96	正常情况	-1.5
H2	Roboto	Light	60	正常情况	-0.5
H3	Roboto	Regular	48	正常情况	0
H4	Roboto	Regular	34	正常情况	0.25
H5	Roboto	Regular	24	正常情况	0
H6	Roboto	Medium	20	正常情况	0.15
Subtitle 1	Roboto	Regular	16	正常情况	0.15
Subtitle 2	Roboto	Medium	14	正常情况	0.1
Body 1	Roboto	Regular	16	正常情况	0.5
Body 2	Roboto	Regular	14	正常情况	0.25
BUTTON	Roboto	Medium	14	首字母大写	0.75
Caption	Roboto	Regular	12	正常情况	0.4
OVERLINE	Roboto	Regular	10	首字母大写	1.5

标题中使用H6字号的效果

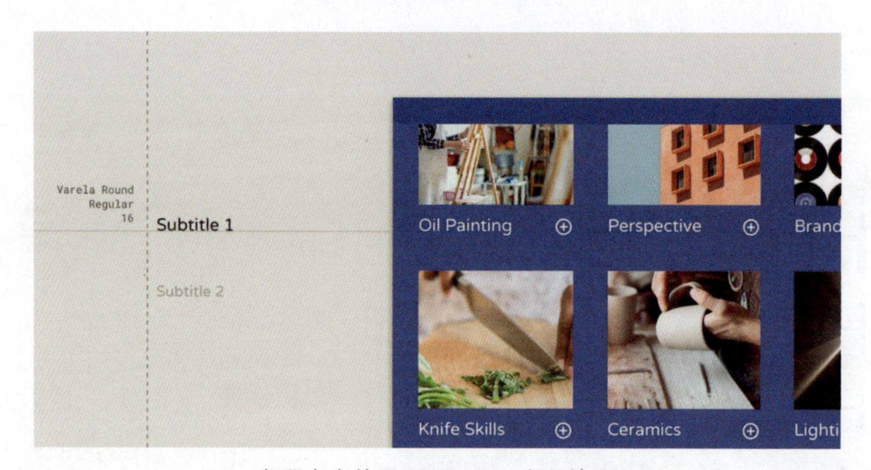

解释文字使用了Subtitle 1字号效果

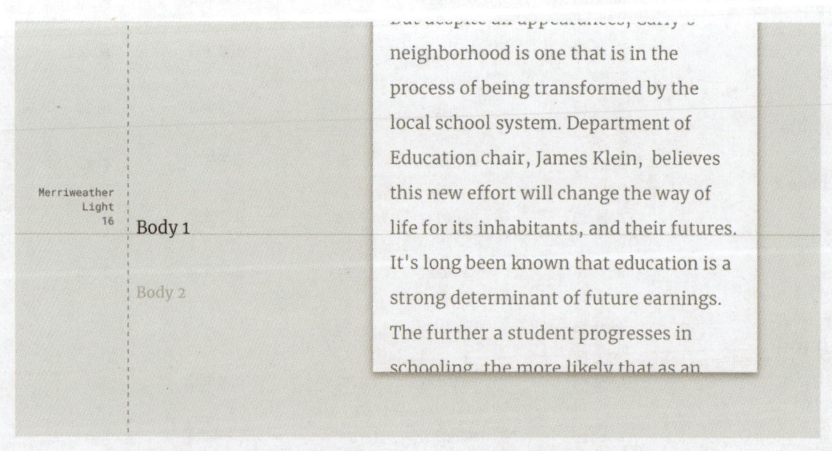

正文不但可以使用无衬线字体，而且可根据需求使用衬线字体

语言支持

Material Design对世界众多语言和字体进行了思考，这一点非常值得设计师学习。除了中文字体“思源”之外，Material Design还支持阿拉伯语、韩语、日语等非西文体系。

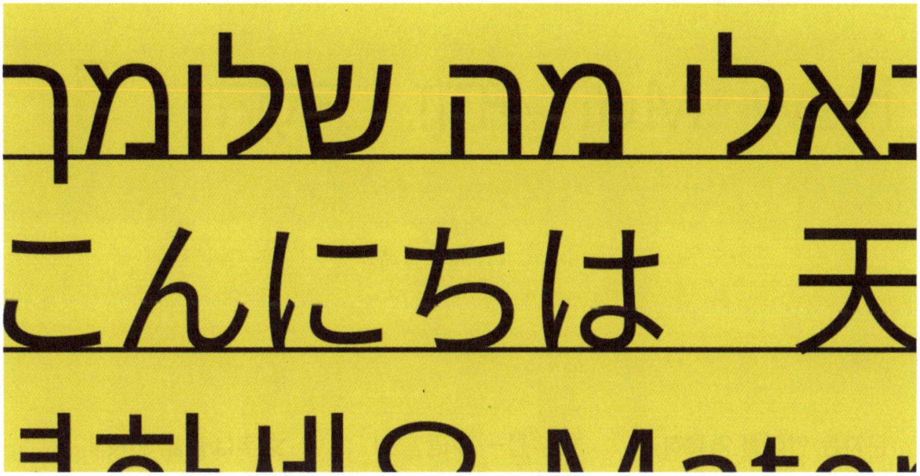

不同文化中诞生的文字

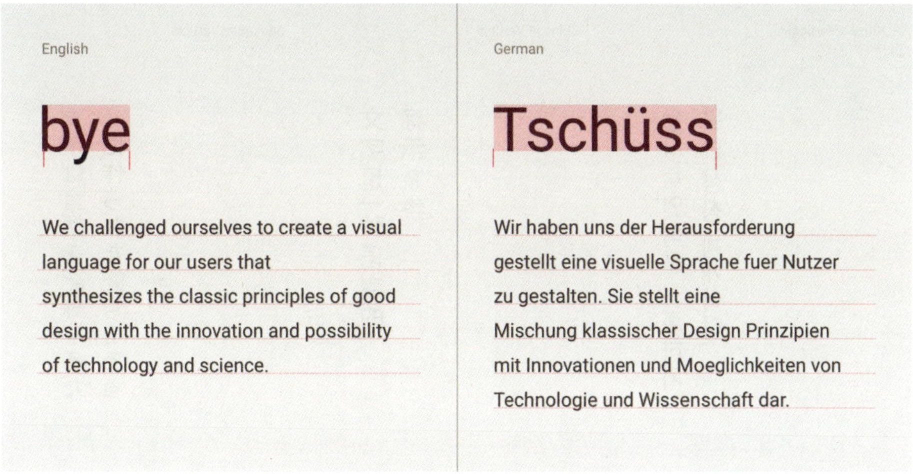

同样语义不同语言的长度不同

Latin
left to right

Hebrew is set “right to left”

Hebrew
right to left

עברית נכתבת מימין לשמאל

希伯来语言是从右到左显示

New Mới नया নতুন ថ្មី

Latin English
Open Sans

Latin Vietnamese
Open Sans

Devanagari Marathi
Mukta

Bengali
Hind Siliguri

Khmer Khmer
Hanuman

不同文字的高度不同，在设计界面时需要为不同文字留出空间

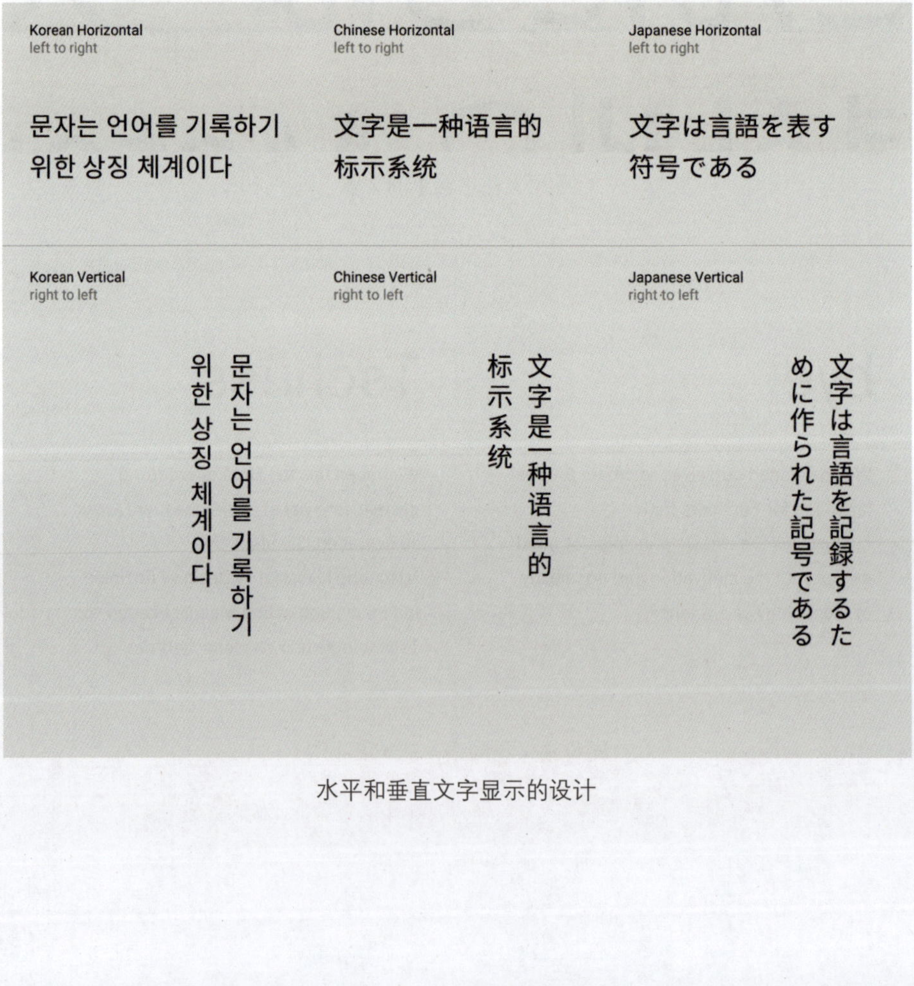

Korean Horizontal
left to right

문자는 언어를 기록하기
위한 상징 체계이다

Chinese Horizontal
left to right

文字是一种语言的
标示系统

Japanese Horizontal
left to right

文字は言語を表す
符号である

Korean Vertical
right to left

문자는 언어를 기록하기
위한 상징 체계이다

Chinese Vertical
right to left

文字是一种语言的
标示系统

Japanese Vertical
right to left

文字は言語を記録するた
めに作られた記号である

水平和垂直文字显示的设计

8.9 产品图标

产品图标是设计师在设计界面时体现品牌和功能性的图标。图标以简单、大胆、友好的方式传达产品的核心理念和意图。虽然每个图标在视觉上都是不同的，但品牌的所有产品图标都应该通过设计方式进行表现层面的统一。

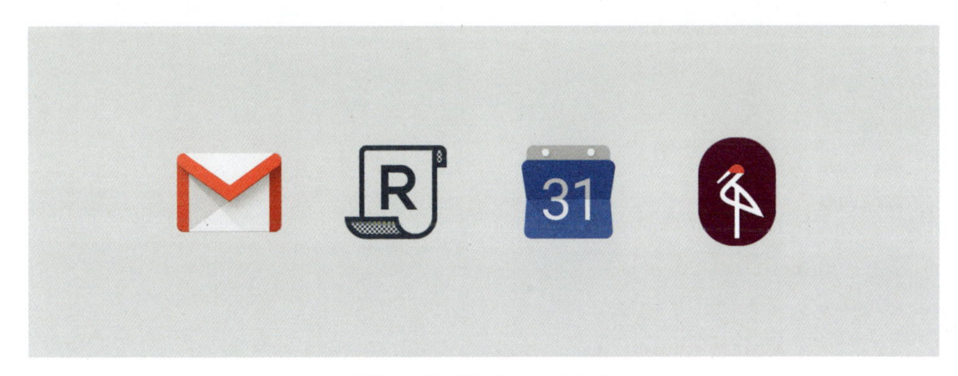

能够体现品牌感的产品图标

图标的网格和参考线

如果想设计一个48dp的图标，那么设计师可以把画布放大到400%（192dp×192dp）进行设计，这时可以显示4dp的边缘。通过保持这个比例，任何变化都将按比例放大或缩小，这样可以在画面恢复到100%（48dp）时保持锋利的边缘和精准的对齐。

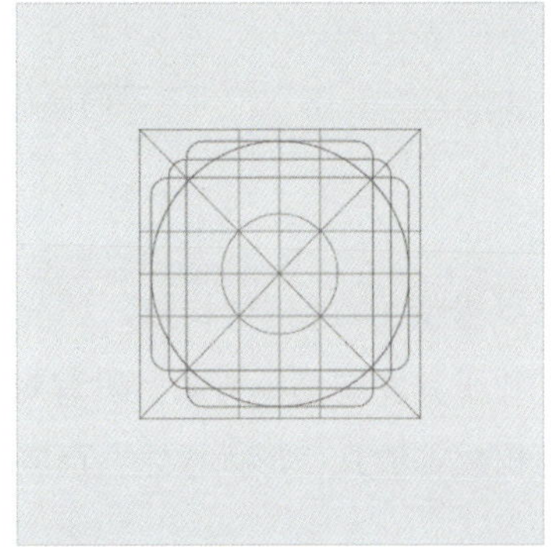

网格和参考线

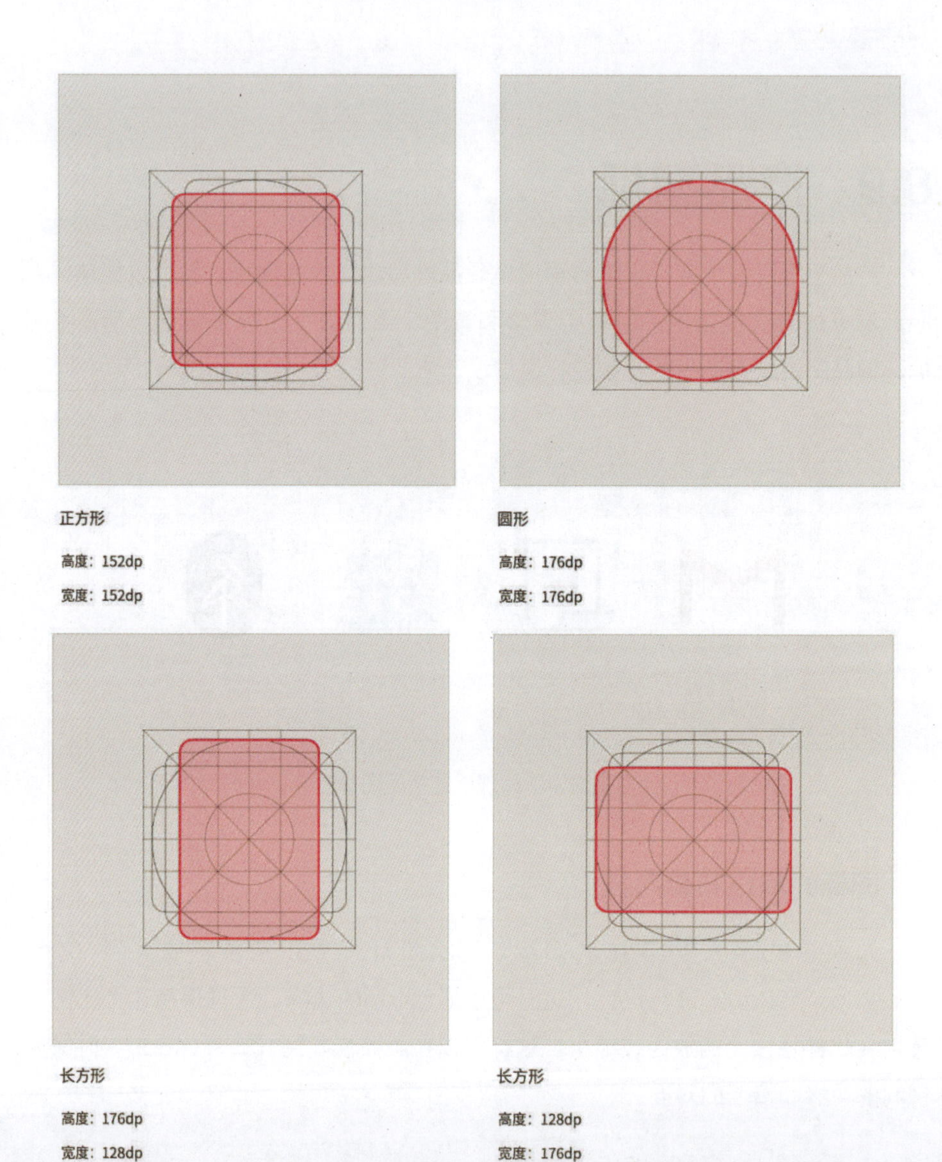

不同形状的网格布局

网格

网格尽量使用4的倍数构建，如4dp。网格对设计师设计图标有很好的参考作用，有利于其发现横纵方向上没有对齐的细节。而参考线是由黄金比例和不同形状但面积相等的几何形模板组合而来的，同样具有很好的参考作用。

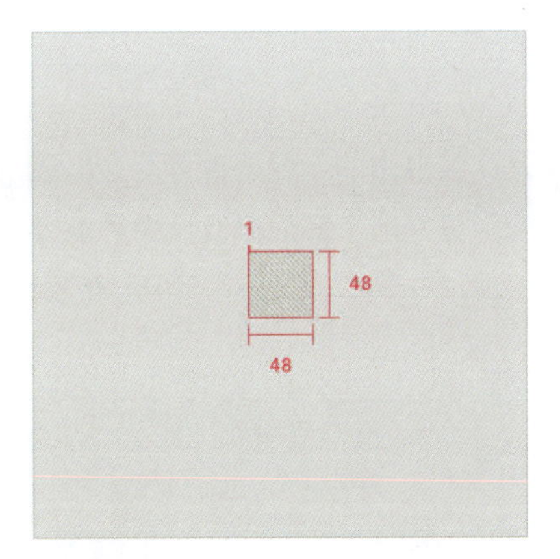

1：1单位网格

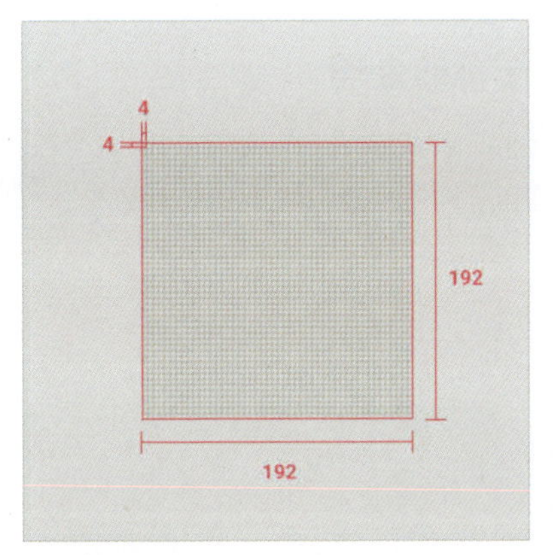

4：1单位网格

放大四倍进行图标设计

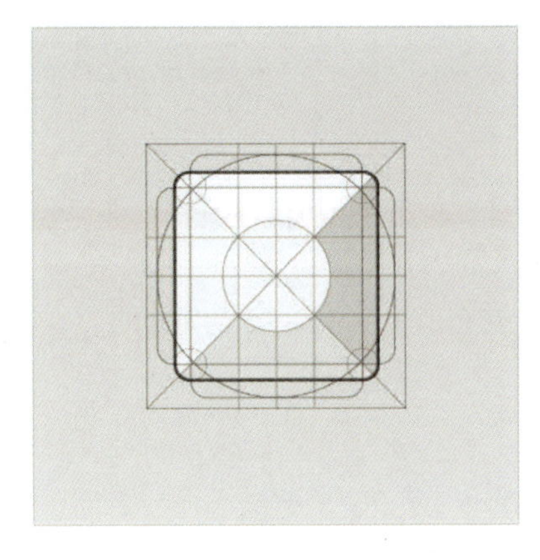

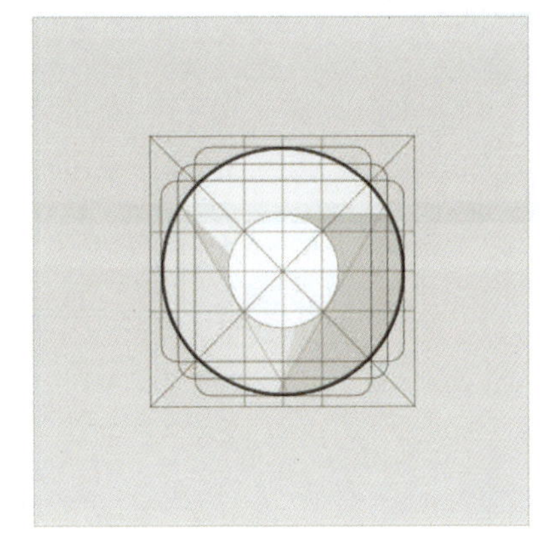

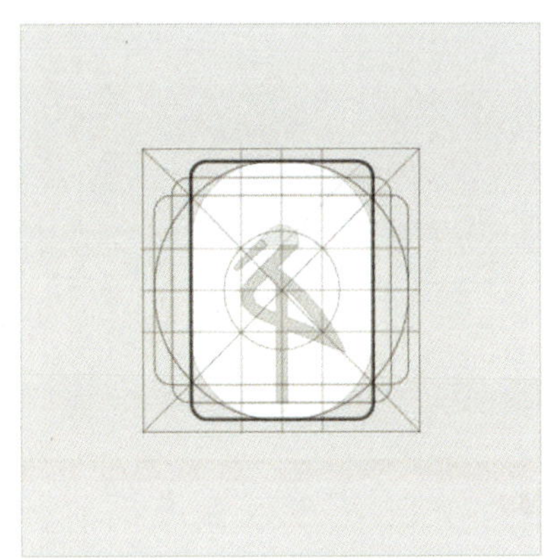

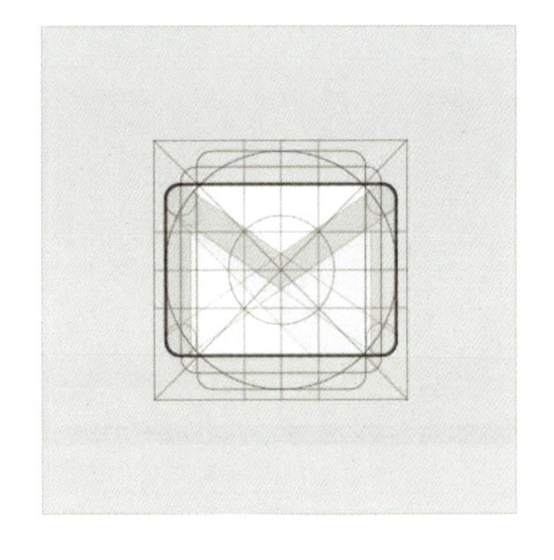

在网格的辅助下可以设计出大小均衡的图标

图标的处理

虽然图标的设计在Material Design中是比较自由的，但是也可能会出现一些表现手法上的问题。下面各图可以帮助设计师更好地了解图标设计中可能遇到的问题。

颜色本身是没有Z轴的，不要因为颜色的关系增加多余的阴影

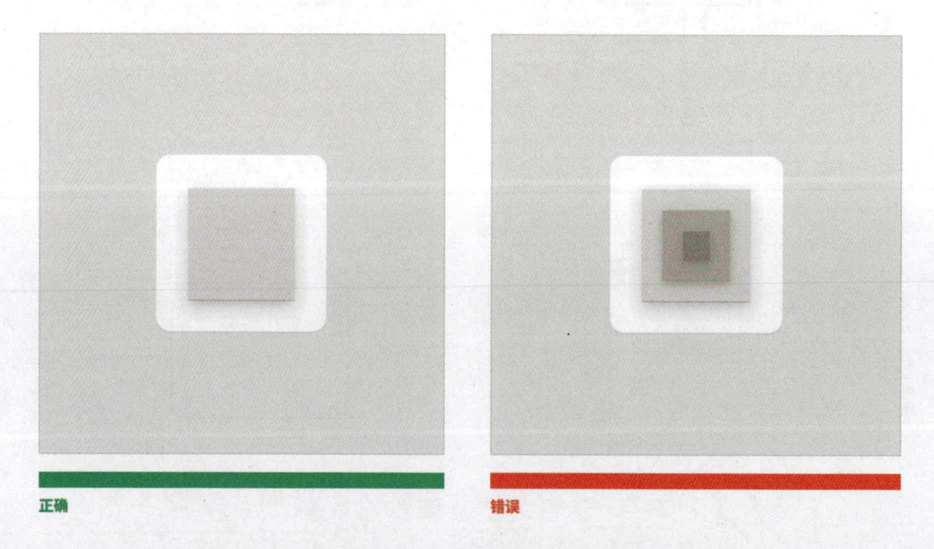

重叠的表面层数要注意，太多的图层可能使图标过于复杂

正确

错误

不要在图标上使用过多的层级和分割

正确

错误

手风琴是指图标扁平阴影的处理，不要使用过多的手风琴层次，避免臃肿

正确

错误

不要用奇怪的透视扭曲产品图标

8.10 系统图标

系统图标是设计师在构建界面时负责表意功能和信息的图标。通常系统图标尺寸比产品图标小，因此让用户第一时间理解它所表达的内容并不简单。系统图标设计应简单、现代、友好，每个图标都应尽可能简化以表达最基本的特征。

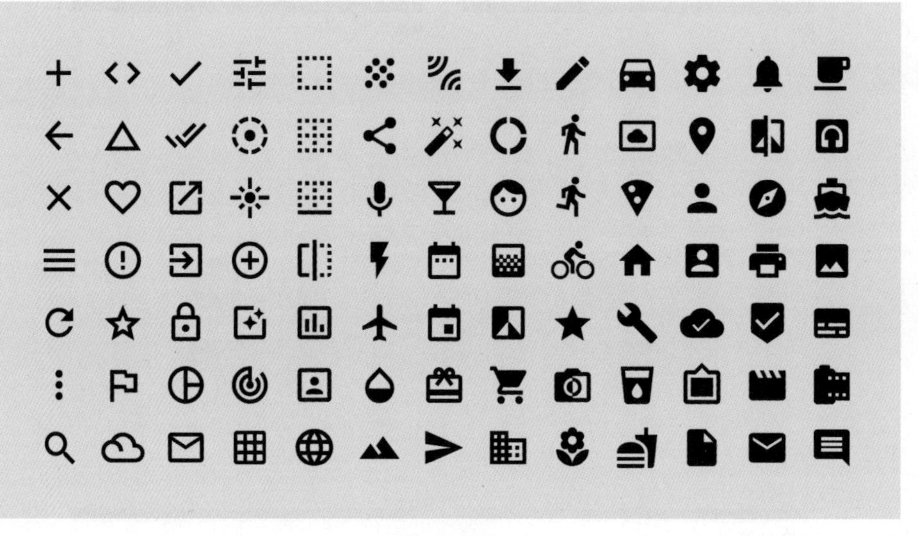

系统图标

字体图标

如果需要，设计师可以把图标变成字体格式以节省空间，这样做对放大/缩小都是非常方便的。同样，Material Design提供了一些可供下载的现成免费图标供设计师参考（下载地址为https：//material.io/tools/icons）。

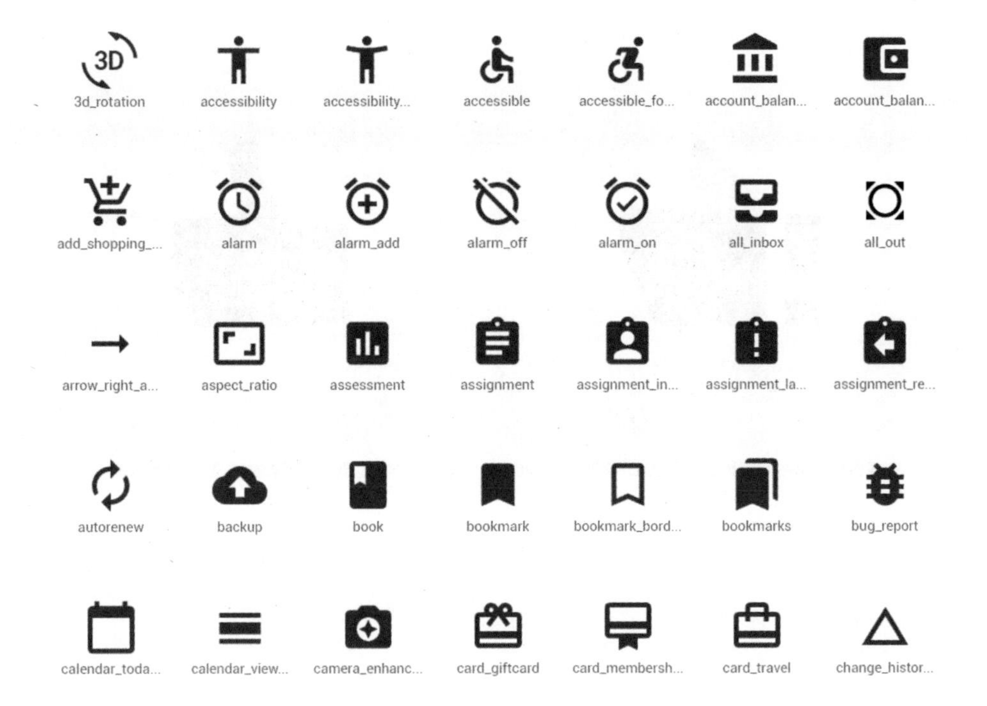

Material Design系统图标

图标的分类

Material Design把图标分为填充图标（Filled）、线性图标（Outlined）、圆角图标（Rounded）、双调图标（Two-Tone）、尖角图标（Sharp）。系统图标可以使用任何适合产品的风格。

图标造型接近几何形

图标尽量使用几何形的造型，但不要使用太过松散的造型，太松散的造型会引起用户不必要的关注。

造型接近几何形

图标留出边距

图标应该留出一定的边距，以保证不同面积的图标视觉显示一样大。如果多个图标具有类似的逻辑层级，且同时在界面出现，那么它们的大小应尽量相等。

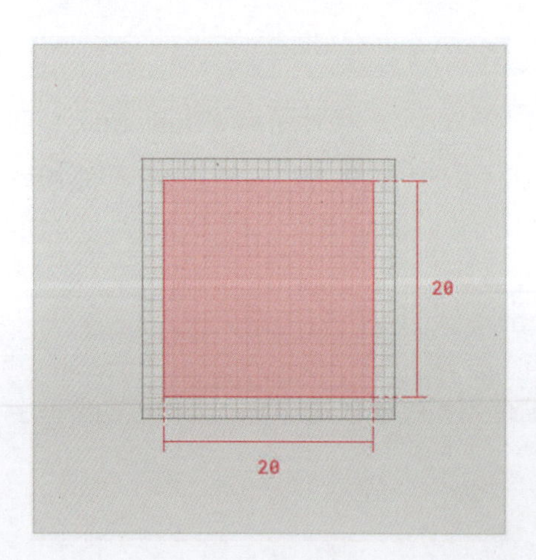

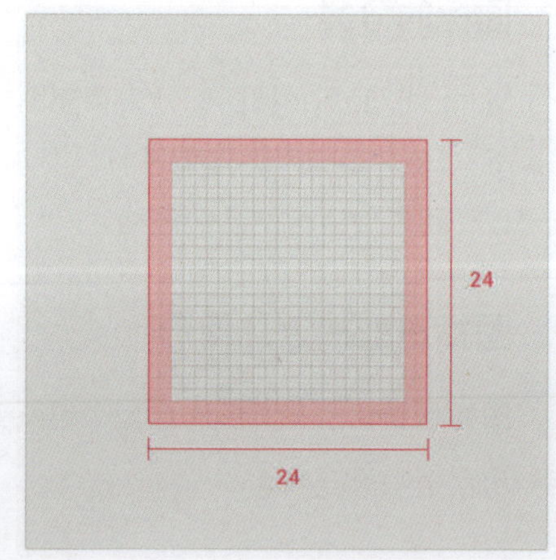

图标需要间距

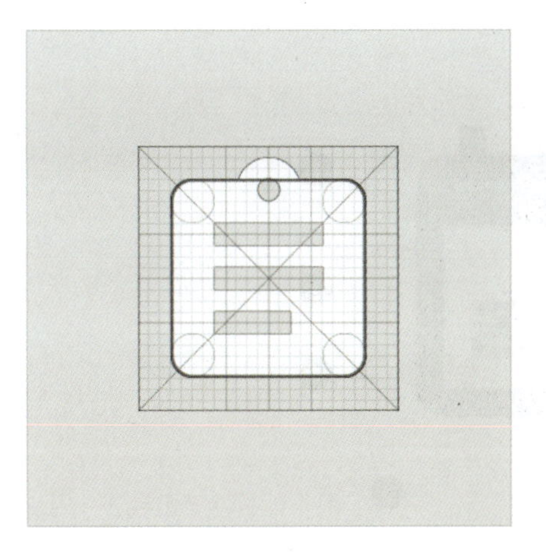

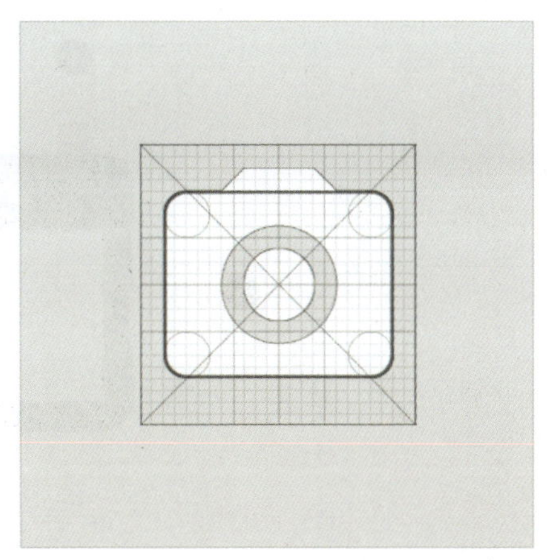

使用网格构建图标

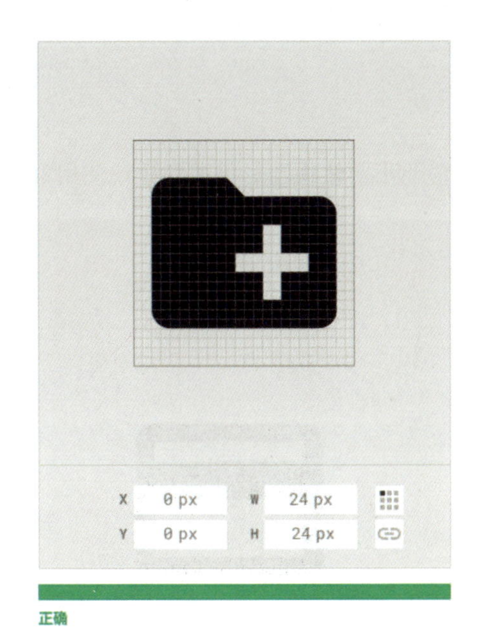

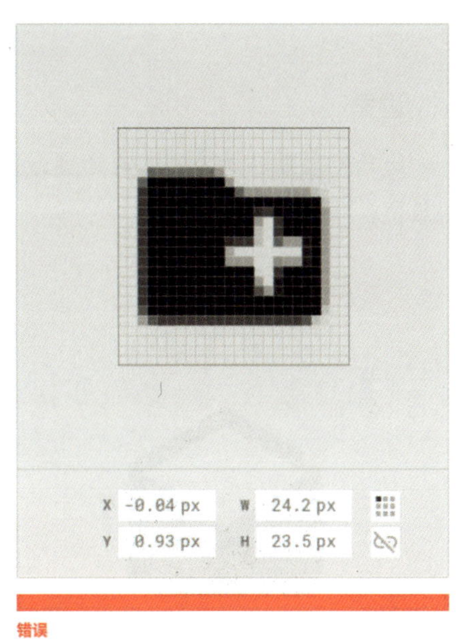

正确

错误

设计图标时应对齐像素网格

图标的组成

图标由描边末端、圆角、反白区域、描边、反白边缘、留白组成。

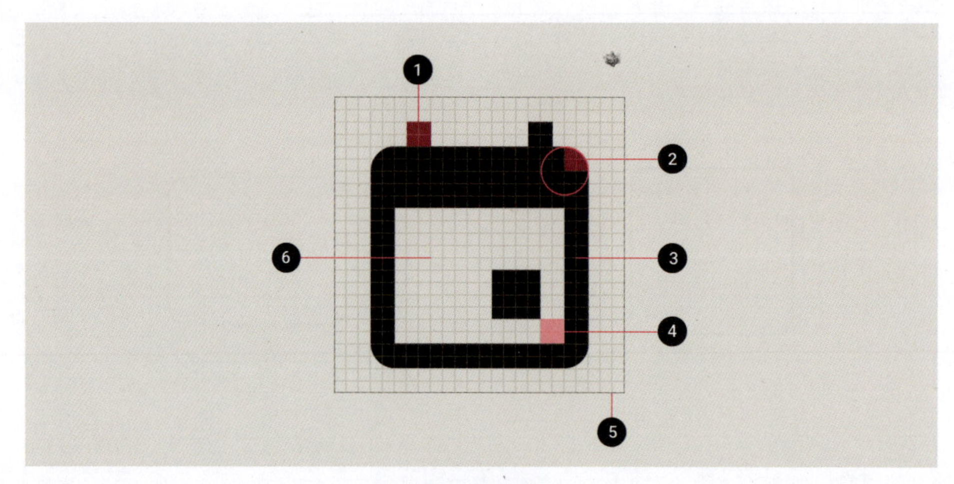

图标的组成

1—描边末端；2—圆角；3—描边；4—反白区域；5—留白；6—反白边缘

边角

边角半径默认为2dp，内角应该是方形而不要使用圆形。圆角建议使用2dp的单位。

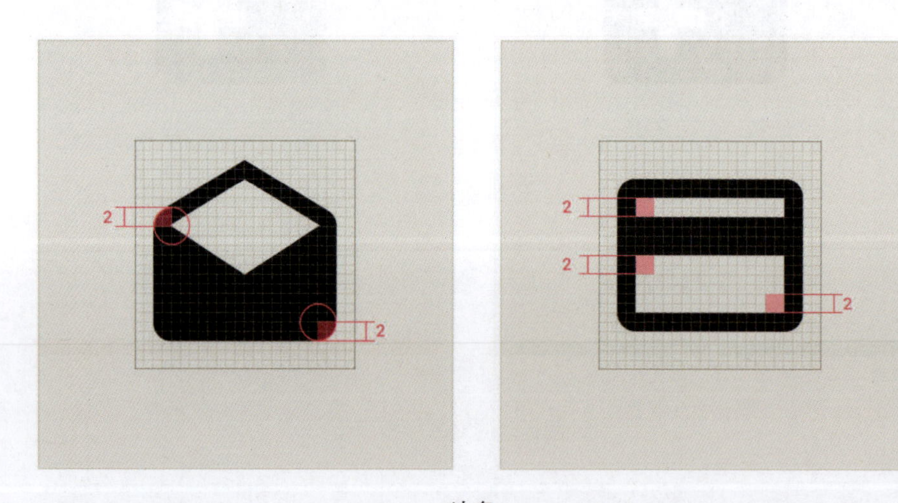

边角

描边粗细统一

下图中的图标使用了2dp的描边以保持图标的一致性。如果没有特殊原因，不要使用两种及其以上的描边粗细，从而保证图标视觉上的统一。

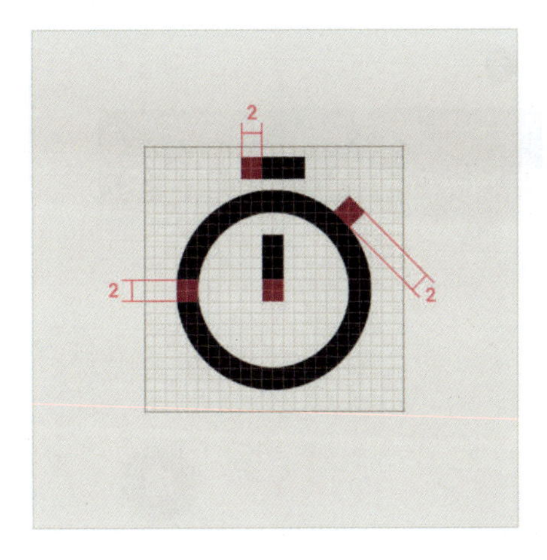

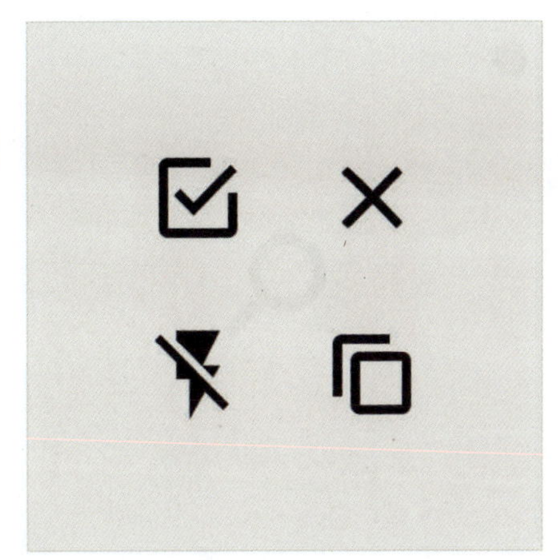

描边粗细统一

图标末端的处理

描边末端应该是直线并有角度的，留白区域的描边粗细也应该是2dp。描边如果是斜度45°，那么末端也应该以斜度45°结束。

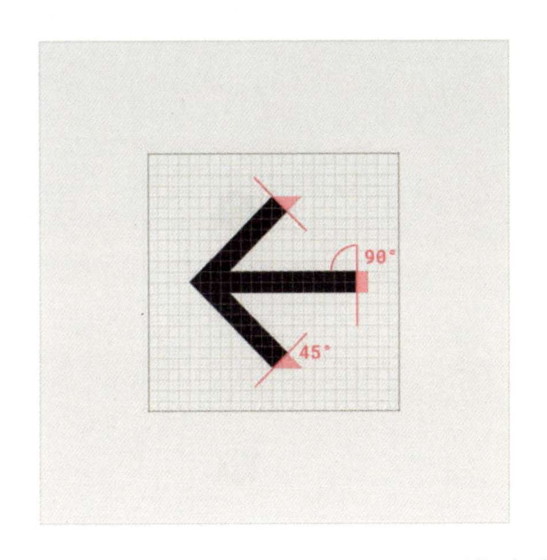

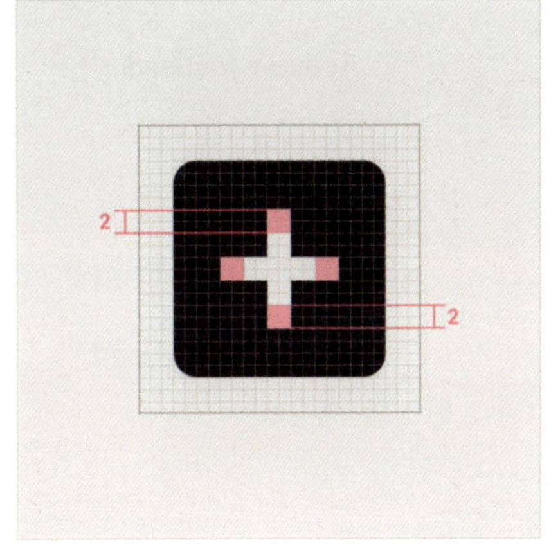

图标末端的处理

图标选择区域

图标应该提供充分的留白和操作区域以便于用户手指的选择，与iOS的处理方式类似，图标大小接近手指选择区域7～9mm，如果不够则应增加透明的选择热区。

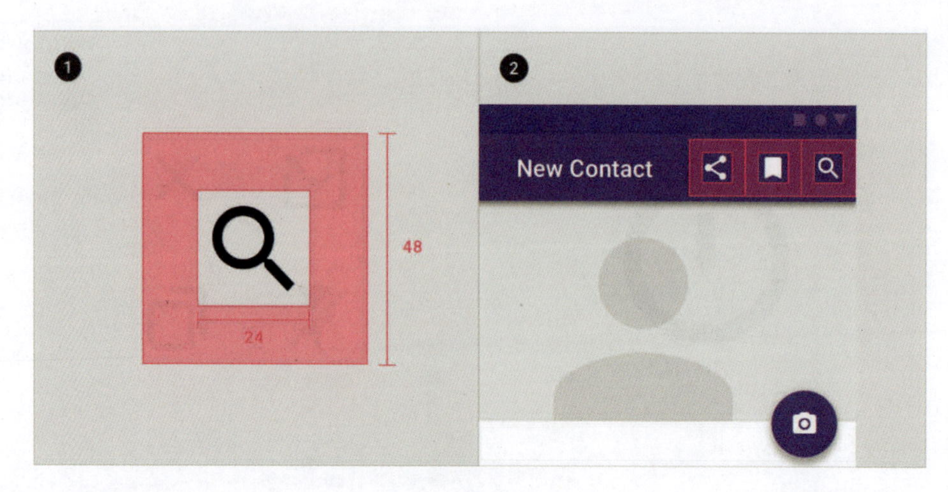

图标选择区域

图标选择状态

未选择图标颜色为#000000，透明度为87%；选择态图标颜色为#000000，透明度为38%。

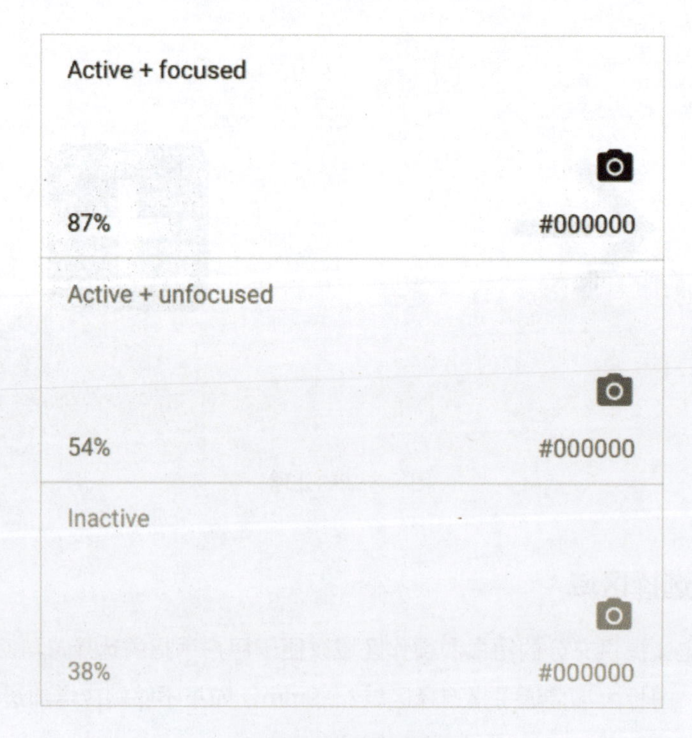

图标的选择状态

图标的品牌感

下图中图标和界面内容的直角相互呼应，体现了自身的品牌感。

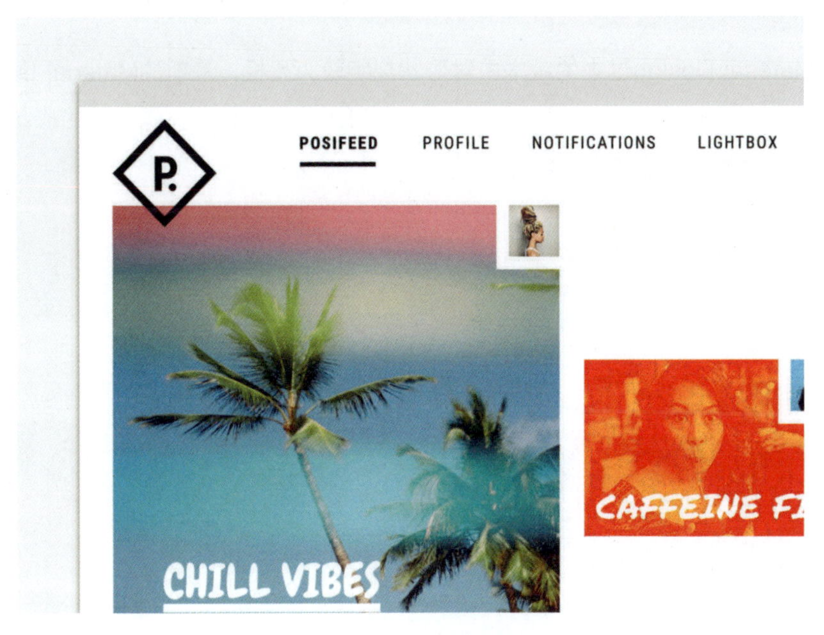

图标的品牌感

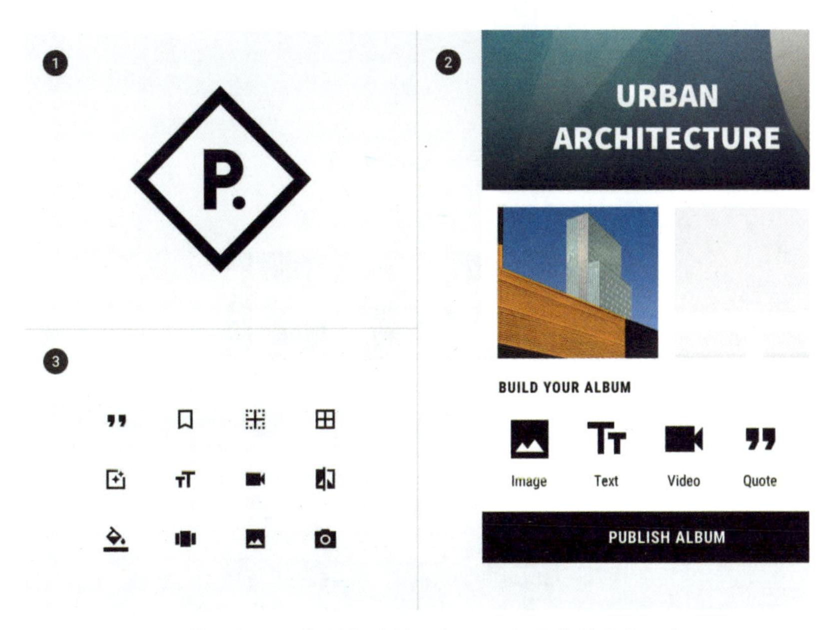

1 品牌图标；2 锋利角度的图标；3 应用中的直角图标

8.11 形状

Material Design过去的版本中对形状规定较为死板，最新的Material Design在形状上非常自由。菱形、半圆形、圆角都可以使用，这些充满个性的形状可以帮助设计师构建更酷的界面。

可自行定义的形状

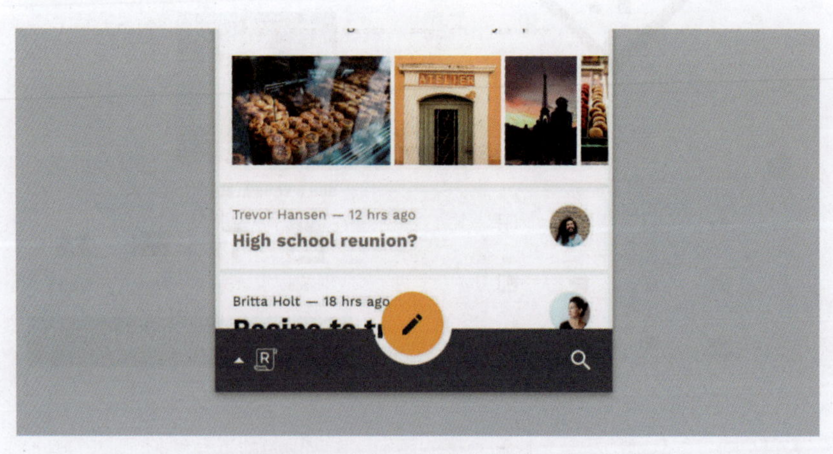

独特的形状可以引起用户的关注

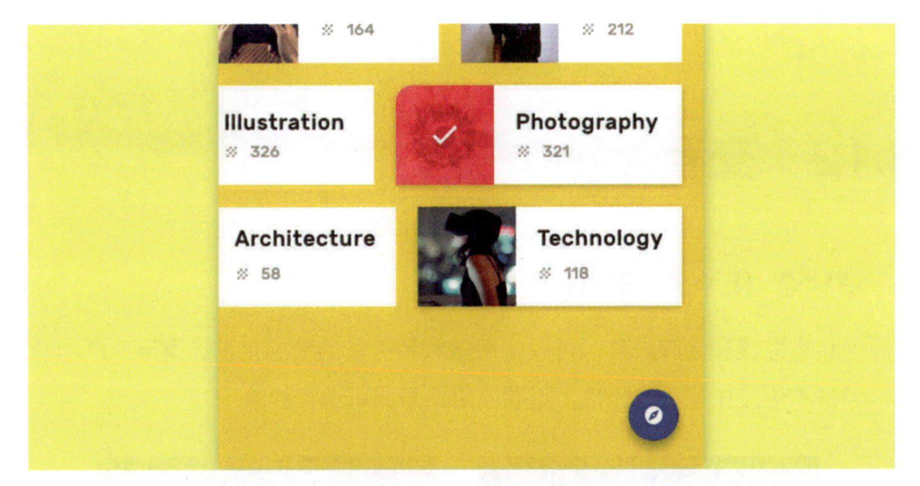

形状可以表示内容被选中

设计师可以在整个应用程序中使用体现品牌感的视觉语言，以一致的方式将形状、颜色、弧度等特征设计界面的不同元素。这样有助于提升品牌的整体印象，当用户看到某种颜色或者形状时，就会想到对应的产品。

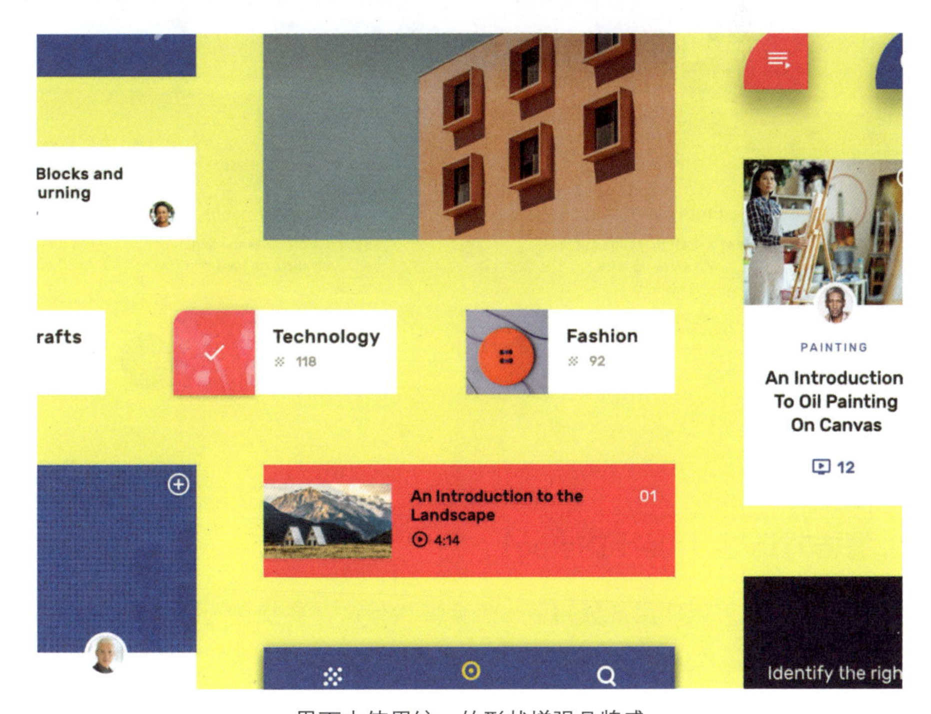

界面中使用统一的形状增强品牌感

8.12 交互

空状态（Empty States）

空状态应该和品牌一致，可以使用幽默和可爱的情感化设计同用户产生亲和感，但是不应该体现可操作性，不要使用口号和可选择的暗示。

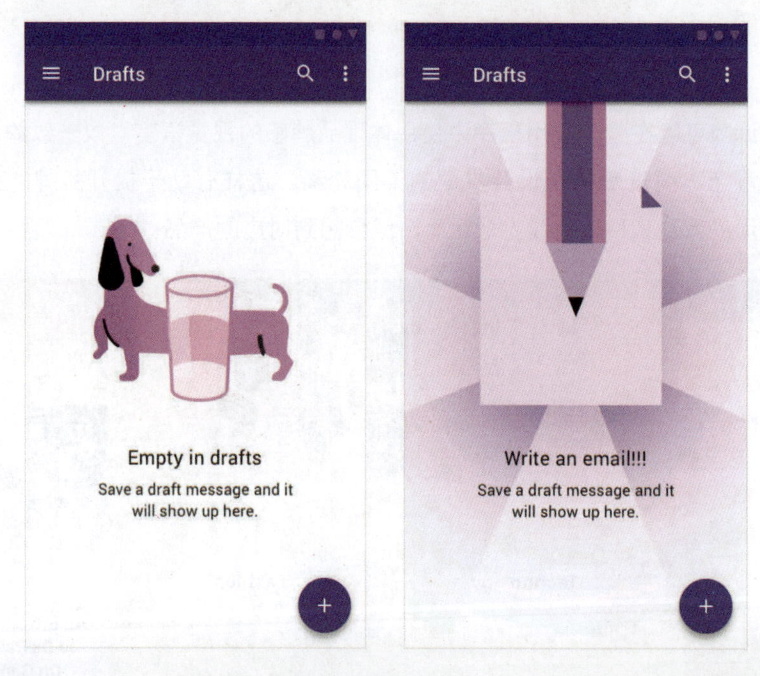

空状态

警告对话框（Alert Dialog）

警告对话框可以让用户预知下一步会发生什么，并提供选择来取消这个行为。例如，删除操作通常都会提示用户是否确定要删除。

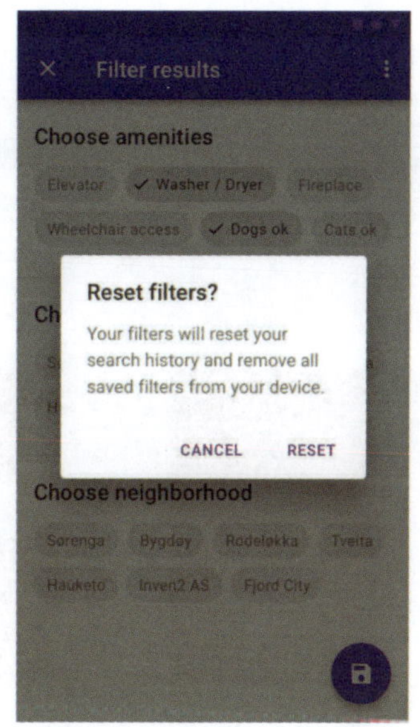

警告对话框

闪屏（Launch Screens）

闪屏可以使用类似苹果平台上App的图形，如微信的闪屏页或开眼的动态闪屏等。除了闪屏页的图形动态设计之外，设计师也可以使用内容的占位符作为启动页，这样用户会预知即将载入大概什么样的内容。

闪屏

图像（Images）

在设计师设计的App中一个图像可能会被裁切成多个尺寸，如1：1、3：4、16：9等，甚至是圆形或正方形，这时需要保持图像的核心区域在任何尺寸中都能显示。

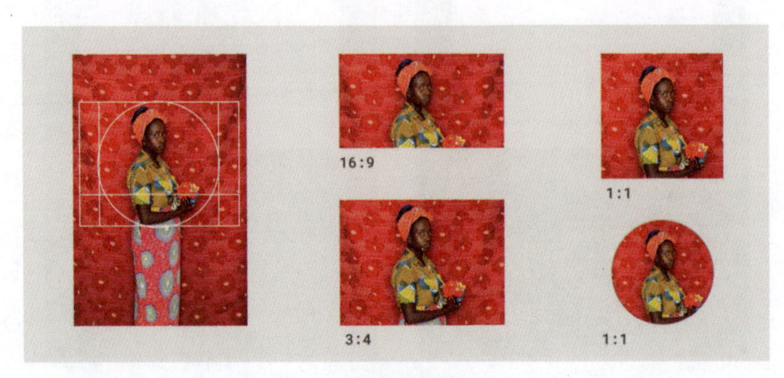

图像的设计

新手引导（Onboarding）

Material Design建议产品设计新手引导界面，以此帮助用户了解该程序是如何操作的，以及有什么样的独特功能。通常新手引导会由插图、功能描述、注释文本、启动图标、焦点组成。这同iOS的设计比较一致，但是设计师应注意功能描述文本和注释文本的大小比例。

新手引导的设计

离线功能（Offline States）

有些功能会因为无网络而无法完全使用，这时同样需要设计师设计一些状态用于表示现在是无网络的，让用户感知这个状态。当然，无网络不代表什么也做不了，设计师同样可以在无网络的状态下提供一些操作供用户选择，如离线功能或者重新连接网络的按钮等。

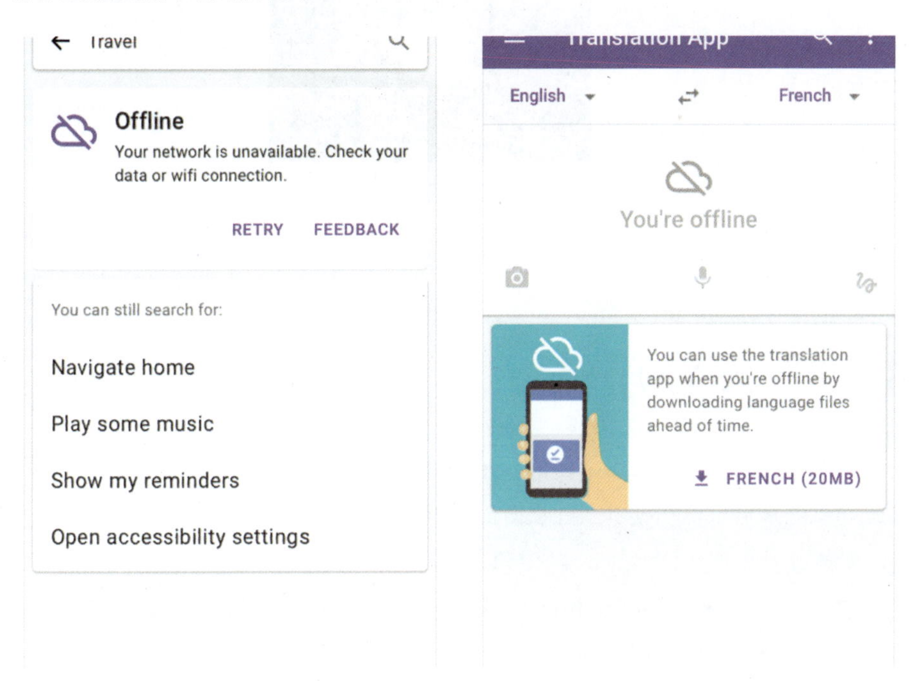

离线功能

主题编辑器

Material Design发布了针对Sketch的主题编辑器，这个主题编辑器功能强大，可实现如更改某个样式即可应用到全局、图标的不同风格随意进行切换、字体样式随意调整等。

（下载地址为https://material.io/tools/theme-editor/）

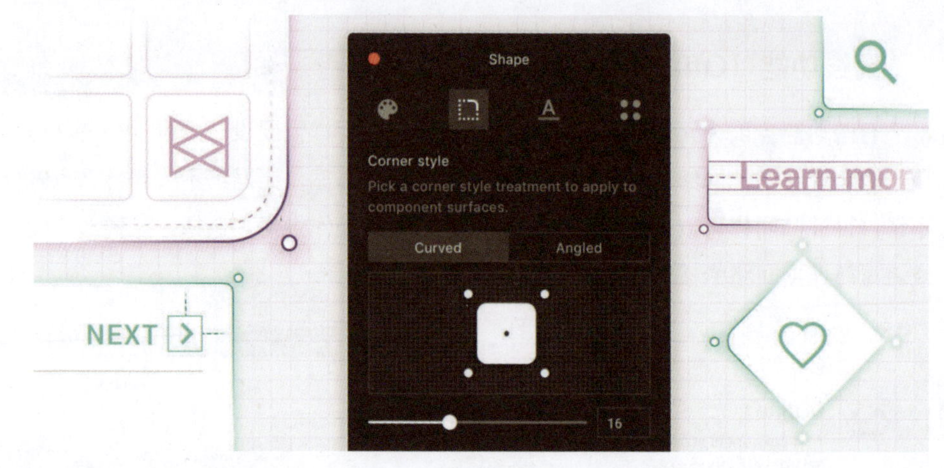

主题编辑器

8.13 本章小结

UI设计师可以使用iOS平台的App设计稿（大部分采用750px×1 334px）改成安卓的尺寸（大部分采用1 920px×1 080px），然后将状态栏改为安卓样式，字体改为思源和Roboto，并使用切图工具（如Cutterman）切出安卓所需的各套切图（一般为xhdpi、xxhdpi、xxxhdi三套或更多）即可完成粗略的安卓适配。当然，设计师也可以根据安卓平台的生态环境对某些设计进行微调，如将返回图标换为箭头、更多图标改为竖排列三个圆点、图片改为直角等。另外，设计师可将iOS平台和安卓平台设计完全区别开来，使用Material Design为安卓设计独有的设计。Material Design将App从头到尾的各个细节都进行了指引，给了参考，做了规范，并且这个规范一直在根据生态环境更新。学习Material Design设计规范对每位设计师都是一个提升的过程，在理解Material Design的过程中，笔者也发现很多之前忽略掉的设计上的细节，真的是受益匪浅。安卓设计和iOS相比，需要注意的问题更多。同样，更大的挑战也会锻炼设计师的设计能力，希望每位设计师都能设计出更好的安卓App。

（更多关于Material Design的资料，可以参考http://uiren.net/article.html?aid=87）

第 9 章　网页设计全攻略

9.1　网页设计是什么

网页设计也被称为Web Design、网站设计、Web site Design、WUI等，其本质就是网站的图形界面设计。虽然用户常使用移动端上的App获取资讯，但是显然基于个人电脑平台的网站上网方式陪伴用户的历史要比手机久很多。从1987年钱天白教授向德国发出第一封电子邮件到2000年搜狐、新浪、网易在美国纳斯达克挂牌上市，再到现在网站遍地，中国的网站高速发展了近30年。笔者是在小学开始去网吧“上网冲浪”的，那时的电脑屏幕非常小，分辨率只有800px×600px（iPhone 8的分辨率为750px×1 334px），网速也很慢，经常掉线或者加载失败。那时的网站性能和体验都不好，而现在网站设计和过去对比有了巨大的变化，注重用户体验、注重页面动效、富媒体等设计让如今的网站体验并不比软件和手机App差。个人电脑的普及，使网站仍然是人机交互中非常重要的平台之一。作为UI设计师就必须掌握网站设计的规范，并理解网站运行的原理，这样才能更好地驾驭这个平台。

9.2 工作流程

本节主要介绍网站设计的工作流程，除了用户研究、撰写产品需求文档、市场文档、做竞品调研等工作之外，与设计师密切相关的网站项目流程可以分为原型图阶段、视觉稿阶段、设计规范阶段、切图阶段、前端代码阶段、项目走查阶段。每个阶段都需要设计师参与和了解，设计师千万不要只在意视觉稿这个阶段，有很多前期与后期工作同样需要重视。

原型图阶段

原型图阶段设计师需要和产品经理沟通需求，此时并不是产品经理向设计师下发需求，而是需要相互在自己擅长的方面进行沟通。视觉方面具体呈现，也许设计师会有更好的方式，这时需要在设计之前与产品经理达成一致。

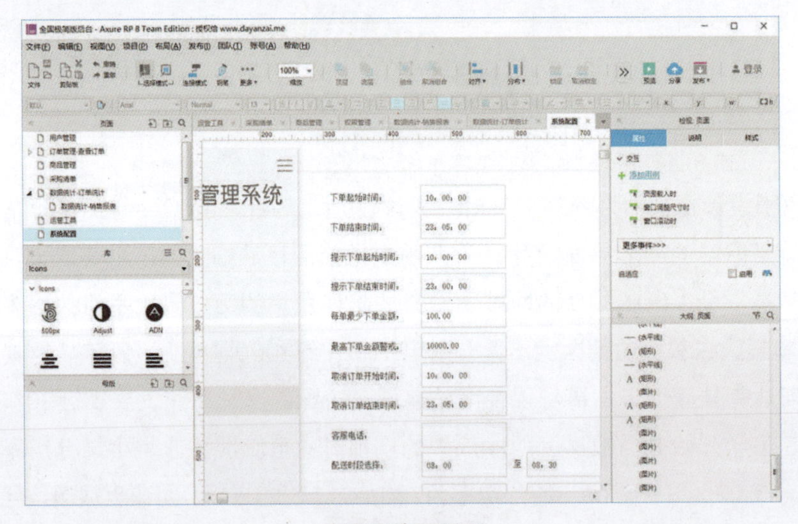

构建网站原型图

（工具：Axure RP）

视觉稿阶段

视觉稿阶段就是设计师要根据原型图确定的内容和大体版式完成网站的界面设计，在设计网站时，设计师需要一些图像和灵感的素材。例如，做世界杯专题时，设计师除了收集很多素材之外，也可以设计一个“情绪板”（Mood Board）。简单来说，情绪板就是将一些与主题相关的资料和素材拼贴在一起，这样可以更好地指引整个需求的设计主题和大体感觉。另外，很多网站的头部通常需要主视觉抓人眼球，这时可能会使用需求方提供的明星照片、主题素材、Logo、主视觉PSD等，用素材和这些需求方提供的资料进行混合，并拼出让人觉得震撼的头部视觉就是设计的目标。主视觉下面的信息排布更强调合理性，这时也需要设计师和产品经理沟通，确定从后台调取的图片尺寸、标题字段长度等，然后根据这些要求完成页面信息部分的设计。总之，设计过程中需要设计师不断思考和沟通，这样才可以完成一个比较优秀的视觉稿。

视觉稿设计阶段

（工具：Photoshop）

设计规范阶段

当视觉稿通过后，很多设计师可能不会主动做设计规范，其实每一个可迭代的产品都需要设计师总结设计规范。设计规范就是所有页面中共性的东西，如字体的大小、图片的尺寸、按钮的样式等，这些共性也是用户访问网站时会理解成固定概念的凭证。例如，同样的分享功能如果采用两种截然不同的样式就会让用户困惑。设计规范主要也是约束设计师，让用户在有限的记忆力中减少思考的成本。同时，设计规范也可以保证同一个项目的不同设计师都能做出一样风格的设计。最后，设计规范对设计师个人来说也是对项目影响的一个佐证，可以证明设计师的思考及在项目中的地位。因此，笔者认为设计师应该主动去做设计规范和项目总结。设计规范就是把主要页面的元素固定成统一元素。具体来说，一个产品的设计规范应该有字体规范、主体色规范、图表规范、图片规范等不同分类。

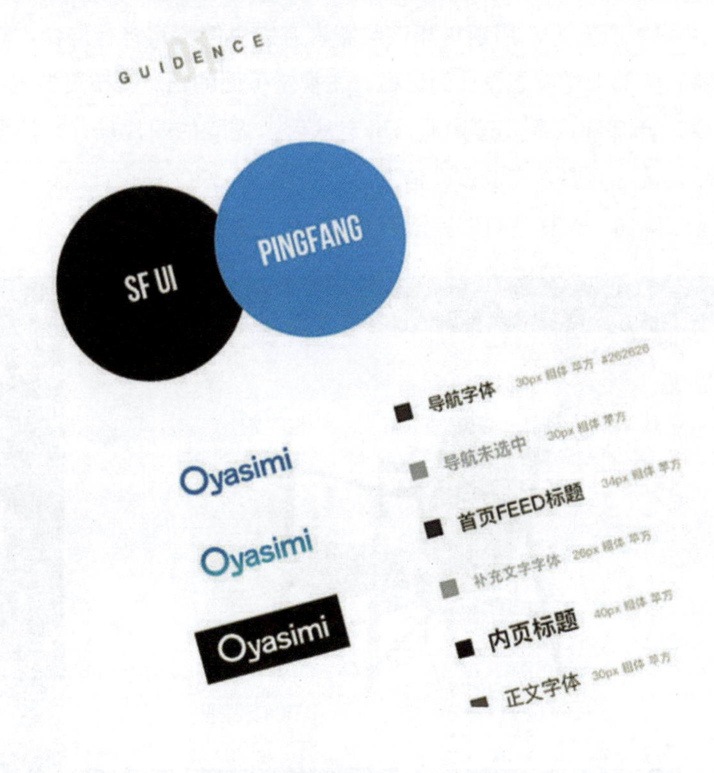

视觉规范

（工具：Photoshop）

切图阶段

网页设计师通常不需要为前端工程师切图，因为前端工程师需要掌握Photoshop软件技能。如果遇到特殊情况需要切图时，可以使用如Cutterman、Zeplin等切图插件中的Web选项作为前端切出网站所使用的图片。

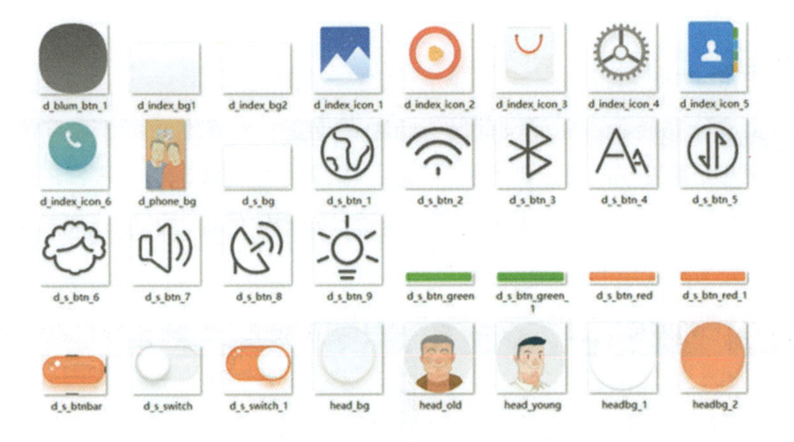

从PSD中提取出来的切图

（插件：Cutterman）

前端代码阶段

前端工程师会用代码重构设计师设计的页面，把图纸变为静态页面，然后和后端工程师对接调取数据接口，一个网站就“活”了起来。工程师们为了方便了解网站是否已达到设计师要求的数据，也会进行埋点。埋点就是在页面代码中插入一些统计代码，方便以后确定哪些页面访问量高，哪些没有达到预期。在此后其实还会有测试工程师介入来发现编译完的网站是否存在一些漏洞等，这里不再赘述。

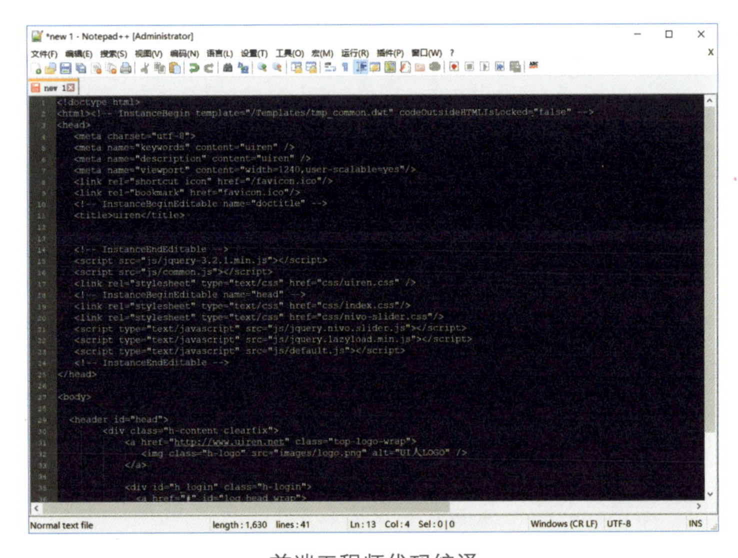

前端工程师代码编译

（工具：Notepad ＋）

项目走查阶段

网页设计完成后还需要设计师进行项目走查，以确定网页还原度是否有问题。设计师如果发现网页设计和设计稿出入很大，就需要前端工程师进行调整。这个步骤非常重要，因为网站的成品才是设计稿最终的输出，设计师不要认为设计稿很漂亮而实现后的页面就不需要再负责。

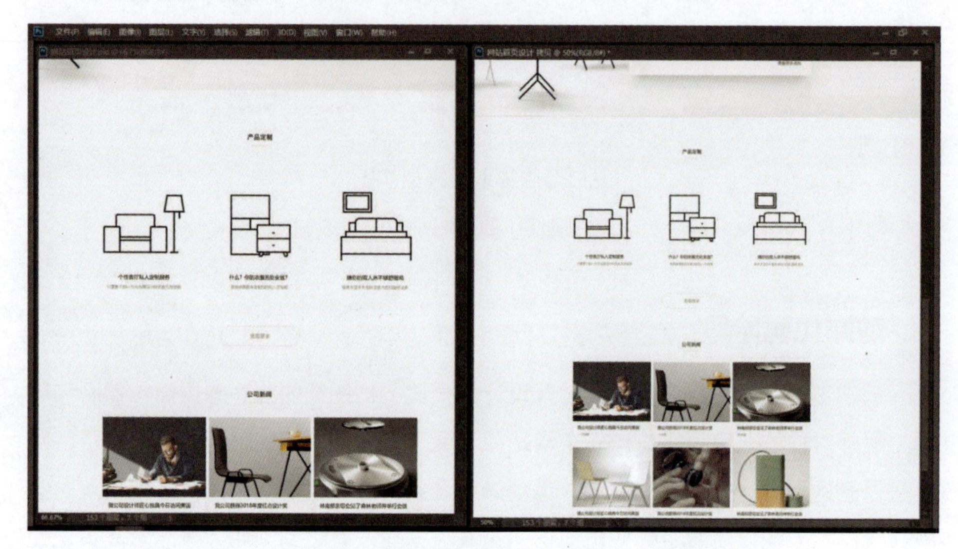

将实现后的截图和设计稿进行比对

（工具：Photoshop）

9.3 网站种类

网站按对象不同可划分为To C端和To B端两种。To C端就是面向用户和消费者的产品，如门户网站、企业网站、产品网站、电商网站、游戏网站、专题页面、视频网站、移动端H5等。由于是面向用户和消费者，因此设计上一定要吸引人，并且以用户为中心考虑体验设计。而To B端作为一个需求量很大的类别，却往往被设计师忽视。例如，电商网站供货商的后台、Dashboard、企业级OA、网站统计后台等这些面向商家和专业人士的网站，就是To B类网站项目。这些项目的要求和To C端网站的要求大相径庭：To B类项目最重要的是效率而不是体验，因为设计者在设计使用者工作的工具，在设计时必须首先要保证操作者可以高效地完成他们所需要完成的工作。下面简单介绍一下网站的不同门类。

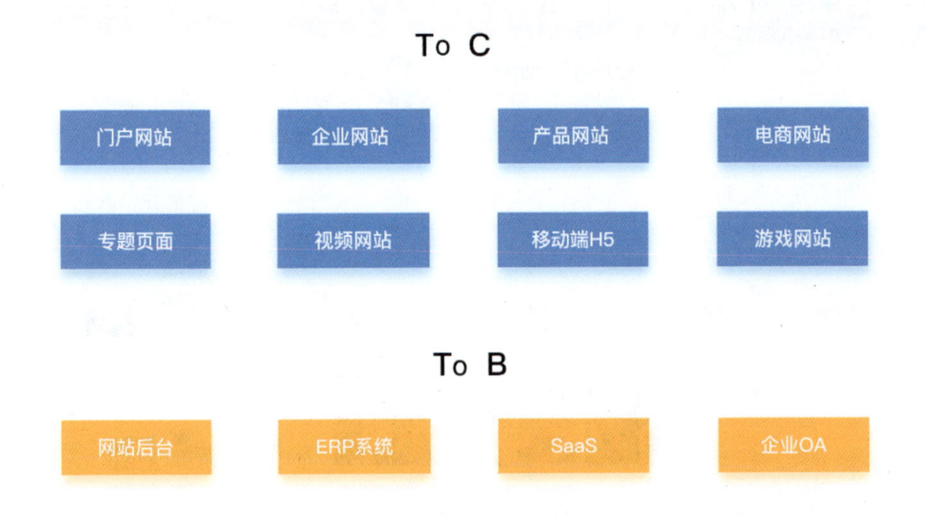

门户网站

国内比较知名的门户网站有新浪、腾讯、网易、搜狐；国外比较知名的门户网站包括Naver、Llinternaute等。由此可以看出，门户网站都是大而全、包罗万象，如腾讯有新闻、财经、视频、体育、娱乐、时尚、汽车、房产、科技、游戏等不同频道。门户网站的门槛很高，必须要有雄厚的实力才可以建立起一个门户网站，而且其需要的设计师数量也非常大。首先门户网站需要产品方向的界面设计师以迭代的方式维护迭代网站首页、二级页面、底层页等网站基石；然后需要各个频道的设计师处理日常需求：巴黎时装周需要负责时尚频道的设计师设计对应的专题，世界杯小组出线需要负责体育频道的设计师设计对应的专题，等等。每一天都有大事发生，那么门户网站中的设计工作就不会少。另外，具体对接频道的设计师也需要对某类项目有一定程度的了解。例如，对接体育频道的设计师起码应该熟悉足球与篮球等体育项目，时尚频道的设计师要懂得各个大牌的设计风格，佛学频道的设计师需要懂得基本的佛学知识和忌讳，文化频道的设计师需要对传统文化有所涉猎。因此，门户网站的设计师基本上可以分为产品组和频道组两种。

韩国门户网站Naver

企业网站

每个企业都需要有一个网站对外展示自己的能力、介绍自己的产品等。现在接触一个陌生的企业时，很多人都会上网搜索一下其官方网站，以验证真伪。网站已经成为中小企业的标配。企业网站设计时通常会有网站首页、公司介绍、产品中心、公司团队、在线商城、联系我们等几个模块，企业网站会展示很多公司环境、团队成员、企业文化等实际的照片，再配合一些资料进行设计。企业网站通常会追求“高端”“大气”“上档次”的风格，这是为了让消费者认同品牌。因此，如果设计师接到了企业网站的设计需求，不妨多去浏览一些更加大牌的企业网站作为竞品作为参考。

美国通用公司官网

产品网站

从苹果公司的iPhone介绍页到小米手机8的介绍页，都采用了一种新鲜的产品营销模式，即产品网站。这类网站的内容主要包括该产品的工艺、技术、设计、特点、构造、使用场景等。这样的产品页希望用户产生沉浸感，因此一般来说都是使用全屏布局，然后配合一些如视差滚动等方式让设计者感觉到这个产品的极致精细。由于中国互联网和产品设计发展很快，因此产品类网站设计需求一定会越来越多。

苹果公司产品介绍页

电商网站

电商设计师也属于网页设计师。如果按照平台细分，电商设计师所在的平台大部分属于网站。以淘宝、天猫为代表的电子商务发展迅速，以至于从内蒙古的牧民到海南岛的渔民，甚至日本、东南亚地区的商人都开始在中国电商平台上开店铺。店铺其实属于平台本身的页面，但是为了增强每个店铺的个性，平台为店铺开通了一些页面自定义的装饰功能，如宝贝详情、店铺排版、Banner头图设计等。这样店铺有一定的权限在平台规定的范围内使用图片和一部分CSS样式代码装饰自己的店铺，电商设计应运而生。很多店铺因为设计精良而提高了销售数量，因此电商设计师已经变得非常重要。

淘宝网首页

游戏网站

游戏是一个巨大的产业，很多公司的大部分收入都来自游戏产业。因此，除了游戏需要制作精良之外，游戏的官网也必须设计精美。毕竟每一个玩家都需要访问公司的游戏官网才能完成下载、充值、社交等重要操作。国外游戏网站，如暴雪娱乐公司的官网设计得极其精美。每个游戏的官网都是一个精品，如魔兽世界、星际争霸2等游戏官网，头部都是视觉冲击非常强烈的动画，而且网站界面的元素都带有游戏的风格。

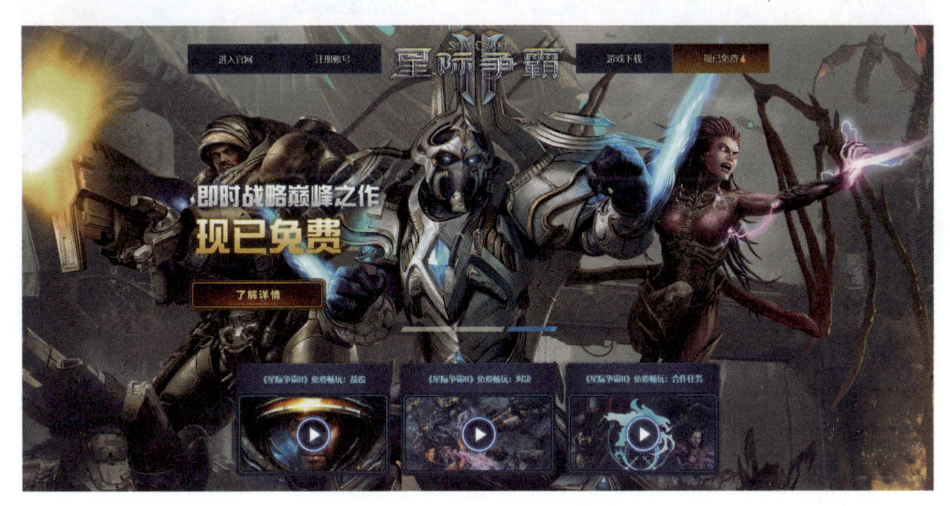

暴雪娱乐公司星际争霸2游戏官网

专题页面

不管是电商还是门户网站，在节日都会需要设计师设计一些专题页面增加曝光度，如儿童节、情人节、母亲节、圣诞节等节日往往会有促销、专题报道等各式活动。专题设计生命周期很短，上线后基本过了流量的那个点基本会没用，如现在已找不到前几年的“6・18”或者“双11”专题页面，因为过了特定时期的专题页面已无人问津。为了在短暂的生命周期抓住人的眼球，应该在头部尽量刺激用户，用刺激对比强的色彩、复杂立体的造型、冲击感强的文字吸引用户，避免使用现代主义设计中的冷淡风格。毕竟每个人可能只会看一次，所以不能放过这个机会。但专题设计和产品设计正好相反，专题设计必须刺激。

京东年货节专题页面

视频网站

视频网站的访问量非常惊人，并且用户的黏着度更高。很多视频网站除了购买版权之外，还有很多UGC内容。UGC（User Generated Content）是指用户产生的原创内容，很早之前的Web 1.0时代用户主要是单向浏览网站，Web 2.0提出的UGC概念是指用户不但可以浏览而且可以上传内容。随着带宽的发展，视频的播放将不需要加载缓存即可直接播放。视频网站的设计主要是考虑应用场景：视频是用户主要观看的区域，因此视频区域首先应足够大；颜色应该以暗色为主，亮色会干扰用户观看视频；其他区域的图片比例应为16：9的视频尺寸，方便后期编辑在后台添加。视频网站的设计师同样也可以分为产品组和运营组两个种类，以满足处理产品方向和运营方向的不同需求。

腾讯视频播放页面

移动端 H5

不少用户在朋友圈被“穿越未来来看你”“淘宝造物节”等H5刷过屏。H5的全称是HTML5，其并不是仅仅指移动端，而是网页前端的开发语言，由于约定俗成的概念，大家现在常常把手机中的集合视频、动效、互动等营销形式称为H5。其实H5的本质是运用网页技术运行在手机浏览器或内置浏览器内的网页。随着技术日新月异的发展，H5显得越来越有传播价值和分量。微信、浏览器等平台级产品在手机端中的火爆促进了依靠入口而传播的H5的发展。如果设计出色，设计师的项目可能会在朋友圈产生病毒传播的效果。

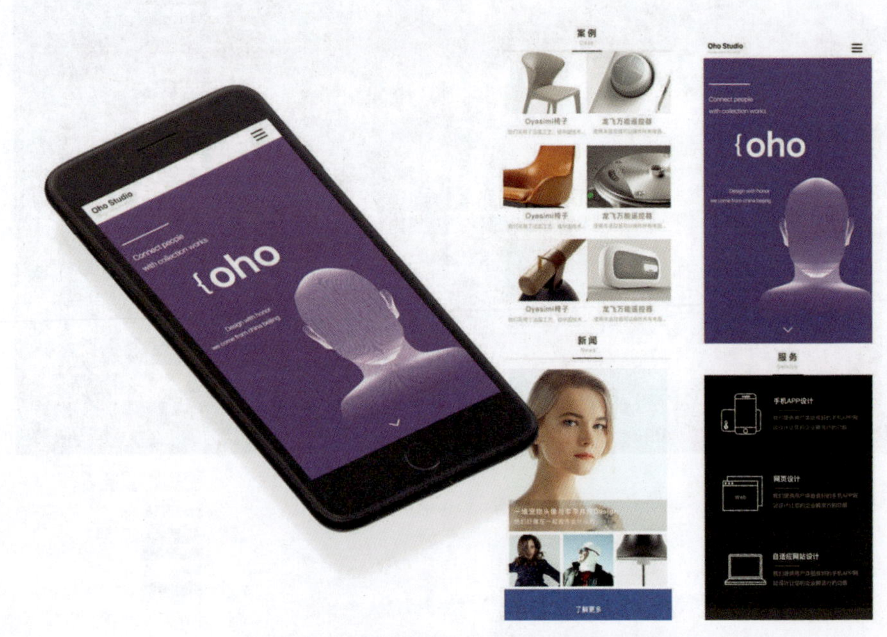

使用前端语言编译的适合手机浏览的H5界面

设计移动端H5项目时，设计师一般以用户量较高的iPhone 6/7/8的尺寸，即750px×1 334px为准。设计师要在顶部预留出微信或者浏览器导航区域，主要内容区域就可以自由设计。一般H5的操作是上下滑动，使用苹方字体，并且字号设置为24px以上，渲染方式设置成锐利，英文则需要使用SF-UI代替。H5可以调用背景音乐、视频、链接等多媒体，让体验更佳。除了让前端工程师开发之外，还有一种方式可以不用代码生成简易版的H5，就是通过H5工具生成。目前，比较火的H5生成工具有MAKA、iH5、兔展等。如果要自己生成而不是通过前端开发，那么设计师设计稿的尺寸需要设置为640px×1 008px。这些工具较为简单，注册后将PSD上传，即可对每个原件进行动效的设置。但是如果需要复杂的动效和交互，还是需要前端工程师的配合。

H5项目的尺寸

后台网站

后台网站又称为Dashboard，中文翻译为仪表盘，其含义就是有一大堆数据与统计信息。后台网站是To B类，首要的需求就是能快速地显示给操作者其需要掌握的数据。可是数据非常枯燥，设计师可以使用诸如“折线图”“饼状图”“曲线图”“表格”等不同方式展现这些烦琐的数据，这种图形表达数据的方式又称数据可视化。后台网站不需要特别可爱的插图及卡通形象，最重要的是效率。因此，设计师如果经常处理To C类的需求，那么接到To B类的产品需求时一定要注意这一点。后台网站因为需要更大的画面，通常会使用全屏式排版，也就是撑满整个画布。如果是小屏，前端会使用相对布局缩小各个元素，排版的位置也会用百分比进行确定。

微信公众号后台

CRM 系统

CRM，即Customer Relationship Management，译为客户关系管理。CRM是企业对客户进行信息化管理的一种形式，用互联网技术实现对客户信息的收集、管理、分析，同时对企业的销售、服务、售后进行监控。CRM常见的功能有员工日程管理、订单管理、发票管理等。设计师在设计这种项目时一定要将信息按所属的逻辑关系分类，加强对比、对齐、重复、亲密性的原则，使操作者在使用时更加便利。

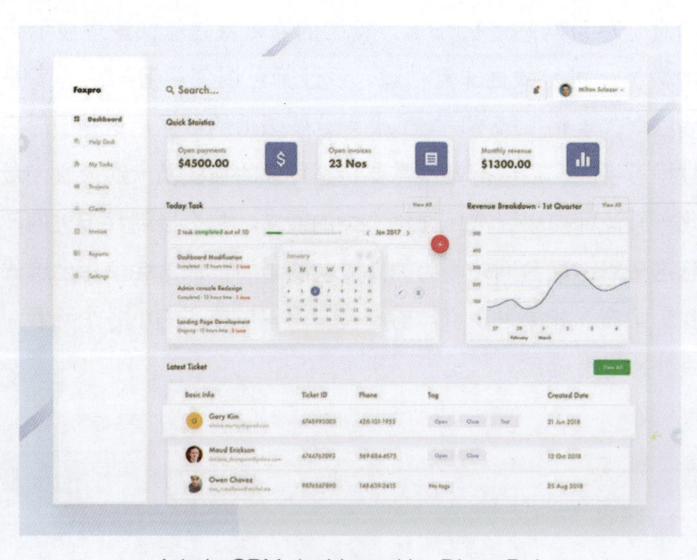

Admin CRM dashboard by Divan Raj

SaaS

如果设计师服务于为企业搭建CRM、ERP或者OA等系统的第三方公司，那么可能总会听到SaaS这个词。SaaS即Software-as-a-Service，就是“软件即服务”。其他公司提供SaaS服务的公司定制系统，服务公司为客户提供从服务器到设计一体化的服务。这里提SaaS是防止设计师误解它的定义。

企业 OA

企业OA，即Office Automation，也就是办公自动化。在20世纪60—70年代就兴起了一场使用电脑改变传统办公方式的革命。当时大型企业经常面临人员众多、地域广袤、办理公司事宜手续冗长等问题，企业OA就可以很好地解决这些问题。通过企业OA可以完成请假、调休、离职、查询公司规章制度、请示、汇报等工作，这样可以减少很多窗口成本和员工的时间成本，增强公司的办事效率。互联网公司更是提供给员工除了企业OA之外的交流功能，如建立员工BBS和留言板等，在上面大家可以对公司提出建议和意见。一般出于安全和保密性的原因，很多公司都更加愿意自己开发企业OA。设计师在设计此类项目时同样要以操作者的体验和效率为主，使操作者轻易可以找到在当前页面中最重要的功能。

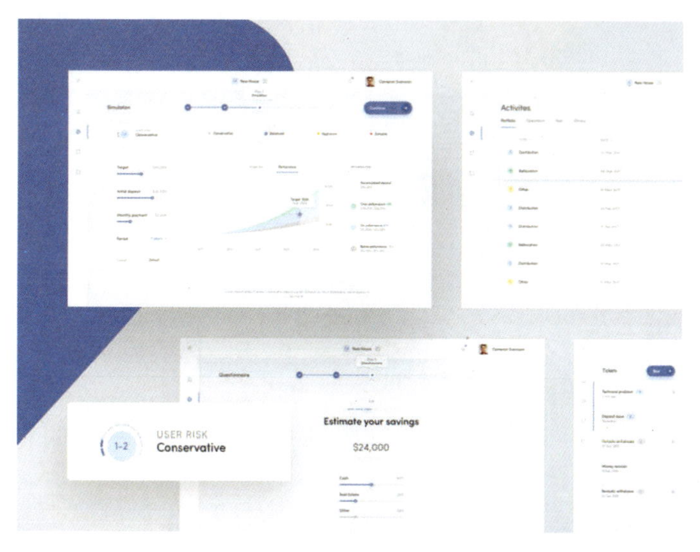

Robo Advisor – Projection，List and Questionnaire by Michal Parulski

9.4 网站组成部分

了解了网站的不同类别后，本节主要介绍网站的组成部分。网站是由不同网页通过超链接连接而成的，而不同网页也是由不同模块组成的。设计师设计的是一个像蜘蛛网一样的网络，而不是一张海报。因此设计师在设计网站时要格外考虑从用户角度出发看到的网站，而不能孤立地把它想象成一个平面作品。

首页

访问一个网站时，用户第一个触及的就是网站首页。首页别名为Index或者Default。在网站发展的前期阶段，网站并不是富媒体，而是类似于一本书，首页与书籍的目录类似，若需要查看哪个子网页直接选择链接即可进入。现在，网站首页仍然是引导用户进入不同区域的一个“目录”，这个目录除了导航功能外也要为用户显示一部分内容，以此吸引用户，显示的部分一定要有一个“更多”按钮指引用户找到二级页面。

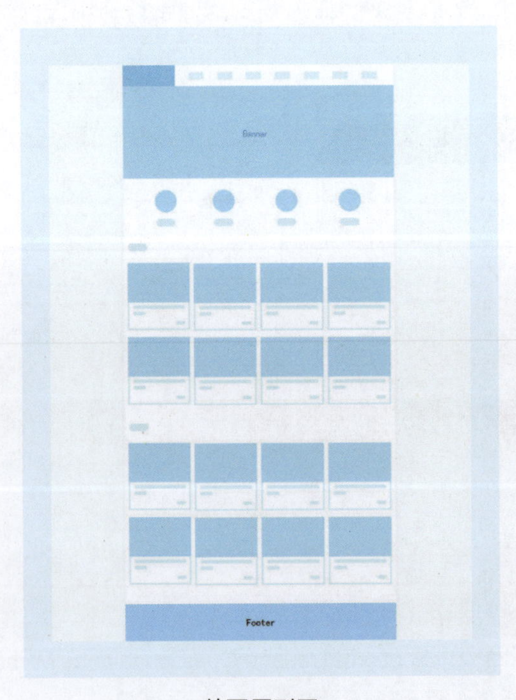

首页原型图

二级页面

在逻辑上，首页是一级页面，从首页选择进入的页面均为二级页面。二级页面之后还有三级页面等级别。从选择的概率上来说，自然是越靠前访问量越高，页面层级越深越不容易被用户找到。一般网站有三级页面，就是为了避免用户迷失，为此还会在页面中加入面包屑导航。面包屑导航就是在页面第一屏出现的如“首页”→“体育”→“NBA频道”这样的超链接结构，其目的是方便用户理解自己在哪里，并且选择可以回到其他页面。

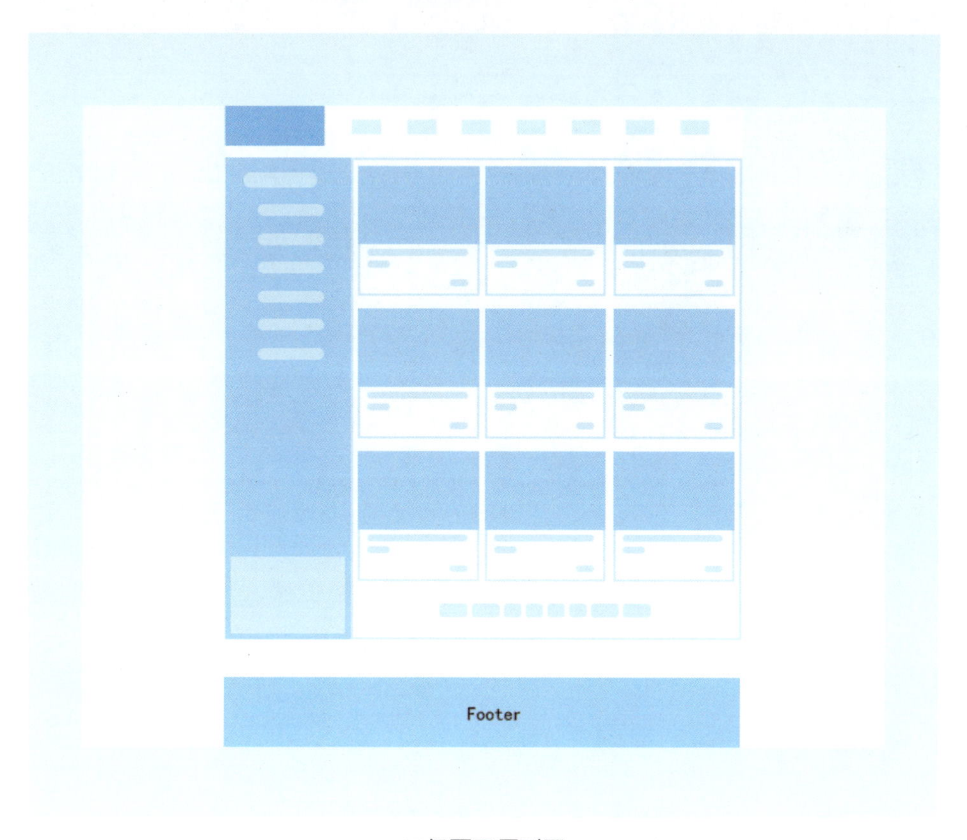

二级页面原型图

底层页

在网站结构中最后提供用户实质资讯的页面就是底层页。例如，在门户网站首页或二级页面中用户选择感兴趣的标题后，在底层页中才会看到全部资讯。待用户阅读完底层页的信息后，可以顺势在左侧或右侧的侧栏寻找可能感兴趣的相关内容；在底侧可以看到网友的评论；底侧也会有分享按钮、点赞功能等；如果侧栏用户转化率比较差，最底部还可以再次出现推荐相关资讯的功能。总之，在用户阅读完自己喜欢的资讯后，要继续吸引用户顺势阅读其他的资讯或者回到频道。

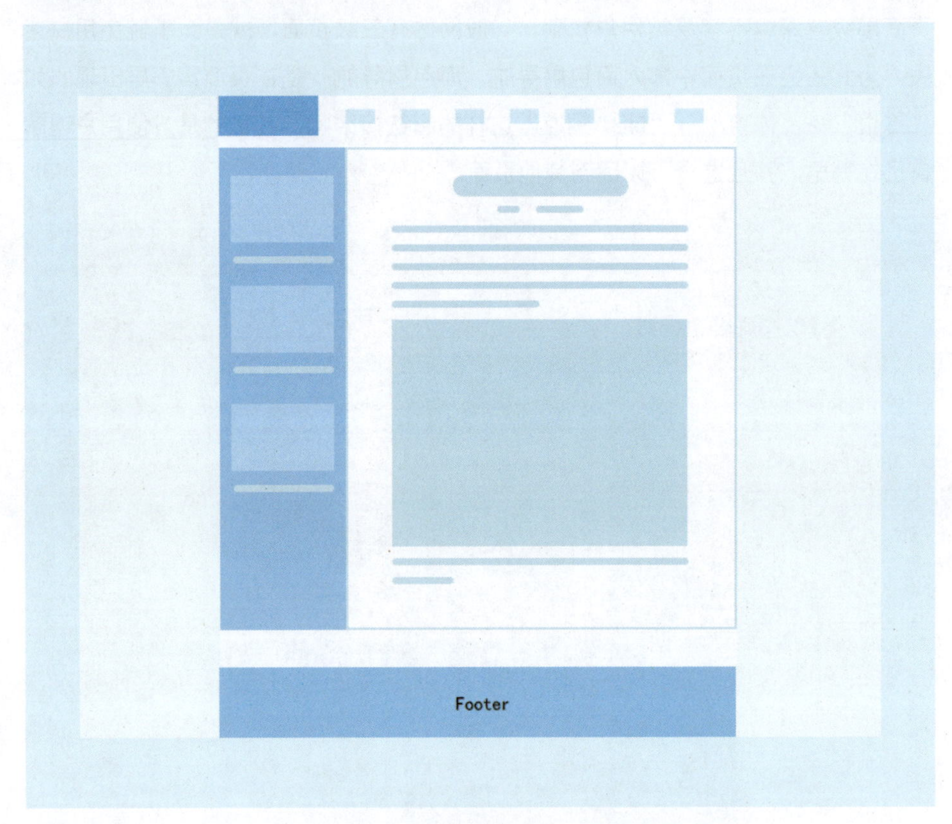

底层页原型图

广告

广告是门户类网站的盈利方式之一。网站的广告一般由负责运营需求的设计师负责，但是也可能由频道设计师、产品侧设计师完成。在网站中常见到的广告图形式就是Banner。Banner一般尺寸巨大，在网站之中非常显眼，因此也不一定是外部广告，也有内部活动、推荐资讯等。Banner图的尺寸也不是固定的。Banner的宽度有两种：一种是满屏（1 920px）；另一种是基于安全距离的满尺寸（1 200px或1 000px）。Banner的高度：一般以1 920px×1 080px为基准的用户屏幕，加上浏览器本身与插件和底部工具条等距离，留给网站的一屏高度大概为900px，因此Banner不可以做得很高，否则第一屏信息会显示得不够。有些设计师可能会说，那就让用户往下拉。但是在网站的访问用户之中，第二屏触及的用户会比第一屏少很多。也就是说，很多用户可能选择网站后就会跳走或者关闭，所以第一屏的信息非常重要，可谓是“寸土寸金”，Banner不应该占据过大的区域。例如，站酷网的Banner区域为1 380px×350px。除了首页巨大的Banner广告位，网站还有以下几种形式的广告。

（1）对联广告。在门户网站中用户经常会看到网站左右安全区域之外会有两个随屏幕滚动的像“对联”一样的广告，通常Banner也会是一个广告内容，并且居中会弹出由H5技术或Flash技术制作出来的弹窗广告。这种广告一般组合售卖，也就是说一进网站用户就会被全面“轰炸”，无法不注意这个广告的存在。这种广告选择进入还有配合的专题页等，可见需要设计师配合的地方非常多。

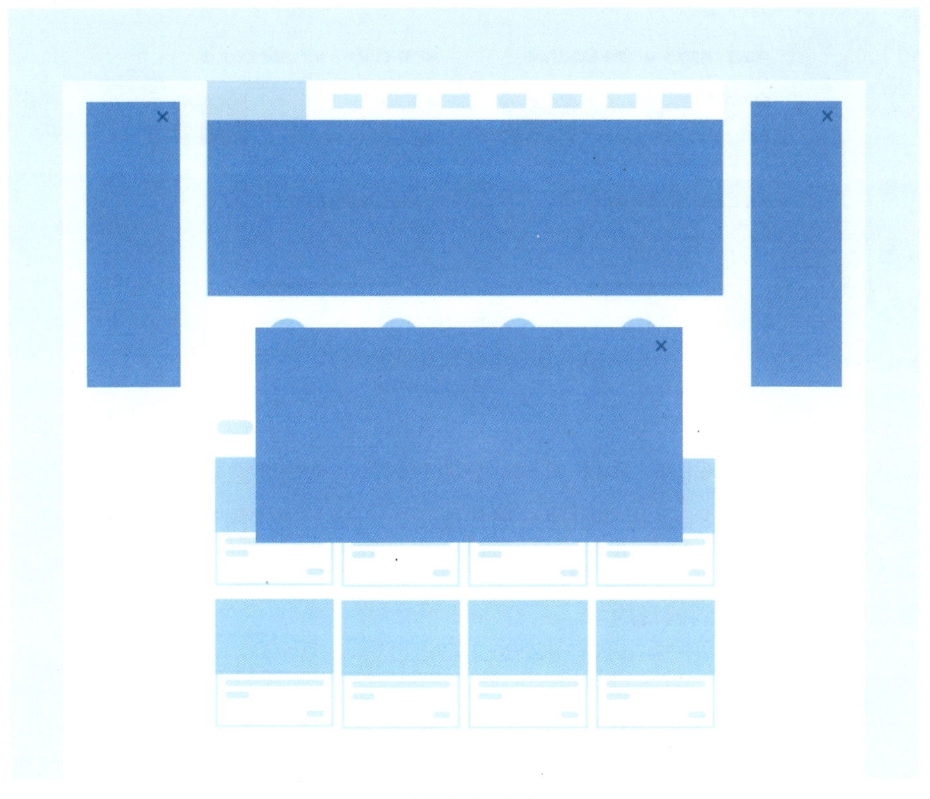

对联广告形式

（2）信息流广告。信息流广告是埋在信息流中的一种广告形式。这种形式利用了格式塔原理，用户会不自觉地阅读广告的内容，其形式和其他信息一样。例如，朋友圈、知乎、Facebook等都采用了信息流广告，信息流广告的效果非常强，但是会牺牲一定的用户体验。信息流广告的尺寸与信息流相同。

知乎App中信息流中的广告

以上从广告的形式上简单介绍了三种常见的网站广告形式，如果用户在有阅读需求时看到了CPM、PV等单词，应明白这是广告的收费模式。CPM是指按照广告PV收费，CPS是指按照用户消费收费，CPA是指按照用户注册数收费，CPC是指按照用户点击付费。针对不同的收费模式，在设计时也会采取不同的策略增强广告需要达到的目的。

Footer

在网站具体的页面设计中，底部有一个区域被称为Footer。一般Footer的颜色会比上边内容区域要暗，因为Footer的信息在逻辑的级别上是次要的。Footer区域主要是版权声明、联系方式、友情链接、备案号等信息。在设计时一定要降级处理，不要让Footer变得特别明显。

9.5 技术原理

网页设计师在做项目之前必须了解网页背后的技术原理，技术决定了哪些设计和交互是可以实现的、哪些是无法实现的。同时技术原理也决定了设计师需要如何配合前端工程师来完成一些复杂的交互。过去网页前端工程师和设计师是一个岗位，被称为网页美工，这个职位需要在完成视觉设计后把页面做成静态网页交给下面的环节。随着分工越来越细致，产生了网页设计师和前端工程师两个工种，但是网页设计师不可以脱离技术局限去设计。网站的基本存储原理如下：在电脑C盘保存一个被命名为LOGO.jpg的图片，然后在浏览器打开这个C：\LOGO.jpg就可以看到这张图片。这就是网站的原理。网站的资源和文件存储在服务器。用户通过域名调取网中不同的页面和文件，如果服务器关机那么网站也就瘫痪了。每次当用户通过浏览器访问网站时，输入一个网址，这时这个域名会转向一个IP地址，这个IP地址就是服务器所在的门牌号码。找到以后，浏览器会从服务器上下载网站的代码并把代码翻译成用户能看懂的界面，如文字、边框、表格等实际上都是代码的形式。浏览器还会把网站中所需要的图片、视频等单独下载到缓存中。当用户通过表单输入用户名和密码时，用户的信息就会上传到服务器中，服务器处理完（如登录成功这个信息）后再下发给浏览器。因此，平时访问网站时，用户的电脑和浏览器要通过互联网与服务器进行多次“握手”。当然，“握手”过多会造成加载速度变慢，于是“聪明”的浏览器会把已经下载过的资源缓存下来，避免浪费。这个机制就是“Cookies”，浏览器会自动存储访问过的网址、网站图片、视频、表单信息等。

基于鼠标的交互

在不久的未来，个人电脑可能通过多点触控、语音交互等方式与用户交互，但目前网站设计最主流的交互方式还是鼠标和键盘。鼠标的使用主要有移动、左键、右键、拖拽四种方式。用户在页面中的大部分操作是通过鼠标左键单击完成的，所以网页也是单击的艺术。右键一般会唤起右键菜单，但是很多网站与网页应用程序也会将右键自定义设计一些操作和交互。与鼠标发生交互的主要是超链接与按钮。超链接的四个状态为Link、Visited、Hover、Active（前端术语是超链接标签的CSS四个伪类）。

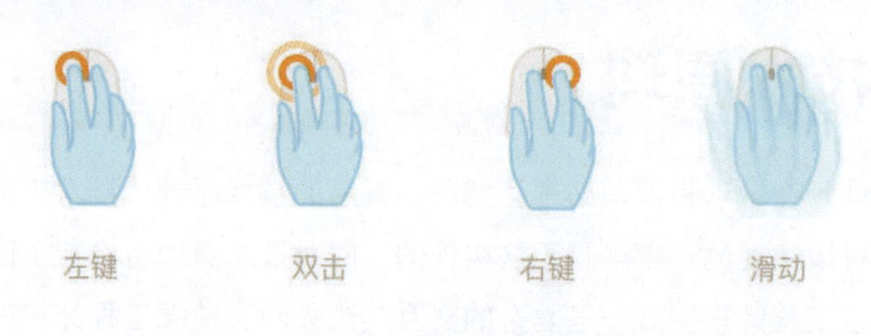

基于鼠标的手势操作

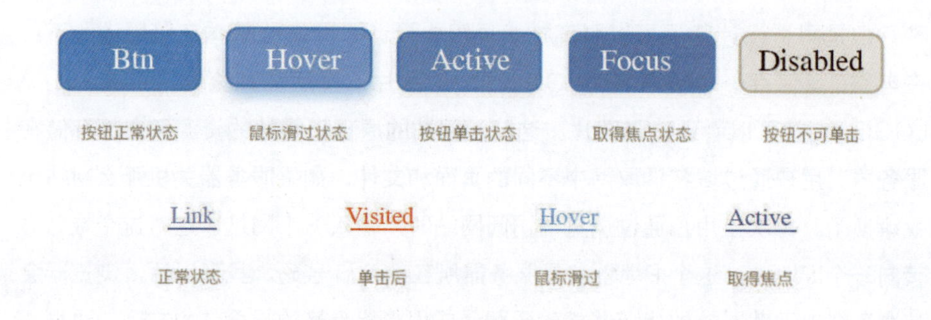

按钮与文字的不同状态

Link是指超链接正常时的状态。一般超链接需要与普通文字区别开来，如换一种颜色或者加下划线。当然下划线还有一个作用就是方便弱视群体区分超链接与普通文字。Link默认都是蓝色的（色值：#72ACE3），但是为了增强网站的品牌性，设计师也可以把链接颜色更换成另一种颜色。总之一定要在形式上与普通文字产生差别才可以。

Visited是超链接被单击以后的状态。例如，新浪网新闻非常多，单击完一个新闻后用户可能不知道自己是否看过这条新闻，因此新浪网使用了Visited属性，单击后的新闻颜色就会不一样，方便用户区别自己哪些新闻还没有浏览。

Hover是超链接鼠标经过状态，这是链接中最重要的状态。其实不止超链接，按钮、图片及视频等一切可交互的元素都应该设置Hover属性，也就是鼠标悬停时的状态。一般来说，变换颜色和放大是Hover状态的基本方式。

Active是指超链接的激活状态，单击后超链接可以通过CSS加载一个状态。

同样的链接样式也可以应用在图片、按钮、表单之上。单击、鼠标悬停、鼠标按下都可以设计成不同的样式，方便用户通过鼠标感知这个物体是被按下去的。当然，按钮和链接稍有不同，按钮除了具备正常和鼠标悬停等状态，还有一种状态叫不可单击。这种状态将按钮置灰，提示用户这个功能因为条件不满足不可以单击。

静态网页

用户一般看到的网页都是静态网页。静态网页是由HTML编译的，服务器上存储的网页代码基本都是HTML格式。HTML的全称为Hyper Text Markup Language，即超文本标记语言。“超文本”是指这种语言内可以包含文字元素及调用图片、链接、音乐等非文字元素。HTML语言对没有编程经验的人来说可能会很头疼，但是它已经是所有编程代码中最简单的一种。HTML语言可以被当做摩尔代码，它是服务器和浏览器之间的密语，浏览器会将这些密语翻译成易懂的色彩和链接等。如果编程人员用HTML语言写一段文字会是什么样呢？

模拟代码编译过程

代码就是这样一点一点编起来的。在任何网站空白处右键单击查看网页源代码就可以看到网页的HTML代码。HTML这种代码是由国际组织W3C发布和维护的。W3C创建于1994年，是网站国际中立性技术标准机构。W3C已经发布了HTML的许多版本，其中影响最深远的是HTML4版本。而HTML5（简称H5）则可以说是划时代的版本，H5的标签更加接近现代，并且本身可以播放视频，这就可以淘汰掉Flash插件（Flash插件可能带来系统漏洞、加载速度过慢等问题），同时H5对多平台支持也很好，因此适应移动端为“王”的当今时代。H5甚至还可以变成游戏、Webapp（在网页上如本地程序一样工作的网站，如蓝湖等）、多媒体等多种形式，但由于不支持H5效果的浏览器在用户中占比很高，因此制约了H5的发展。浏览器可以理解为一个代码阅读器，由于它对H5代码的翻译工作不好就会造成“兼容性”的问题。例如，H5中可以通过代码给一个DIV添加投影，但在某些浏览器中就无法显示这个效果。在每次做完一个网站项目时，测试工程师都会用Chrome、Safari、Firefox、Opera、IE、Edge等多个浏览器测试网站的兼容性。此时前端工程师通常会非常头疼，因为代码牵一发动全身，经常这个好了那个又不行了。但是针对这种问题也有一些解决方案，如减少对用户占比不高浏览器的支持、对不好解决的浏览器单独加载特定的适配代码等。

其他前端语言

有了HTML这个“骨架”，加上图片和多媒体后，网站的发展速度就会更快。但是服务器的损耗很大：所有用户都需要重复在服务器下载代码和图片等资源进行“握手”，而且很多HTML代码都是重复的，造成资源的浪费。例如，如果网站的头部都是黄色的、链接都是蓝色的，那么每个页面都会重复这几句代码，而CSS技术正好可以解决这一问题。CSS是层叠样式表的意思，可以理解为现在把网站的样式（如颜色、大小、位置等样式信息，即CSS）和网站的内容（文字、图片、链接等内容信息，即HTML）完全分开，并且一个网站可以下载一份CSS，不同页面都调取这份CSS的缓存，这就节省了服务器资源。另外，由于网站需要一些交互效果，如单击特效和菜单特效等，需要前端工程师使用JavaScript代码进行配合。JavaScript是一种比较短小精悍的语言，通常简写为JS，在构建一些基于浏览器的特效时非常方便。目前主流的网站配置是H5＋CSS3＋JS代码的组合，当然为了兼容那些低端浏览器也可能使用HTML4＋

CSS+JS的套餐。这取决于主要目标用户群在使用什么样的浏览器。当然，笔者讲这些并不是要求设计师去学习HTML、CSS、JS代码然后进行前端开发，因为在现代互联网公司里已经有专业的前端工程师，设计师了解这些主要是理解前端工程师的工作以便更好地配合他们。

主流网络配置代码组合

动态网页

动态网页不是说它有酷炫的动画，而是动态网页会随着时间、内容和数据库的调用而产生动态的网页。例如，今天看到的网站新闻和昨天的新闻肯定是不一样的，可是网站首页的HTML代码并不需要工程师手工修改，而是让编辑通过后台录入新闻、上传图片即可。编辑上传后台的过程就会输入数据库，而动态网页又是调取数据库内容显示给用户的一种形式。动态网页会随时调取数据库中的信息给用户，而对用户来说静态网页和动态网页似乎都是一样的。判断二者最简单的方式是看网址结尾，静态网页结尾是html或htm，而动态网页由于使用了高级网页编程技术，结尾则是asp、php、jsp等。ASP、PHP、JSP、ASPX、CGI都是动态网页的语言，当然有时为了让网站效率提升也会使用伪静态结构，这样动态网页的结尾和静态网页就会一致，但是实际上动态网页会在用户访问前调取一遍数据库。同时动态网页的网址含有“？”这个符号。动态语言目前最火的是PHP，较早而现在比较少见的是ASP、CGI，最安全的是JSP，所以很多银行采用JSP编译。

PHP　ASP　JSP　CGI

主流后台编译语言

雪碧图

网站中经常会有动画，动画实现的原理一般有如下几个：第一，H5视频播放，这种方式的缺点是不兼容低端浏览器；第二，Flash Player播放器播放，这种方式的缺点是Flash安全性很低且效率慢；第三，动画使用GIF格式，这种方式的问题是动画长度不够，并且这个格式仅支持透明和不透明两级属性。Google首页Doodle的动画，这种技术被称为雪碧图。CSS雪碧，即CSS Sprite，也有人称CSS精灵，是一种CSS图像合并技术。它本身调用的图片是支持多级透明的PNG格式，然后把动画并排排列出来。例如，一个卡通人物的动画每帧宽度为100px，那么就把它的动作1、动作2、动作3、动作4并排放在一张宽度为400px的PNG图片里，并将其代码放在一个宽度为100px的框子内，背景图调用这张PNG，这样就看到了动作1，然后过1秒代码会悄悄移动100px就可以看到动作2……由于速度很快用户就看到了连续动画。雪碧图也有自身的缺点，如果帧数太多，则会消耗很大的内存，因此帧数一定要控制在一定范围内。如果动作设计了12帧，那么笔者建议可以试试将2、4、6、8、10删除，仅保留一半的动作。

雪碧图

视差滚动

视差滚动是一种运动速率不一样的设计效果，用于实现空间感，如密尔沃基警察局官网就大量运用了视差滚动效果。其实现原理是，代码判定网页滚动，滚动时页面中三层图片运动速率和位移距离不同，这样给人造成的视觉体验同人在物理现实中看到的空间感一样。视差滚动已经不再是高新技术，如果网站比较适合视差滚动，设计师可大胆设计并向前端工程师提需求。此时，设计师需要准备的就是运动速率不同的分层静态PSD文件。

运用了视差滚动效果的密尔沃基警察局官网

9.6 网页设计规范

网站设计并无具体平台限定的风格，也没有必须要设计的系统级导航栏和工具栏。因此，网站设计更加灵活，然而因为太灵活也会让设计师无从下手。接下来笔者将介绍网站设计的规范，以供设计师参考。在设计之前，设计师一定要和前端工程师沟通使用的尺寸、字体、交互等，这样有助于后期工作的开展。

画板尺寸

因为网页尺寸与用户屏幕相关，而用户屏幕的种类难以统计，所以设计稿只能主要顾及主流用户的分辨率，其他分辨率用适配的方式解决。在最新版Photoshop网站，Web预设尺寸通常包括常见尺寸（1 366px×768px）、大网页（1 920px×1 080px）、最小尺寸（1 024px×768px）、Macbook Pro13（2 560px×1 600px）、MacBook Pro15（2 880px×1 800px）、iMac 27（2 560px×1 440px）等。这些是主流尺寸，如果做网站建议设计师按主流的分辨率1 920px×1 080px设计。通常设计网站时的网站宽度为1 920px，每个屏幕的高度约为900px。将屏幕高度设为900px是因为1 080px还要减去浏览器头部和底部高度。内容安全区域为1 200px（或1 000px或1 400px），以这个尺寸设计相对标准。在设计网页前设计师需要告知前端工程师设计尺寸，因为对适配的方式和后续配合他们更有发言权。

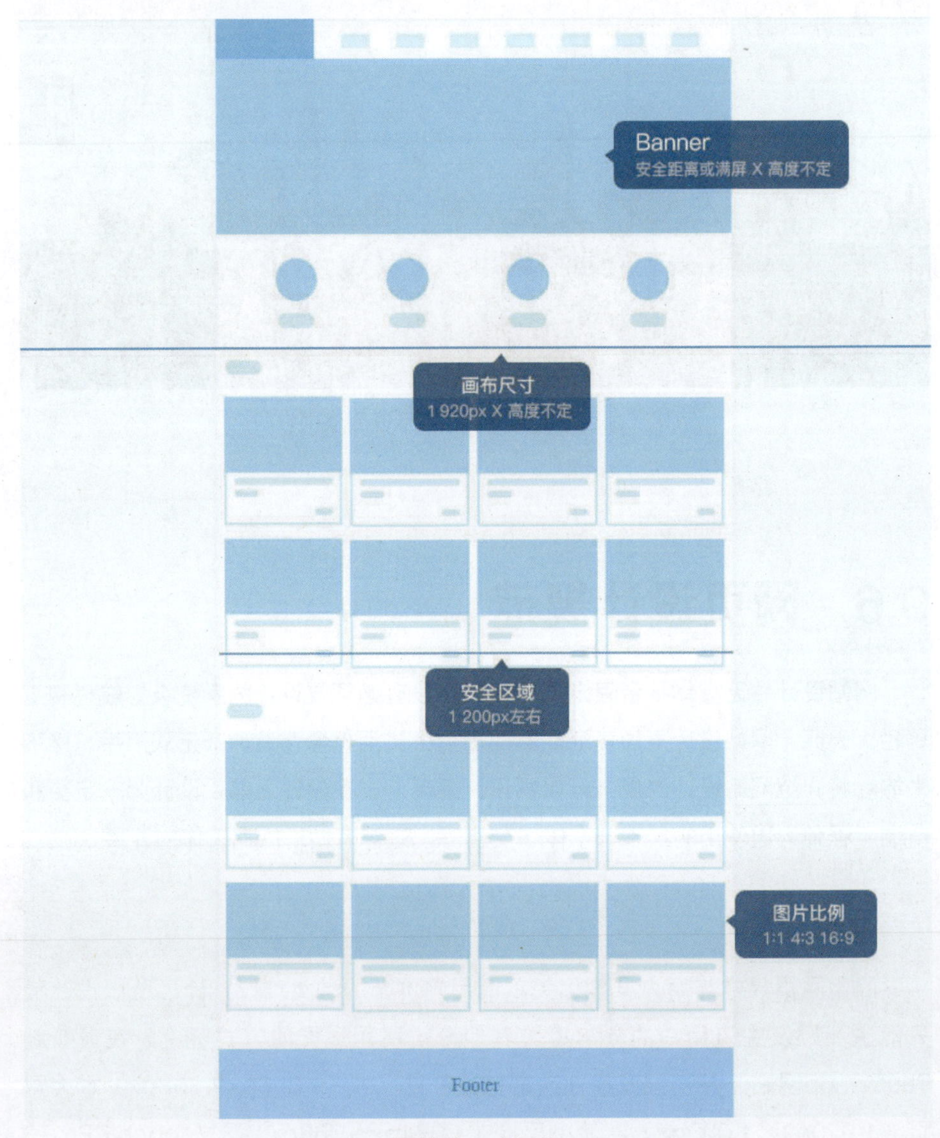

网站的尺寸规范

文字规范

网站上面的文字是通过前端工程师重新写在代码里的，这种文字在浏览器上的渲染与系统和浏览器有关。例如，在苹果电脑上看到的文字效果和Windows系统电脑上看到的文字效果就有所不同：苹果会对文字进行渲染，而Windows的文字几乎充满了像素颗粒。按照用户占比来说，Windows系统的用户是主流，因此尽管设计师可能使用苹果电脑设计网页，但是设计出来的网页效果也应该和Windows显示一致，否则设计师设计的设计稿，程序员无法还原成设计稿的样子。另外，字号的大小也非常重要。网页的显示区域决定了文字不可以过大，在网站设计中文字大小一般来说是12px～20px。通常不能比12px更小，因为比12px更小的中文无法展示复杂的笔画，而且奇数的文字表现和适配都不好做，也就是说设计师必须使用偶数的字号进行设计。因此，文字使用宋体、大小为12px、渲染方式选择无；稍大一些的字体使用微软雅黑、大小为14px～20px、渲染方式选择Windows LCD或锐利；英文和数字需使用Arial字体，渲染方式选择无。

宋体

12px 渲染方式：无 色彩：Web颜色

微软雅黑

14px～24px 渲染方式：Windows LCD
色彩：Web颜色

Arial

12px 渲染方式：无 色彩：Web颜色

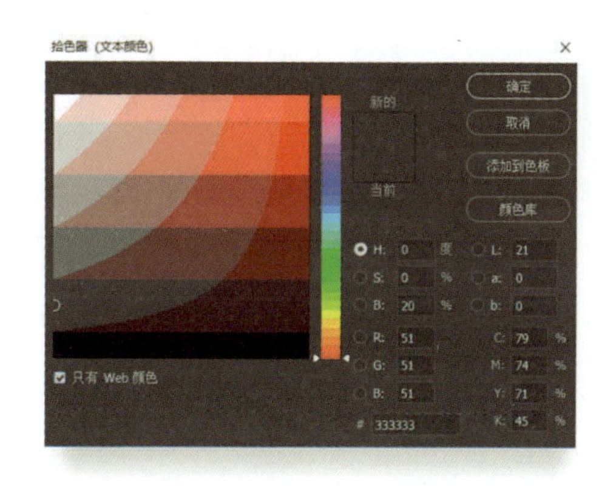

网站字体规范

图片规范

网站设计中的图片常用4（宽）：3（高）、16（宽）：9（高）、1：1等比例。具体图片大小没有固定要求，但以整数和偶数为佳，主要是考虑到一些适配的问题。作为内容出现的图片应有介绍信息和排序信息。图片的格式有很多，如支持多级透明的PNG格式、图片文件很小的JPG格式、支持透明/不透明并且支持动画的GIF格式等。在保证图像清晰度的情况下文件越小越好，使网页使用的图片更小的方法主要包括以下几种。

第一种方法，给程序员切图时设计师可以适当缩小图片文件的大小，如Photoshop中存储为Web所用格式就会比快速存储文件更小。

第二种方法，可以尝试使用如Tinypng、智图等工具再次压缩图片，这些工具会把图片中的多余信息删除并压缩，且图像质量不受损失。

第三种方法，Google研发了一种Webp格式，它的图片压缩后的体积大约只有JPG的2/3，能节省大量的服务器宽带资源。例如，Facebook、Ebay及UI设计师常用的站酷图片存储都使用Webp图片格式。

第四种方法，浏览器和服务器“握手”时需要下载网页所调用的图片资源，如果一个网站有100张图片，浏览器和服务器就得“握”100次。这既耗费服务器资源，也会减慢访问速度。因此，前端工程师们采用了另一种做法，即把网页中所使用的图片拼成一大张PNG，每个调用图片的元素都调用这张图片再分别位移一点儿，将显示的那块区域移动到一大张图片中所需要的那个图像即可。

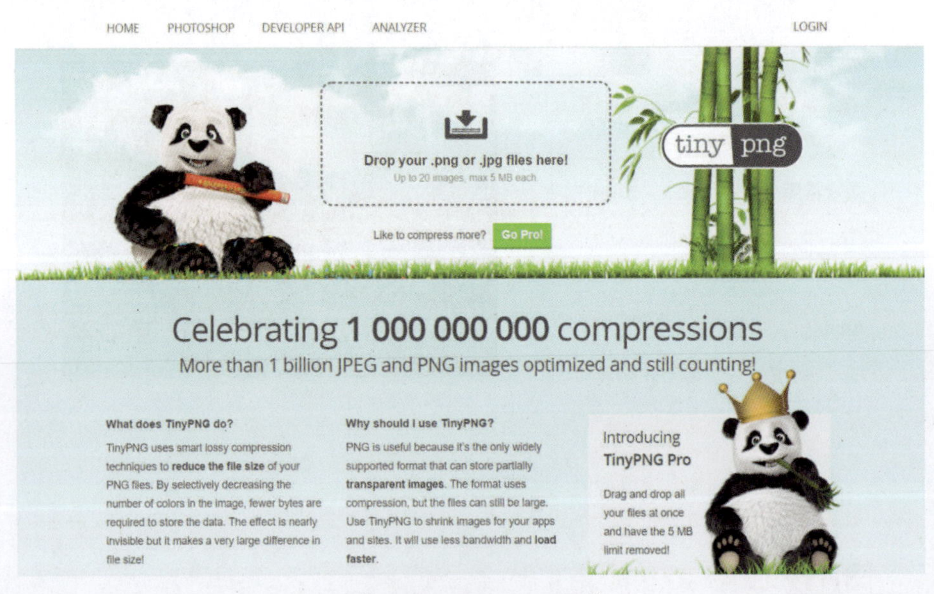

在线压缩工具Tinypng网站

按钮

按钮的风格在过去的十几年发生了很大的变化，由一开始的“斜面与浮雕”风格过渡到后面的“拟物风格”，现在更流行的是扁平风格。如果按钮在一张图片中，为了不影响图片的美观性，会去掉填充只保留边框，这种设计方式被称为幽灵按钮。在设计按钮时设计师应同时设计好按钮的鼠标悬停、按下状态。

不同时代不同的按钮风格

表单

在网站设计中，设计师经常需要使用一些输入框、下拉菜单、弹窗、单选框、复选框、编辑器等。这些都是系统级的控件，一般是直接调用系统设计的。但是系统设计有时不能满足设计师的要求，如系统内置的表单高度不够，单击使用不舒服；不符合网站整体设计的品牌感等。这种情况下设计师可以通过CSS为这些表单增加样式，包括颜色、大小、内外边距等。因此，设计师遇到涉及表单的需求时也可以进行自定义设计。

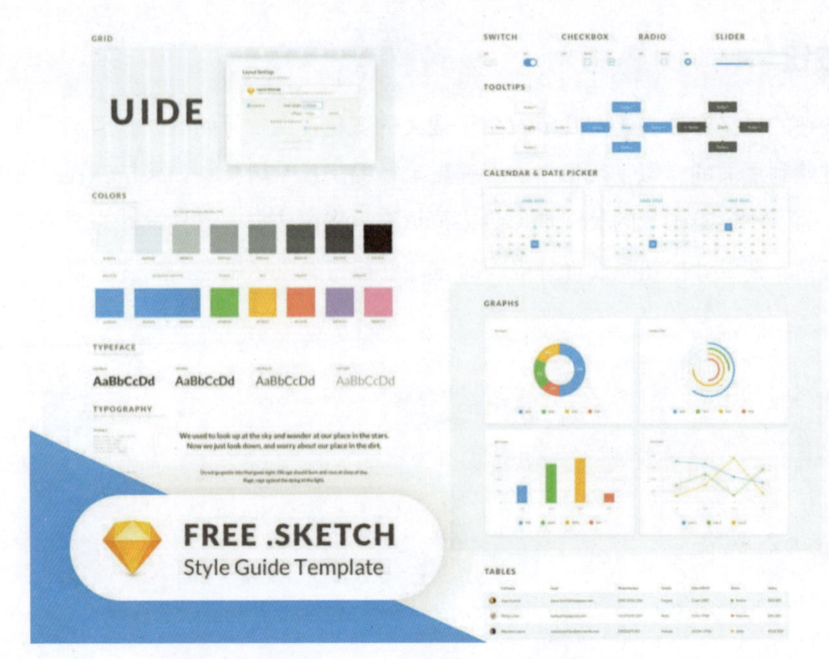

表单不同风格的设计（UIDE Kit by Mateusz Dembek）

栅格

设计界面的整体宽度可定义为W，将整个宽度分成多个等分单元A。每个单元A中有元素a和间距i。它们之间的关系就是（$A \times n$）$-i=W$。当然每个应用的尺寸不止可以整除成一种栅格，这主要看设计师内容排版的疏密程度。之后，设计师将过多内容的栅格和另一个栅格相加得到更大的排版空间；其他元素都必须位于自己的栅格内，这样就可以完成一个布局非常科学的设计。现举例如下。

如果网页宽度是1 000px，可以使用：

20列每列40px和10px间隔

20列每列30px和20px间隔

25列每列30px和10px间隔

25列每列20px和20px间隔

如果网页宽度是990px，可以使用：

20列每列40px和10px间隔

25列每列30px和10px间隔

如果网页宽度是980px，可以使用：

20列每列30px和20px间隔

25列每列20px和20px间隔

栅格系统具有以下几方面优势：能大大提高网页的规范性；在栅格系统下，页面中所有组件的尺寸都是有规律的；基于栅格进行设计，可以让整个网站各个页面的布局保持一致，这能增加页面的相似度，提升用户体验。

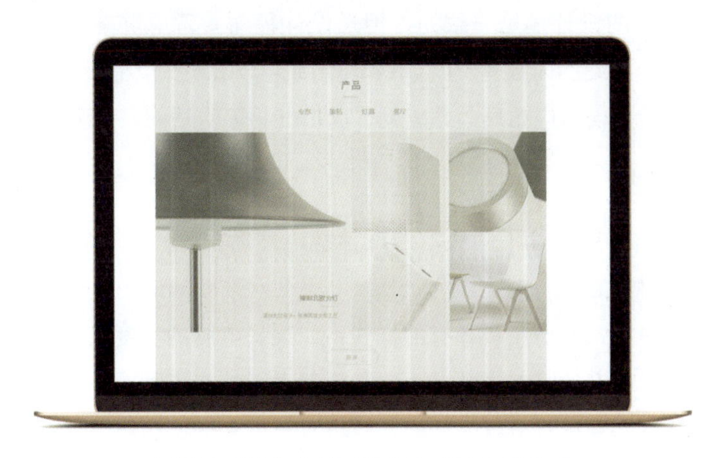

网站的栅格化会使网站看起来更有秩序感

适配 Retina 屏幕

2012年苹果发布了Retina Macbook Pro，目前Retina屏幕的电脑占有量越来越高。简单来说，Retina屏幕就是屏幕密度是传统屏幕的两倍，拥有更大的清晰度，甚至可以满足人类视网膜最高的识别度，因此也被称为视网膜屏幕。这种屏幕下设计的安全距离大约为1 000px的网站就显得非常粗糙。如果设计师在Retina屏幕下显示一个400px×300px的区域，实际上需要提供给前端工程师一张800px×600px的切图，因为Retina屏幕一个点相当于两个像素。如果需兼顾高清屏幕和普通屏幕，应注意以下几点。

首先，需要以视网膜屏幕为大小完成设计稿，建议是传统设计稿的两倍。其次，切出两套切图（非Retina屏幕用户如果也加载双倍大小的资源会很慢），普通的切图命名为Logo.jpg，Retina切图命名为Logo@2X.jpg。前端用代码进行识别，如果屏幕是Retina就加载双倍尺寸，否则加载普通尺寸。前端可以使用Retina.js（http：//retinajs.com/）提供的技术进行识别。

自适应与响应式网站

有些网站使用电脑端或者手机端甚至iPad浏览时体验都非常好，这就需要设计师为了用户体验而进行网站的自适应或响应式布局。响应式与自适应的原理相似，都是通过代码检测设备屏幕宽度，根据不同的设备加载不同的CSS。

自适应网站

自适应网站的设计稿是一致的，但是设计稿需要考虑屏幕变小时的变化方式。例如，一个网站的内容有5个区块和4个间距，如果宽度缩小为900px时需要如何变化，这就是自适应布局。站酷网、Dribbble等网站都采用了自适应布局。

响应式网站

响应式网站需要设计不同版本的设计稿，然后根据不同的设备提供不同的CSS样式。如果判定设备的宽度为750px，那么网站就知道用户使用手机进行访问，进而为用户导入一份手机才有的样式；如果是电脑的宽度就会为用户导入电脑的CSS样式。对设计师来说，自适应需要考虑网站在不同设备宽度下的整除与排版；响应式则需要设计电脑、平板、手机等至少三套设计稿（这三套设计稿的内容是一致的）。总之，自适应和响应式都是网站为了用户体验所适应浏览设备而做出的努力。

适配的规范

手机方面：适配手机页面时，设计师一般以iPhone为画布标准，这是因为iPhone显示相对比较清晰，并且要求较高，用户占有量也很高。在适配时设计师一般以750px×1 334px尺寸为主，然后将网站导航改变为手机App常常使用的汉堡包＋抽屉式导航的形式。同时，网站里的按钮也需要变为手机App中用户看到的左右几乎满屏的按钮，并且每个按钮要大于88px，方便手指点击。字体方面，设计师应把网站的字体全部改为苹方字体，并且字号设置为24px以上，渲染方式设置为锐利，英文则需要使用SF-UI代替。换句话说，就是将网站改变成一个类似App的手机网页，这样才可以保证手机用户体验良好。如果用户使用安卓手机，那么前端代码则会基于设计稿的设计适度加大图片与间距以适应安卓屏幕。

iPad：iPad的尺寸为1 024px×768px、2 048px×1 536px等，无论如何变

化基本与电脑屏幕尺寸类似，在iPad上浏览网页还是比较舒适的。因此，很多网站并没有专门为iPad做适配，如果希望iPad用户用得更满意，可以从文字大小（24px以上）、按钮大小（88px左右及以上）、交互形式（抽屉式导航、导航不随屏幕滚动）等方面入手。

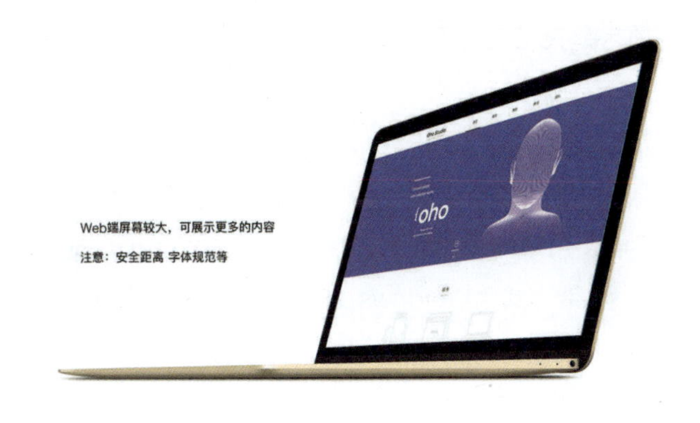

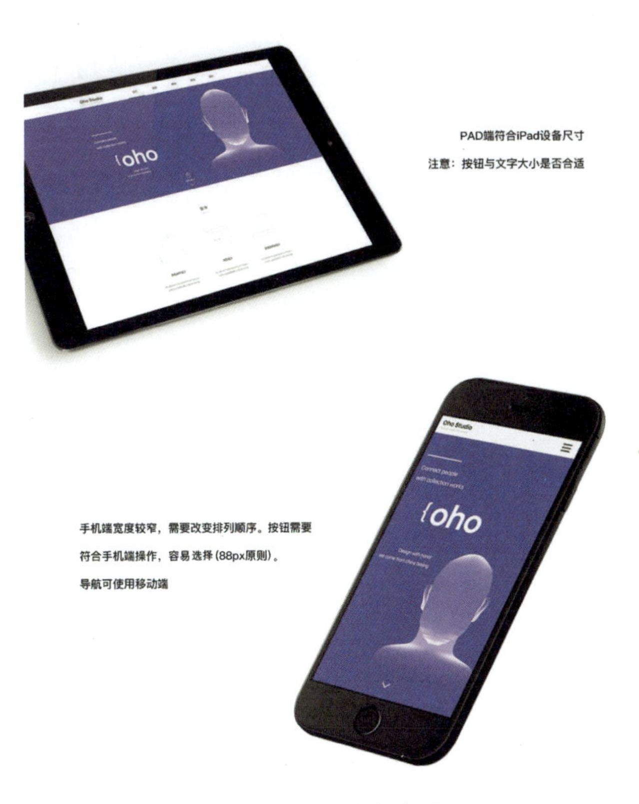

不同设备的注意事项

9.7 本章小结

无论面对的项目是To C类还是To B类网站产品，设计师都应该按照下述步骤进行确立设计风格→寻找设计素材→建立情绪板→完成视觉稿→切图标注→建立视觉规范→项目走查。

如果设计一般网站的页面，可以按照1 920px×1 080px的尺寸设计。每屏高度为900px，字体使用宋体、字号为12px、渲染方式为无，或者微软雅黑、字号为14px～20px、渲染方式为Windows LCD。Banner尽量满屏，但是图片需要按照4∶3或16∶9等比例进行设计。做网站时可以建立栅格以更好地进行自适应和响应式布局，设计师也应为超链接和按钮设计不同的相应鼠标的状态；另外，设计师也可以多多尝试在网站设计中加入视差滚动、雪碧图动画等有趣的交互。

如果设计手机端的页面，可以按照750px～1 334px的尺寸设计，中文字体使用苹方、字号为24px以上、渲染方式为锐利，英文字体使用SF-UI。按钮和选择区域需要大于88px，方便手指点击，并且头部需要预留出微信或浏览器的导航区域。

第 10 章　FUI 来自未来的 UI 设计

10.1　什么是 FUI

作为这个时代的人，或许每个人都有偏爱的好莱坞超级英雄吧？喜欢复仇者联盟的钢铁侠还是蜘蛛侠？或者是银河护卫队的粉丝钟爱社会小浣熊？还是更迷异型这种怪物呢？作为科幻迷，笔者同样迷恋这些关于太空和外星人的电影，尤其迷恋这些电影里的FUI。FUI可以是幻想界面（Fantasy User Interfaces）、科幻界面（Fictional User Interfaces）、假界面（Fake User Interfaces）、未来主义界面（Futuristic User Interfaces）、电影界面（Film User Interfaces）的简称。不管F代表什么，都是代表了未来和科幻的意义。生活在这个时代的人有幸看到了20世纪50—60年代科幻电影里的神奇之物变成了现实：安德的游戏预言了iPad，星球大战则提供了很多战斗机灵感，《少数派报告》里出现了Leap Motion和空气投影的技术。科幻电影就像一艘巨大的外星飞船降临到人类的现实生活，令人着迷和眩晕。FUI的主要目的是在电影或游戏中展示科技的发达，如钢铁侠的HUD FUI。当然有人可能会说，这些FUI就是瞎编，但是说得容易做起来难，要知道让八只触手的外星生物或者斯塔克土豪顺利地操作钢铁盔甲或者一艘飞船，并让观众相信这些都是真的，还是很困难的，需要以用户（不一定是地球用户）为中心进行设计。

图为《钢铁侠》中的FUI

10.2 FUI 字典

（1）UI，User Interface，用户界面。用户界面的视觉设计师被称为UI设计师。UI指的是一切界面。

（2）Motion Graphic，MG可以理解为动态图形，FUI一定要动起来才更加炫酷。当然设计师在做FUI的动态图形时不仅要炫酷，还要符合该程序的功能。在FUI里的MG可以使用C4D或AE等软件完成。电影会先录下演员的操作，再在画面上加入MG。因此，设计师在演员操作前就应该与导演沟通好如何设计界面。

（3）HUD，Head Up Display，就是运用在航空器上的飞行辅助仪器。飞行员在战斗机上一秒不停观察窗外的情况，手上又要操作那些复杂的按钮，为了让飞行员也像玩游戏一样方便，于是出现了Head Up Display系统，就是把信息用激光或者DLP技术投射在飞行员面前的玻璃上。当然这种技术很快也被游戏领域学习，用户玩得很多游戏都有HUD设计，从最早的PONG游戏开始到现在很多的VR游戏和穿戴设备。很多汽车厂商也开始了HUD的应用，但HUD大部分仍然以游戏和电影出现。很多设计师也以HUD设计指代FUI设计。

（4）DLP投影，Digital Light Processing，指的就是在屏幕上投射到屏幕的技术，是美国德州仪器的专利技术。HUD主流使用的就是DLP投影。

（5）FUI使用的工具。FUI的设计工具并非来自未来，而是大家熟悉的Photoshop、Illustrator、AE、C4D等软件，是它们组成了看似复杂无章、人类无从下手的界面，是它们在奥创袭击钢铁侠时帮助钢铁侠扭转了局面……除了这些常见的软件之外也有需要完成真实可交互的FUI需求，那就需要Open FrameWork和Cinder或Processing完成。

10.3 FUI 的分工

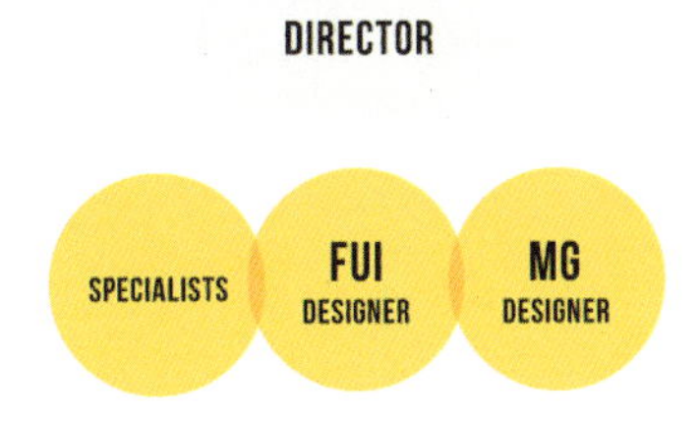

Director，导演并不止一人，而是方方面面有各类的导演。一般好莱坞负责和FUI直接面对面打交道的是特效导演，这与国内的情况类似。

FUI Designer，一般FUI是以工作室为单位承包的。工作室一般都是特效工作室，FUI设计师像Graphic Designer一样承办平面方面的设计，如按钮和数据等。这样的设计通常也是使用Illustrator等平面软件完成的。在好莱坞越来越多的UI Designer Background设计师加入FUI设计团队，这样就会诞生出很多交互、可信的界面。

MG Designer，一般MG Designer多为动效师出身，他们把平面视觉元素用C4D或者AE等软件与演员的表演串联起来，形成了完整的画面。这些软件对平面信息都有加强效果，如可以设置叠色和发光等效果，增强画面炫丽的感觉。

Specialists，专家团队是一个真正硬科幻的核心。外星人的语言需要聘请语言学家指导，可交互界面需要聘请软件交互设计师指导。好的电影不会有明显的漏洞（Bug）。国内的影视剧也在努力，看到很多电视剧最后的人员名单里有一些专家时，笔者深感欣慰。但是FUI目前在国内的发展还是比较缓慢的。

10.4 FUI 的分类

HUD 头显 FUI

钢铁侠的盔甲、战争机器的盔甲、蜘蛛侠的盔甲，这些在高智能控制下的超级英雄们要借助HUD看清对手，然后帮助瞄准，最后轻松消灭外星怪物。因此，HUD作为第一视角当然是FUI设计的第一门类。一般来说头显里面应该有很多功能。例如，飞行的时候起码应该有飞机的相关功能，包括垂直高度、水平、目的地距离、盔甲内湿度、电量等。如果剧情需要，还可以增加电子邮箱、电话、浏览器等功能。如果怪物在对面，设计师还可以为超级英雄们提供对手的损坏程度、我方盔甲损坏程度、武器库、子弹数量、暴走模式（蜘蛛侠就有一个暴走模式开关）等服务。当然盔甲还应有一个SIRI一样的AI角色可以和主角对话，如果必要时AI的形象也可以出现在头显上。笔者认为，重要的是电影出现画面时主角的脸不要被FUI挡住。

大屏幕 FUI

大屏幕是指墙体上的大型屏幕设计。在故事情节中，指挥中心里的角色想了解剧情的推进就必须借助超大的屏幕。在大屏幕中除了一些实时画面外还有帮助指挥官和观众理解状况的说明，这种说明一般以FUI窗体的形式出现，如在《银翼杀手2049》中就有这样的FUI。大屏幕的主要功能是显示，不是操作。因此，大屏幕主要以数据图表为组成部分，交互很少。交互一般会一个镜头给大屏幕底下的一群工作人员。

各类手持设备 FUI

《复仇者联盟》中的FUI

手持设备其实和现实中使用的尺寸差不多，如手机型、平板电脑型、大号平板电脑型手持设备。虽然尺寸类似，但科幻世界中的设备无疑可以做到极致：真正的全面屏、全息投影、特别薄。一般在电影拍摄时，FUI界面都是以真正的透明玻璃或者无实物的状态表演的。在设计师加入特效时，演员已经录制完成电影。因此，设计师需要考虑操作的便利性和合理性来配合演员的操作，人类手指食指选择区域的平均值为7mm，但如果是绿巨人这个量级的用户那么可能需要设计师把按钮设计尽量大一点才更加科学。如果用户是那种“开挂”的外星人，那么其左右手可能可以同时操作非常复杂的界面。同时外星人由于智力普遍高于人类，因此界面和按钮可能比人类界面复杂很多倍，这样观众会更觉得外星人的智慧之高。如果设计师在创作一个光速飞船的控制板，那么飞船或者屏幕中的图像占黄金比例为1/3就可以，旁边应该是一些状态数据，如飞船的热量、位置、坐标、气压、各个舱的安全程度等，还需要有可操作面板，如飞船的电源、氧气阀门、助推器开关、连线地球通话等功能。但是操作上不要有太强的重复感，除了按钮之外还可以设计如开关、滑动开关、圆形控制器灯等。如果剧情需要具体操作一个功能，那么为了说明还有其他的功能，设计师可以设计界面导航和面包屑导航。

电脑 FUI

电脑就是目前的微型计算机（Computer）。在电影里如果没有赞助，谁也不希望出现别人的Logo，界面自然也是如此。设计师需要设计一个独立的OS，一个不同于大家常见的Windows或者苹果系统。这个系统的性质如果是如同FBI或者神盾局的绝密系统，那么即使是普通电脑的画面也会出现一些平时电脑中不常见的东西，如DNA图谱、绝密档案库字样、输入密码等。

桌面虚拟实景 FUI

《光环战争2》

《光环战争2》（续）

桌面虚拟实景表达的概念就是通过激光投射等技术投射在桌子上的虚拟场景沙盘模型。在这种设计中设计师必须借助一些3D软件才能完成这部分地形设计。虚拟实景不仅可以根据手来回放大缩小，还可以旋转，显示主角的位置和敌人的数量等。在一些情况下设计中还要显示等高线表示高度，等高线越密集说明海拔越高。

DNA 图谱类 FUI

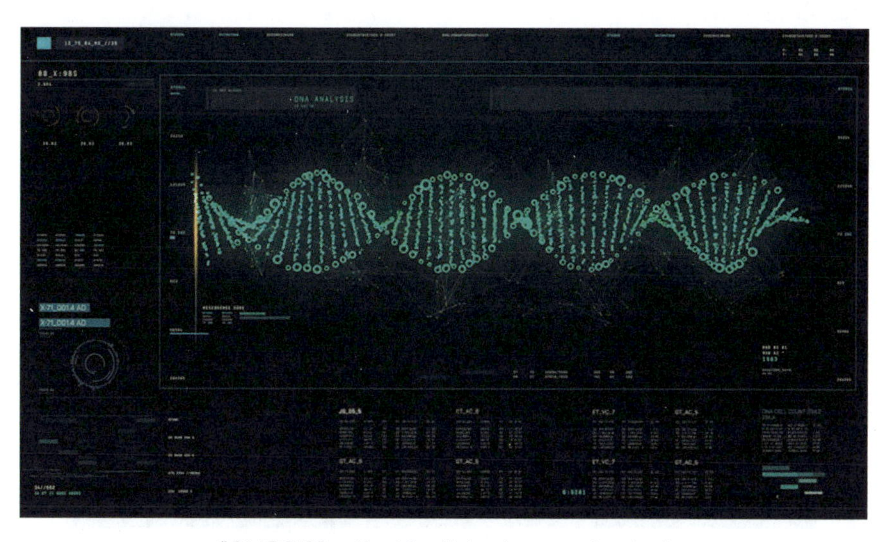

《GNOSIS》（by VLadislav Lysenco）（一）

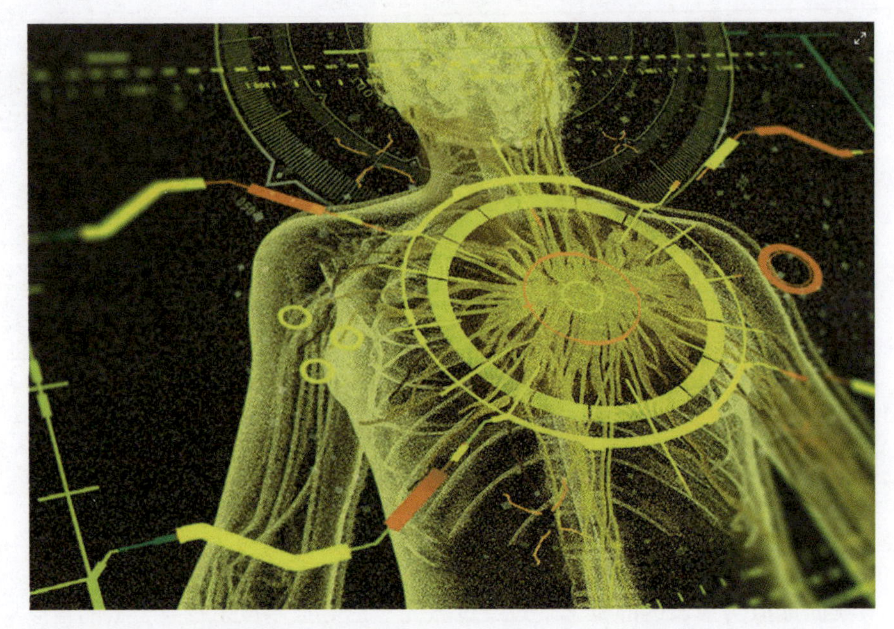

《GNOSIS》（by VLadislav Lysenco）（一）（续）

如果人被一只实验用的蜘蛛咬到发生了变异，那么第一件事就是人身体里的细胞产生了变化。单纯这样的画面应该由三维特效师来完成，但如果视角是科学家的某种仪器，就需要一些科幻窗体解释这些DNA的变化。用图形图像注释这些变化更容易让观众明白剧情。

瞄准器 FUI

《GNOSIS》（by VLadislav Lysenco）（二）

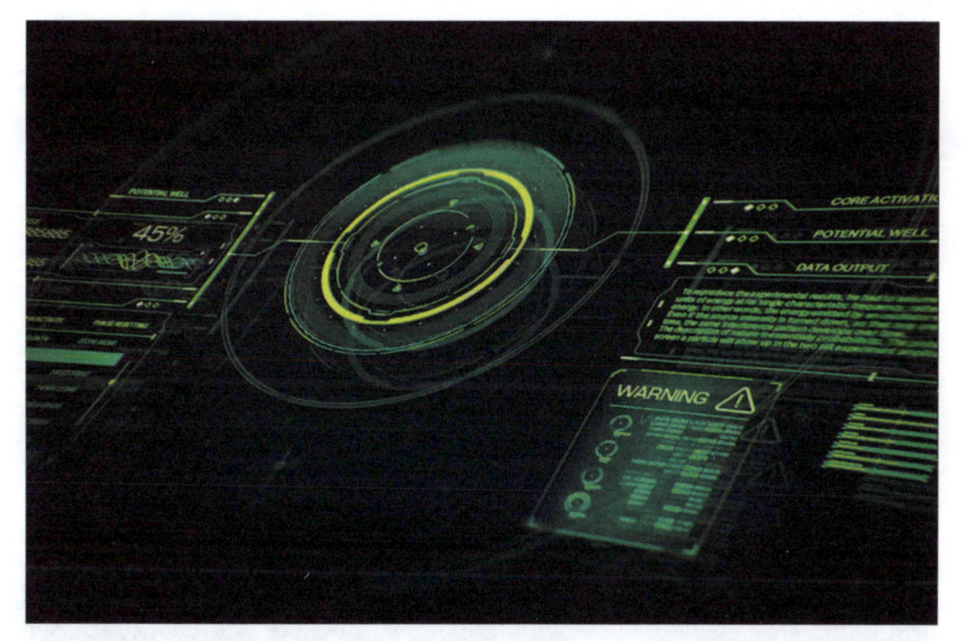

《GNOSIS》（by VLadislav Lysenco）（二）（续）

瞄准器在电影里都是第一视角，因此高科技的瞄准器都会伴有一些HUD的辅助功能，如风力、风速、温度、湿度、对手的体温、资料、准确度等。

全息投影 FUI

全息投影技术目前应用起来非常困难，有材料的成本太高、限制太多等问题。但是在科幻世界里这个技术应该是非常简单的。钢铁侠的全息投影更是结合了Kinect的体感技术。

全景透视指的是汽车、飞船、建筑的全景透视系统。主要目的是交代剧情发展，如燃料不足、敌人入侵的位置等。全景透视的设计工具其实最好是3D类工具，因为通常全景透视需要提供旋转、放大、缩小等效果。

10.5 FUI 设计重点

《银河护卫队》中的FUI

用户画像

笔者希望FUI设计师在开始工作之前首先建立和互联网UI设计师一样的用户画像。先思考用户是什么样的生物，在操作时有什么样的习惯，操作的目标是什么。用户决定交互，研究好不同生物的特性有助于设计师构建合理的FUI。有了用户画像之后再做用户故事，说明一些背景知识，如外星飞船的工作结构等，这些对FUI的真实性至关重要。

色彩

FUI的色彩非常重要。一般来说FUI都应该是黑色背景、蓝绿色界面的。这是一个思维定式，蓝绿表示科技感。但随着设计的发展，FUI也出现了不同的变化。

褪色。在《银翼杀手2049》中，Territory Studio就设计了一个FUI屏幕，其中用颜色区分了复制人和普通人。同时《银翼杀手2049》由于有赛博朋克的设计风格，整体色调除了科幻之外也有一层怀旧的感觉。所有界面除了科技蓝绿之外还有一种过时的黄，从而营造这种赛博朋克的风格。

粉紫。紫色和粉色，这种可爱的颜色和科技蓝绿遥相辉映，能创造出一种扭曲的科技感。在《攻壳机动队》里，大部分的画面都是这种粉紫色。

FUI 风格

赛博朋克。赛博朋克是未来幻想，蒸汽朋克是过去幻想。赛博朋克（Cyberpunk）首先是一种小说风格，这种风格慢慢被人们变成了具体的视觉风格。赛博朋克是指未来世界人工智能和大企业横行、生化人和复制人遍地走，网络空间极度危险，城市空间扩张，贫民窟里住满了生化人等的风格。其在设计上也有一种未来感的黑暗风格：光怪陆离的城市在夜色之中莹莹发光，巨大的虚拟广告牌随处可见，等等。色调提炼一下，应该是紫、蓝、黑、红等。

可爱赛博朋克。这是能够让人稍微对黑暗科幻有一点缓解的风格，如《银翼杀手2049》远比《攻壳机动队》黑暗得多。因为在色彩上，后者多用了紫红、粉、柠檬黄等在色相上明快一些的颜色调和观众的情感。如果电影定位不是硬科幻，那么FUI可以尝试用可爱赛博朋克风格。

Glinch。Glinch严格来说就是坏掉的电视的感觉（Bad TV）。所谓坏电视就是由于信号不好或者电压不稳定显示器呈现出来的效果，科幻电影多用这种Glinch暗示观众真实性。Glinch的效果为情节铺垫了一层诡异的画风。

Vintage Screen（复古屏幕），指的是那些单色或者显像不那么丰富的屏幕。例如，在一个贫民窟里可能可怜的生化人没钱购买全息投影来像银翼杀手一样生活，那么可以装一块复古的屏幕。这样也增强了故事性，同时有些对比也表明了时间前后的故事背景。

10.6 语言

英文。英文作为目前的世界语言当然在以英语为主的好莱坞是主流。不仅外国人需要学英语，很多外星人或者GODLIKE也是说英语的，如大黄蜂、雷神等。因此，人类界面大多以英文为语言单位很好理解，有的时候外星人的系统也会设置成英语。

CJK。CJK分别指代中文、日文、韩文。亚洲的发展，特别是我国的发展是世界瞩目的。大家可以在《银翼杀手》等电影中看到亚洲文字的出现。未来世界的母语决定了未来世界的界面语言，中文、日文、韩文甚至是和英语夹杂在一起出现的未来世界文字。

外星文。外星文和大家想象的相反，真正严谨的科幻电影不会使用火星文，而是请语言学家生造一种语言。例如，《降临》就运用语言学（Linguistics）中的一些概念创作出了一种全新的圈形文字。如果观众不懂“七肢桶”理论或没有语言学背景也没有关系，因为那个破译外星人语言的软件已经十分科幻。而且在电影《降临》里这个软件是真实可交互的，并不是一个简单的特效。这些在电影里并非烘托气氛而是成为主线，将电影FUI提升到了一个更高的水准。

10.7 FUI 编年史

根据国外资料与笔者个人的审美本节列出了部分含有FUI的电影供大家欣赏。值得一提的是，国内的《逆时营救》是笔者认为目前国产科幻电影中FUI做得最好的。国产电影中的FUI目前大部分停留在特效层面，是由特效师而不是FUI设计师完成的，欠缺交互考虑。其他国内外的佳作中笔者认为均有可以学习的地方。

2017 年

《银翼杀手2049》

《攻壳机动队》

《王牌特工2：黄金圈》

《降临》

《蜘蛛侠：英雄归来》

《星球大战外传：侠盗一号》

《银河护卫队2》

《异星觉醒》

《星际特工：千星之城》

《雷神3：诸神黄昏》

《逆时营救》

《变形金刚5：最后的骑士》

《异形：契约》

2016 年

《美国队长3：内战》

《X战警：天启》

《忍者神龟2：破影而出》

《独立日2：卷土重来》

《星际迷航3：超越星辰》

《奇异博士》

2015 年

《碟中谍5：神秘国度》

《蚁人》

《复仇者联盟：奥创》

《分歧者2：绝地反击》

2014 年

《银河护卫队》

《美国队长：冬兵》

《机器战警》

《一触即发》

2013 年

《雷神：黑暗世界》

《安德的游戏》

《速度与激情》

《环太平洋》

《世界大战2》

《普罗米修斯》

《星际迷航》

《钢铁侠3》

2012 年

《007：大破天幕杀机》

《全面回忆》

《黑暗骑士：崛起》

《奇异蜘蛛侠》

《黑衣人3》

《复仇者联盟》

《饥饿游戏》

2011 年

《碟中谍4》

《猩球崛起》

《保卫洛杉矶》

2010 年

《创：战纪》

《钢铁侠2》

2009 年

《阿凡达》

《2012》

《第九区》

《变形金刚》

《终结者》

《星际迷航》

《X战警：起源》

2008 年

《黑暗骑士》

2007 年

《国家宝藏》

2006 年

《碟中谍3》

2005 年

《斯密斯夫妇》

2004 年

《国家宝藏》

2002 年

《少数派报告》

《刀锋战士2》

2001 年

《古墓丽影》

1999 年

《世界末日》

第 11 章　设计总监入门术

“大家好，我是你们的总监”

作为一名设计师，由于个人的努力和杰出的工作质量，公司决定由其管理设计团队或者让其成为一家互联网公司的设计总监。此时，作为设计总监应该做些什么？从一名设计师过渡到管理者绝对不简单，希望本章对刚刚过渡到管理岗位的“萌新”管理者们有所启发。目前笔者管理的是一个十几人组成的设计团队，其间经历了从公司辞职自己成立工作室，到注册公司，这个过程中也曾经犯过管理方面的错误，弄得自己焦头烂额。为了不让这些错误在大家身上重复，笔者把自己的经验写下来供大家参考。

11.1 见面会

不论是“空降”的总监还是一路提拔上来的管理者，做团队管理的第一步是和大家见面互相介绍，召开一个短暂的会议是必要的。在这个会议上设计总监应明确身份，让大家知道他是谁、他的经历是怎样的、他打算如何经营团队。建议不要太严肃，面带微笑地让大家觉得接下来的日子将是紧张充实并且高效的，每个人的努力在这个团队都会获得相应的成长和回报。然后设计总监应该简述自己的工作方式，一般来说设计团队的工作方式是相对扁平的，不可以设置过多的管理人员。设计团队通常由设计总监、负责具体项目带领设计师工作的组长、负责对接大项目的接口人、设计师组成。一般来说，一个不成形的初级团队会存在分工不均、奖罚不清、流程混乱等现象。设计总监应该宣布一些工作制度，如工作将按照预估难度平均分配给不同的设计师，以及如果能出色地完成大项目和重要项目则会获得晋升或者年终奖等，设计总监也应统一工作流程，如设计稿均由组长或总监审核后才可发出给其他部门。没有规则，游戏将变得无法进行，工作中的规则应该是明确并且清晰的。如果设计总监是“空降”的，还要处理好和之前代理管理的设计师的关系，应该指出只要工作成绩优异，他仍然有自己向上发展的空间，避免其产生消极情绪。但是仍然要让他知道，他是团队的一员，不能凌驾于设计总监之上，更不能凌驾于团队制定的规则之上。

见面会的意义

心态调整

如果仅仅是聘请一名设计师，那么公司没有必要聘请设计总监。因此，设计总监一定要明确：自己不再是一个只需要对自己负责的设计师，不但需要关注上层领导者的想法，而且需要关注自己团队成员的心思。设计总监是一个团队的带头人，要让公司认为设计部门工作有纪律、产出有品质；也要让自己团队成员每一天都开心并且愿意为工作付出百分之百的努力。

保护我方设计师

在一个公司里，不同部门有各自团队的利益。各方领导都会努力保护自己的团队，有时也会因为这种行为产生分歧。例如，某部门为了节省自己成员的时间要求设计师负责设计之外的工作，这时作为设计部门负责人也许应该站出来说不。有时为了尽量缩短工期会压缩设计的时间，这时候设计总监还需要站出来告诉他们：最好和最快的交集是零。如果设计部门的负责人是一位“好好先生”，那么很容易让自己团队的成员在工作中遇到很多困难。如果设计稿迟迟无法确定，那么设计总监也需要跟进，此时若其他部门的人员不明白如何定稿，甚至会拉出几十人的微信群来“群定”，这时设计总监应告诉他们从产品方面定稿，并且尽量派出他们的接口人而不是全员定稿，修改意见要统一。

提高整体团队设计水平

作为一名设计总监一定是一位合格的设计师，除了自己能干之外也要能教人，不要觉得教自己的成员还不如拿过来自己做得快。好的领导者不是任何事都自己干就是好。领导者需要告诉成员们什么是好的，为什么是好的，怎样做才能做得更好。只有这样，整个团队的设计水平才能不断提高。

设计师工作场景（by marvelous）

需要有领导思维

在一定程度上设计总监代表的是公司的利益。设计总监的陋习一定要从自身改掉，否则其他“聪明”的队员一定也会有样学样的。既然代表了公司的利益，设计师就要以身作则让每个成员都看到设计师应该有的敬业精神。同时，设计师也要时刻思考设计团队应如何帮助公司实现业务增长，如何使公司的设计更有品质。

11.2 团队管理

招聘流程

团队如果需要增加人手或者由于设计师离职需要补充人员，就要进入招聘流程。招聘的渠道有很多，相信大家也比较熟悉一些招聘网站和应用。一般公司都会有企业账号和人力资源部门，因此发布招聘信息通常不需要设计总监亲自操作，但是却需要帮助人事部门书写职业描述（JD）等。作为设计团队的负责人，筛选设计师时主要是通过作品集的质量评判的。如果总监从业时间较长，通过作品的呈现、设计说明、作品集的包装都可以迅速了解对方的详细状况，甚至可以猜出对方的工作年限、所学专业、性格和类型等，因此选拔人才首先要筛选作品集。另外，从个人简历中的从业时间也可以判断对方是否合适，如果一个设计师有频繁跳槽的经历，那么他很可能在这个团队中也不会太稳定。因此，跳槽须谨慎。当然在职业经历上欺诈更是不可取的，一般大中型公司都会聘请专业的背景调查机构对即将入职的员工进行调查，或必须要求出具薪资证明或者银行流水账单。

职级系统

一个队伍只要大于10人，就无法凭借一己之力和个人魅力进行管理。这就需要建立一个制度管理团队，职级系统就是一个很好的通道。职级系统一般来说是由人事部门发起的，如果设计部门需要建立职级系统也需要事先和人事部门沟通协调，可由人事部门协同制定职级系统和权限。职级系统的核心就是为不同能力和工作经历的设计师制定级别。例如，腾讯、阿里就有完备的职级系统：某设计师在腾讯的职级是D2.3，可以推断出他在腾讯大概的水平和待遇。每位设计师每年都有晋级机会，如果晋级成功级别也会相应地进行调整，每个级别会对应一个薪资范围、年终奖和各方面福利待遇水平。需要晋级的设计师以PPT配合讲述的形式对过去季度中的工作进行述职，然后评委们判断该员工是否达到了晋升下一个级别的标准。评委可以是设计和产品的总监与负责人。职级系统的另一个好处就是较为客观地规定了新员工与老员工的薪资范围和待遇水平，避免出现人心不平衡的状况。

互联网公司职级系统

级别	基本定义	对应级别
P1,P2	一般空缺，为非常低端岗位预留	
P3	助理	
P4	初级专员	
P5	高级工程师	
P6	资深工程师	M1主管
P7	技术专家	M2经理
P8	高级专家	M3高级经理
P9	资深专家	M4（核心）总监
P10	研究员	M5高级总监

注：P序列=技术岗　M序列=管理岗

工作流程

设计师最怕的就是工作流程不明确，这比工作压力大更让人难以忍受。永远不要尝试拉很多人进行微信群过稿的方式。微信群人员混杂，根本无法形成统一意见，设计师也会感觉到困惑和无力；也不要直接让设计师和产品经理对接，在设计还没有做到理想标准的情况下，根据非美术专业人士的意见调整也会让设计师陷入困惑。因此，团队需要确定定稿的流程。如果团队较小，由总监定稿比较妥当；如果团队超过十人，可以设置小组组长，小组组长对组员的设计直接负责。设计部门内部定稿可以保证设计输出的质量，保证公司其他部门对设计部门工作质量的认可。一个设计团队需要接口人的存在。接口人负责对接项目和进行时间管理，这个位置必须是一位逻辑清晰、熟悉业务、思维完整、善于表达的人。接口人可以请对本项目熟悉或者对对接部门熟悉的、有经验的设计师兼任。

设计团队内部定稿之后，方可允许设计师发于产品部门继续过稿和对接，中间流程的重要环节一定要督促设计师邮件确认，不可口头确认，避免发生“罗生门”事件。在顺利接下需求后，应该询问设计师完成该需求大概需要多长时间，并且定期询问设计进行程度，这样可以有效地把控项目节奏，避免因为流程产生浪费时间的现象。

接口人的职责

团队建设

每个月应定期进行团队建设，可以选在星期五下班之后或者星期六。简单来说，团队建设就是为了增强团队凝聚力开展的娱乐活动，如烧烤、爬山、旅行等。在团队建设时设计总监应放下工作上的严肃，而且需要照顾全组人的感受，如有些员工可能比较内向，好的领导者一定会照顾到他们，同时要注意控制场面，不要让员工在团队建设时争吵或者起冲突等。当然还有埋单。要让团队成员觉得有总监在就有安全感。总之，团队建设中要让团队更有凝聚力，让同事之间的相处更加融洽。

离职员工管理

离职不一定非要鱼死网破，尝试在每次团队建设时邀请离职的同事一起参加，因为离职员工一般还会与团队中的员工保持友谊。笔者曾经就职腾讯公司，公司每年还会给离职员工发一些礼物和纪念品，这样即使员工离开了团队，仍然会以这段经历为荣。

11.3 时间管理

团队中的设计师有时效率很低，甚至会在工作时间无所事事，等项目快收尾时又忙得一塌糊涂，互相抱怨。作为设计总监应该让团队成员管理好自己的时间，掌握时间管理可以更高效地利用好工作时间、抓住工作的重点。时间管理就是有效地使用工作时间的一种方式，有关时间管理的研究已有很久的历史。农耕文明时代人类就有了时间管理的需求，当时人类为了照顾作物，需要按照作物的生长规律规划自己的作息时间。后来的工业时代更要求人类安排好工作时间，提高效率。现在是信息时代，人们的生活被各种信息充斥着，干扰人们产能的是无用的信息：正在专注设计的设计师突然手机响了，这时自然会分心而无法立即回到工作状态。现代人一天八个小时的工作时间里至少会有三四个小时是效率低下的，大多是信息干扰和无法专心造成的。下面几种时间管理方法可以传达给设计师，让每位设计师管理好自己的时间。

待办事项列表

时间管理的方法大致经历了四次变革：第一次变革的标志是便条的流行，人们开始关注时间管理而使用便条记录自己应该做的事；第二次变革主要是时间表的流行，大家开始关注对未来时间的规划；第三次变革就是现在最流行的方法，强调一个时间点几个任务的优先级；第四次变革是更加关注个人时间的管理。待办事件列表属于第二次变革，也就是把要做的事情和未来要做的事情写在一张纸上，然后完成一个就划掉一个。虽然这个做法很简单，但的确是非常好用的时间管理方式。待办事项列表又可称为To do list，在iPhone的预设程序中就有待办事项列表。大家现在就可以用起来，把所有需要做的事情列在上面，完成一项就消除一行。

帕累托原则四象限

有的设计师总会问：为什么我每天那么努力了，每个季度末领导却认为我什么也没做？还有些产品经理也会问：为什么设计师总是有拖延症？除了待办事件列表之外，笔者最想介绍的就是帕累托原则。这个原则可以帮助设计师们把工作分成四份，即重要且紧急、紧急不重要、重要不紧急、不紧急不重要。帕累托原则是19世纪意大利经济学家帕累托提出的一个理念：80%的工作是负担，只有20%的工作才是起决定性作用的。人们要把精力集中在重要的事情上。

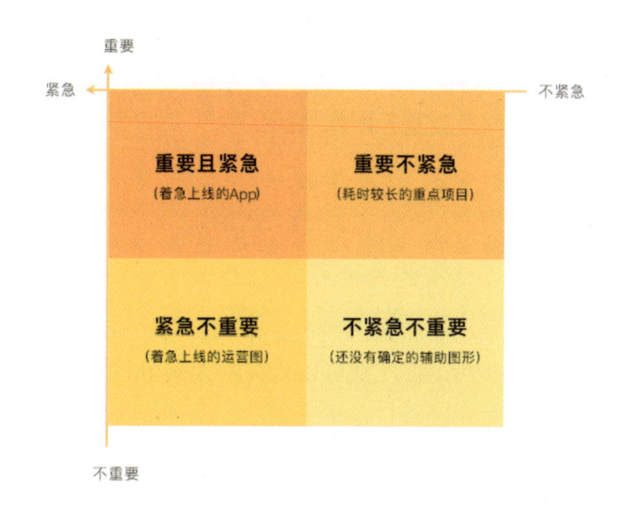

帕累托原则四象限

（1）重要且紧急。例如，公司马上要上线的App产品，领导极其看重，并且时间紧迫，今天就要上线。重要且紧急的事情优先处理。这种项目往往是团队看中并且会为公司带来很高的回报或者具有战略性意义。

（2）紧急不重要。当设计师正设计重要的App设计图准备今天上线的时候，同时运营跑过来说："快快快！我们有一个马上要上线的运营图需要做，赶紧帮我做吧！"设计师应在完成了重要且紧急的事情后，再来完成这种需求。在互联网公司，每个负责项目的人都会特意强调非常急，设计师容易把"急"当成"重要"处理，因而耽误了更重要的事情。笔者记得自己刚毕业的时候就犯过类似的错误，耽误了重要且紧急的事情而赶出来一个可有可无的图。

（3）重要不紧急。这类事情往往会被设计师排到着急的事情后面，因而耽误了进程。这类需求的主要特点是不可能在短时间内赶出来，千万不要被"急活"耽误了重要项目的进度。例如，公司需要设计一个产品，但是这个产品下个月才上线，而周围都是催着完成着急工作的人，设计师就一拖再拖。等到这个重量级产品要上线时，设计师只好匆匆赶出来。

（4）不紧急不重要。这类需求能放则放，能拖则拖。时间是最好的解药，也许需求方忘了也就不需要做了，把工作时间腾给真正需要付出的项目。不紧急也不重要的项目如一些还没有确定的辅助图形、还没有策划的设计等。

当把事情按照需求的清晰度、需求方的时间点、整个项目的目的性分成以上四种类别后，设计师就会发现其实有很多工作不需要立刻完成或者根本不需要做，这样就可以把时间留给重要的项目。作为团队的负责人，有可能记不得一些不紧急也不重要的项目。如果一个设计师一年到头都在忙碌不紧急不重要的项目，那他在设计总监眼里就是无所作为的。

番茄钟工作法

番茄钟工作法是一个有趣的时间管理法，是由弗朗西斯科・西里洛于1992年创立的一种时间管理方法。番茄钟工作法的来由是一个塑料的番茄外观的实体闹钟，发展到现在很多App程序都可以代替，大家也就不用真的去买一个番茄放在桌子上了。番茄钟工作法会让使用者选择一个待完成的需求，将番茄时间设为25分钟，专注执行任务，中途不允许做任何与该任务无关的事，不能看视频、不要和同事说话、不要看手机。直到番茄钟响起，然后在纸上画一个“X”短暂休息（5分钟），每4个番茄时段可以休息15分钟。这样做的好处就是使用者会有25分钟完全专注的时间，而且身体也会形成记忆。番茄钟工作法不仅极大地提高了工作效率，还会有意想不到的成就感。笔者在工作中就经常使用番茄钟工作法进行设计。

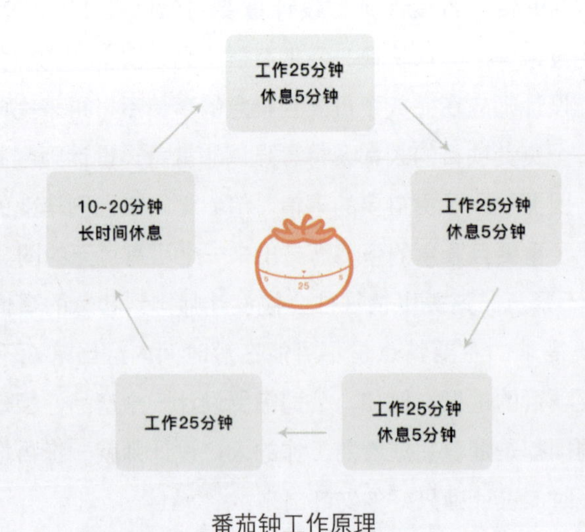

番茄钟工作原理

举一个番茄钟工作法的例子：使用者在每天到工位的时候规划当天要完成的几个需求，把需求写在其待办事项。然后设定番茄钟（手机定时器、番茄钟软件、闹钟等），时间为25分钟。开始完成第一个需求，直到第一个番茄钟响铃（25分钟到）。当使用者完成需求时，在列表里该项任务上画一个“X”。然后休息5分钟，站起来活动一下或喝口水等。番茄钟运行时尽量不要去厕所。之后开始下一个番茄钟，继续完成任务。一直循环下去，直到列表变为空白。

番茄钟工作法需要注意的事项主要包括以下几点：第一，每个番茄时间（25分钟）不可以打断，不存在半个或一个半番茄时间。一个番茄就是一个，切了就会“流汤”。第二，番茄时间内如果做与任务无关的事情，如浏览购物App，那么这个番茄时间作废。第三，非工作时间不要使用番茄钟工作法，如玩手机游戏，番茄钟工作法只适合工作使用。第四，不要和同事的番茄时间段进行比较，比较会产生嫉妒心，进而产生“刷番茄时间”的错误。

番茄钟的打断。在某个番茄钟的过程中，如果突然想起要做什么事情主要有以下两种解决办法：如果是非做不可，如领导叫你去谈话，或者家里有急事等，那么可以停止这个番茄钟并宣告它作废（即使还剩1分钟就结束了），去完成紧急的事情，之后再重新开始同一个番茄钟。如果不是必须马上去做的事情，在列表里该项任务后面标记“，”（表示打扰），等完成以后再重新设置一个番茄钟。

GTD

GTD，是Getting Things Done的缩写，来自David Allen的 *Getting Things Done*，即《搞定事情的方法》。GTD的基本方法包括收集、整理、组织、回顾与行动五个步骤，把要做的事情分解成五个步骤。GTD和番茄钟工作法都属于第三次时间管理变革。GTD的主旨就是将要做的事情分组整理和回顾。和番茄钟工作法相比，GTD更适合每天需要处理十件事情以上的人。

GTD的基本方法

收集：把所有需要完成的需求都列出来，放进盒子中，这个盒子可以用电脑的文件夹或者纸条代替，关键在于把一切项目赶出大脑，记录下所有的工作。

整理：把所有需要完成的需求放入盒子之后，定期进入盒子里看看哪些还没完成，然后思考这些需要完成的需求是否可以现在就完成。对不能做完的设计，可以分为需要查找资料、需要设计草图、即将完成等类别。之后再想哪些可以在半天内完成，如果有就拿出来把它迅速解决掉。

组织：组织是GTD中的核心步骤，组织主要分为对参考资料的组织和对下一步行动的组织两种。对参考资料的组织主要是建立一个管理系统对需要使用的资料和素材进行整理；对下一步行动的组织可分为下一步清单、等待清单和未来清单。

回顾：回顾是GTD中的一个重要步骤，一般需要每周进行回顾与检查。回顾及检查所有清单并进行更新，在回顾的同时可能还需要计划未来一周的工作。

行动：根据时间的多少、精力情况及重要性选择清单上的事项进行行动。

11.4 会议制度

有个理论叫“会议有毒”，大意是，如果一个会议大于10人，一定会有人全程不相关，那就会造成时间的浪费。但是有些会议还是必须设置的，会议也是保证团队健康的一个方法。下面介绍几种会议的方式和流程。

晨会

部分团队选择每天早晨进行10分钟的晨会，晨会主要是每个人陈述各自当日的工作。晨会建议全程站立而不是在会议室坐在舒适的椅子上懒洋洋地进行。晨会时如果发现工作不均衡或者有些员工没有分配工作，设计总监需要及时调配和分配工作，不要把压力放在一个人上。晨会的目的是利用早晨的时间确定好一天的工作量。晨会在工作较为繁忙或者团队稳定时也可以取消，并不是必选项。

设计师的会议（by rawpixel）

夕会

如果团队目前状况非常复杂，人员工作分配不均，仅凭借晨会无法梳理好流程时，设计总监也可以采取晨会+夕会的方式纠正一些工作问题。夕会，顾名思义是在下班前开的10分钟会议，同样采取站立形式，由总监主持，每人轮流陈述当天工作的进度和遇到的问题。如果遇到一些问题总监也可以及时发现并解决。晨会和夕会约占用全天工作时间的20分钟，有些成员可能会表现出对会议比较抗拒，因此如果团队运转正常，也可以减少这些会议。

季会

一年可分为四个季度，即Q1、Q2、Q3、Q4。每个季度为3个月，每个季度结束时都应对整个团队经手过的项目进行一个回顾。这个工作非常重要，因为漫长的时间会把设计师的激情磨平，每个季度结束时，让设计师们看到自己在团队中所处的水平和所有人的工作量，这对那些积极工作的设计师非常有激励作用。这个会议由设计总监组织，需要有助手负责记录，每位设计师呈现自己一个季度的工作并做工作报告。设计总监可以为每位设计师进行打分，这个分数在年终相加即可评出优秀员工和晋升名单。

不同会议针对的目标也不同

11.5 敏捷开发

如果设计总监发现整个公司和自己的部门格格不入：除了设计部门之外的研发部门使用敏捷开发和最小化可用产品管理团队与驱动产品，那么作为协作部门的负责人，有必要知道什么是MVP、什么是敏捷开发，甚至可以将敏捷开发中适合团队的管理方法带入设计团队。

最小化可用产品（MVP）

一个大公司的组织结构，应该有用研部门研究用户、交互设计师优化原型等，但是很多公司人员并不齐备。其实，绝大多数的创业项目初始阶段不太清楚用户真实的需求是什么，并且也没有资源研究用户。因为建立一支用研团队的经费是比较大的。一个创业型公司如果要确定用户需求，应先了解最小化可用产品。最小化可用产品（Minimum Viable Product，简称MVP）是一种避免开发出用户并不真正需要的产品的开发策略。简单来说就是，团队快速地构建出符合产品预期功能的最小功能，如微信的最小可用功能应该是基于通讯录聊天、支付宝的最小可用功能应该是扫码付款。而微信的朋友圈和支付宝的订阅号等都属于附加功能。如果团队是以上两个产品的创始人，并且没有用户研究的条件，那么可以简单描绘一个用户故事，即用户使用该产品和用户的画像，然后把最小化可用产品做出来。例如，微信就是一个进入后同步通讯录可以语音聊天的应用程序，其他功能都没有，仅仅是核心功能，然后放到市场上看用户的反应。如果用户接受了核心功能，那么团队可以围绕核心功能打造如发图片、朋友圈、表情等附属功能；如果用户连最小化可用功能都没有接受，那么代表产品需要重新思考。

敏捷开发

敏捷开发是小规模互联网公司常用的工作方法。1986年，日本管理学教授竹内弘高和野中郁次郎阐述了一种新的工作方法，这个方法能够提高产品开发的速度，他们将这种新的方法用橄榄球里的术语命名。后来这种工作模式被不少团队推崇，一时间在很多互联网公司非常火爆。这种工作方法就是Scrum敏捷开发。敏捷开发主要应用在产品开发团队中，设计师也是其中一个角色。一般来说，如果团队是三人左右，那么设计师可能会被划分为敏捷开发里的一个成员。如果设计团队发现设计师不太擅长时间管理，也可以在设计团队内部使用敏捷开发工作方法。

敏捷开发中的角色（Role）

在敏捷开发中有不同的角色。产品负责人（Product Owner）：一般由产品经理担任，负责整体项目的时间节点协调和解决每个环节中的问题，和产品经理本身的工作很相似。团队主管（Scrum Master）：这个职位一般由团队中的技术领导或者项目经理担任，负责解决开发过程中的疑问，同样要对时间节点负责。开发团队（Team）：开发团队是剩下的所有人，包括设计师、测试人员、程序员等。

敏捷开发中的 User Story

每一个需求被称为User Story，即用户故事。这样做的好处是保证每个需求都是以用户为中心而设计的。例如，产品经理希望完成一个分享功能，那么应该描述为“某用户在使用相册功能时希望可以分享这张图片，因此需要分享功能”。在敏捷开发中用户故事通常并不是由用户调研得来的，而是根据产品经理的判断和用户画像而来。

敏捷开发中的优先级

类似上文介绍的时间管理方法，需求需要根据优先级排序，优先完成重要且紧急的需求，然后排序，这项任务由产品负责人完成。设计团队由设计团队的负责人划分每个需求的不同权重，优先完成重要且紧急的。

敏捷开发中的冲刺（Sprint）

橄榄球需要疯跑，因此用来比喻产品的研发阶段很合适。每个冲刺的时间由团队共同决定，一般来说是半个月或者一个月，如某产品的新版本迭代冲刺。在冲刺之前，通常会开计划会（Sprint Planning Meeting）。计划会是在每个冲刺之初，由产品负责人（产品经理）讲解需求，并由开发团队进行时间估算的计划会议。这个会的职责就是每个角色（包括设计师）确定好自己需要完成的任务和交付时间，全体的需求都要在这个冲刺内完成，不得延期。在冲刺开始后不允许产品经理额外增加需求。

敏捷开发中的例会

在冲刺阶段，每一天都会举行项目状况会议，可称为“每日站立会议”。会议准时开始，迟到者常常要接受已制定的惩罚措施，如做俯卧撑等。所有人需要站着开会，且必须15分钟完成会议。在会议上，每个团队成员需要回答三个问题：今天你完成了哪些工作？明天你打算做什么？完成你的目标是否存在障碍？团队主管需要记下这些障碍并帮助解决。每一个冲刺完成后，都会举行一次冲刺回顾，在会议上所有团队成员都要反思冲刺中自己的问题和经验，会议的时间限制为4小时。

产品需求池（Product Backlog）

产品需求池就是把需求分为未开始的、进行中的、审核中的、完成四个大类，然后进行管理的一种方式。在工作中，其实很多时候都会被多线程的任务搞糊涂，如果应用产品需求池方法就可以轻易地管理工作。作为一个总监，可以为10人内的团队统一建立一个产品需求池板，使用一面空白的墙和便利贴就可以。设计总监可将这个产品需求池板划分为四个区域，把不同的需求写上认领的人员贴到相对应的位置（如公司网站首页设计 重要且紧急 预估时间：3天 设计师：小张 贴在未开始处）。谁有多少个在完成的项目，谁完成的工作量最多，谁现在正在做无关紧要的项目，所有人的工作情况都可以一览无余。

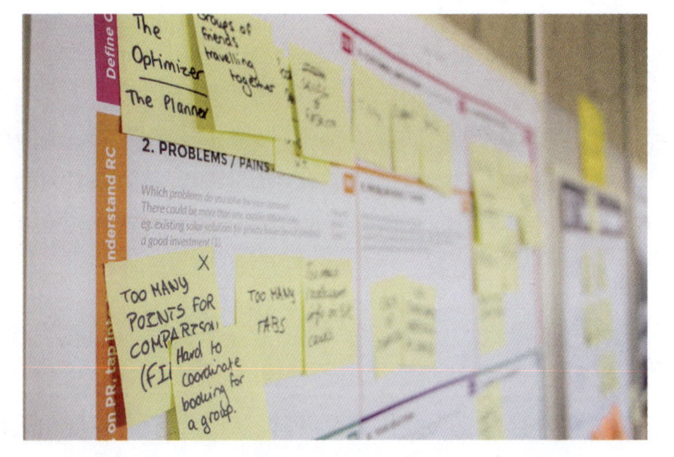

便利贴形式的产品需求池（by Daria Nepriakhina）

未开始的	进行中的	审核中的	已结束的
●34 需求2 工作进度：0/8	●15 动效1 工作进度：0/1	●10 原型图 工作进度：20/25	●10 PRD文档 工作进度：1/1
●21 UI界面设计 工作进度：0/56		●14 功能拓展 工作进度：3/3	
●25 评论字体更改 工作进度：0/3			

电子版的产品需求池

11.6　提供进步通道

一个设计师在工作中长期会处于输出的状态。公司付出报酬聘用设计师，当然不是让其来“成长”的。公司提供薪资，设计师提供优秀的设计，这是最起码的公平。设计师若要进步就需要输入。如何输入一些知识保证自己一直在进步呢？

网络资源

现在关于任何设计门类的网站、公众号、博主都非常多。不管从事什么职业，大家都能很轻易地订阅、查找到很多设计知识和资源，设计师可以利用好这些资源，在碎片时间（碎片时间指的是一些琐碎时间）进行阅读和学习。这些知识比较偏向理论型。

下班后的练习

远离了工作的需求可以让人的头脑更清醒，每个人都会发现自己的短板。相信大家都听说过木桶原则（即最短板决定每个木桶能装多少水），针对短板，最有效的方法是加强练习。图标曾是笔者最薄弱的项目，所以花了两年时间利用业余时间做了大量的图标练习，直到自己的图标能力在工作中被认可。因此，各位负责人也可以建议自己团队的成员在下班后补齐自己所欠缺的能力。

输出是知识的印证

设计师的工作本身就是一种输出，具体工作包括的种类很多，如App的设计、网站设计、运营图设计、皮肤设计、表情设计等，这些都需要设计师去输出自己的知识“存货”。为了自己的输出更加完善，平时要多积累知识并提高个人能力。

11.7 本章小结

做管理，成为设计总监会令人兴奋，可是兴奋背后是责任和重担。蜘蛛侠说过：能力越大，责任越大。因此，如果一个人决定自己的职业生涯要朝管理方向发展，那么他就要有一定的抗压能力和学习能力，抗击那些不被人理解的压力，也要学习那些自己不会的知识，离开自己的舒适区。总之，尽管被人称为总监，但他仍然是和大家一起成长的团队成员。希望大家都能真正做一个合格并称职的团队总监。

第 12 章　设计师面试指南

12.1　Hire Count

换工作对每个人来说都是一件很大的事，每一家公司的选择都会影响个人的职业生涯走向。下面将为大家梳理设计师在面试过程中所需要掌握的知识。Hire Count（简称HC）指代招聘岗位的名额。求职者可能会听到招聘方说“抱歉呀，我们这边没有HC了”“这边还有一个HC”等。一个团队的HC是固定的，需要根据所承接的项目量和公司的计划统一调配。如果有人员流动，也会开放出一些HC。一般说来，根据要求，HC可以分为社会招聘、校园招聘、外包招聘、项目招聘、实习招聘五种。

五种招聘形式

社会招聘

面向社会招聘人才的招聘工作称为社会招聘，针对已经毕业的人士的社会招聘与针对未毕业的人士的校园招聘是招聘的两个主要类型。社会招聘，简称社招。社招一般都要求有一定年限的工作经验，要求也是所有HC中最高的，相应待遇方面也是所有HC中最完善的。如果你有一定的相关工作经验和优秀的作品，那么可以立即直接向企业投递简历。虽然所有的企业都会优先考虑具有相关经验的应聘者，但是如果求职者在作品上完胜竞争者，也是有一定希望的。

校园招聘

如果求职者是一名在校生，在毕业前做好自己未来的职业规划是非常有益处的。每年的春秋两季，在国内很多优秀大学中都会有不少互联网公司举办宣讲会，如腾讯、百度、阿里等，在宣讲会后这些企业会公布投递简历的邮箱和通道。如果求职者的学校没有相关宣讲会，也可以去周边的大学“蹭听”。当然，除了线下宣讲会之外，还可以找到线上的校园招聘平台，可以搜索如“腾讯校招平台”“滴滴校招平台”等关键词，就可以找到相应的投递方式。如果经过层层筛选，求职者最终被大公司选中，那么毕业后就可以直接去公司报到。真正的毕业等于就业。

外包招聘

很多公司除了正式员工的HC外还会找“外援”协助企业完成一些项目，那么这些非正式员工的“外援”就称为外包员工。外包员工和正式员工的区别如下：外包员工需要和外包公司而不是本公司签订劳动合同，工资也由外包公司发放，因此不会享受服务公司的一切福利。假设求职者和A公司签订了劳务派遣合同，实际工作的地址是B公司，而其在法律上的劳务关系还是与A公司签订的。很多人会觉得外包工作比较辛苦，而且总觉得自己是“外人”，很多求职者觉得没有必要去应聘外包岗位。笔者想说的是，外包岗位到大型公司的难度较社招而言较低，有更多机会进入大公司。大型公司的社招岗可能需要2～4年相关工作经验并且要求作品非常出色，而外包岗则相对较低。以外包身份进入大公司，求职者的作品就有了大公司的上线真实作品，并且也有机会与顶尖的设计师共事提高自己。因此，未必外包岗位就不值得考虑，要根据自己的情况而定。外包岗位也有一定的机会转正，只要工作上得到B公司的认可，和接口同事合作默契，转正不是不可能的。

项目招聘

一个大型的项目会出现突发的人力需求，很多公司会临时招聘一些项目合同制的工作人员。同外包岗位一样，签订项目合同的员工同样也不享受社招待遇和福利等，但是有机会接触到大公司的重要项目，和高手“过招”，并且有转正的机会。项目合同制的员工与外包合同的员工也有区别，就是项目合同制的员工通常合同是有严格期限的。到期如果不能转正就只能离开，因此求职者也可以权衡利弊，综合考虑是否可以接受项目招聘。

实习招聘

如果求职者现在是大二或者大三的学生，并且有充足的时间，那么可以通过正规途径找一些实习的岗位。实习有很多种，如暑期实习、短期实习、项目实习等，要求的时间长度不同。求职者一定要把实习的时间点和学校的学业安排好，不要出现顾此失彼的问题。实习的待遇一般以天计算，一般来说有80元/天、100元/天、120元/天等。作为设计实习生，工作量不会特别大，甚至有时很清闲。笔者鼓励大家多去了解公司项目并主动去推动一些工作，不要坐等分配任务。实习生主动、积极，是团队负责人期待看到的。实习经历也是校招和社招考量的一个标准，而实习岗位相对容易进入，如果求职者还在校，一定要抓紧时间寻找机会。

12.2 作品集

设计师必须要完成作品集才能开始找工作。作品集代表了设计师的工作能力。设计专业的学生在毕业前都会完成一份作品集，但是有时并不能被社会所认可。有一些朋友在微博看过其他设计师投递的作品集，也仿照设计了一个微博形式的“大长条”，这也是错误的。还有些朋友混淆了作品集和个人简历，做成了一个文件等。制作一份优秀的作品集并非易事，一个优秀的作品集需要精心设计，作品集必须设计封面和作品集内作品的包装，并且每个作品需要一定的文字介绍，说明求职者本人在该项目中所承担的责任、项目的背景、项目的成果等。作品集绝对不仅仅是画册。

作品集的尺寸与规范

UI设计师的作品集是不需要打印出来的，尺寸建议为1 920px×1 080px（即主流浏览器分辨率）、分辨率为72dpi、格式为PDF。可以使用Photoshop或Illustrator等工具设计（因为很多Mockup素材为PSD格式，所以笔者推荐使用Photoshop工具进行设计）。建议不要使用Pages格式，避免企业方使用Windows系统的电脑时无法打开。作品集的内容依次为作品集封面、个人介绍页、产品类作品、视觉类作品（插画与图标等）、其他工作作品、手绘作品、封底。

Recommand Size

1 920px × 1 080px

作品集的尺寸

作品集的方法与步骤

第一步，梳理作品。工作一段时间后，作品很多很杂，设计师应该把所有作品分为不同的类别。

第二步，分文件夹整理。例如，封面与介绍页（代号A）、产品类作品（代号B）、插画与图标类作品（代号C）等，把作品整理到各自的文件夹之中。

第三步，排版与设计。除了封面需要有很强的设计感之外，每个项目都需要充足而精美的展示。例如，一个移动端产品可能需要2～5页展示：第一页展示产品图标、手机模型示例、文字介绍；第二页展示App的设计规范和用户研究等内容；第三页展示具体的界面，可以一次性展示4～8个，不适合展示得太多或者太少；第四页继续展示页面或者展示原型图等内容。

每个项目都需要充分的包装

第四步，整理作品集的文件。所有的作品按字母＋数字整整齐齐地存放在电脑中，如作品集封面（A01.psd）、个人介绍页（A02.psd）、App1（B01.psd）、App2（B02.psd）、网站1（B03.psd）、网站2（B04.psd）、H5（B05.psd）、手机主题（C01.psd）、图标练习1（C02.psd）、图标练习2（C03.psd）、图标练习3（C04.psd）、手绘集合（D01.psd）、封底（E01.psd）。但不要直接按数字排列下去，这是因为设计师经常会在整理完全部的作品后发现自己还要增加或减少作品，那么全部作品集的源文件都需要重命名，而按上述方法可减少重新命名的工序。

作品的分类整理以字母和数字为页码，方便增减

第五步，生成PDF。把所有PSD或AI文件导出一份PNG，如果PNG尺寸太大，则建议使用如Tinypng这类的压缩工具进行压缩。之后在Photoshop中选择"编辑"→"自动"→"生成PDF文件"。按顺序整理文件选择"生成"，就会在桌面上完成一份PDF的作品集。

12.3 个人简历

HR（即公司的人力资源部门）通常比较看重求职者的学历和经历，因此个人简历是由HR审核的；而作品集代表求职者的专业，这是由设计总监审核的。除了设计一个精美的作品集让设计部门负责人看到求职者的专业之外，求职者还需要完成一个简洁的个人简历让HR了解自己。

简历的尺寸与规范

个人简历的格式是DOC或DOCX，不可以使用Pages文件，因为人力资源部门配备的电脑主要是Windows系统。个人简历不需要装饰图案，因为有些人力资源部门要求对所有人才库中的候选人进行归档，可能需要打印，如果求职者的个人简历上装饰了很多无关的图案，则会给他人带来不便。个人简历其实就是一个非常朴素的Word格式表格。

这个表格上有求职者的三大基本信息：第一，个人信息，包括姓名、年龄、民族、籍贯、电话、电子邮箱等。第二，工作经历，包括工作年限、工作单位、职位、工作内容，如2010—2011年 人人网 UI设计师 主要负责某某移动端的视觉与交互设计。第三，教育背景，这部分从高中后开始写个人的教育背景。需要特别说明的是，求职者预留的电话和电子邮箱一定要填写正确并保证畅通。

求职邮件

笔者曾经负责部门招聘时，每次发布完信息后邮箱都会塞满求职者的邮件。塞满说的并不是几十封，而是一天几百封。面对这么多的求职者邮件，HR首先做的就是优先点开标题清晰、文件齐全、正文礼貌的。有些邮件标题是（无），正文只有一句话：谢谢。这些都会直接略过。还有些求职者没有留联系方式，HR也会因为要处理的邮件太多而不得不放弃。遇到那些作品集是一个压缩包的，HR更不会去花时间解压缩到桌面一张一张翻看。因此，求职的邮件非常值得大家进行研究。笔者给出一个示范，以供大家参考。

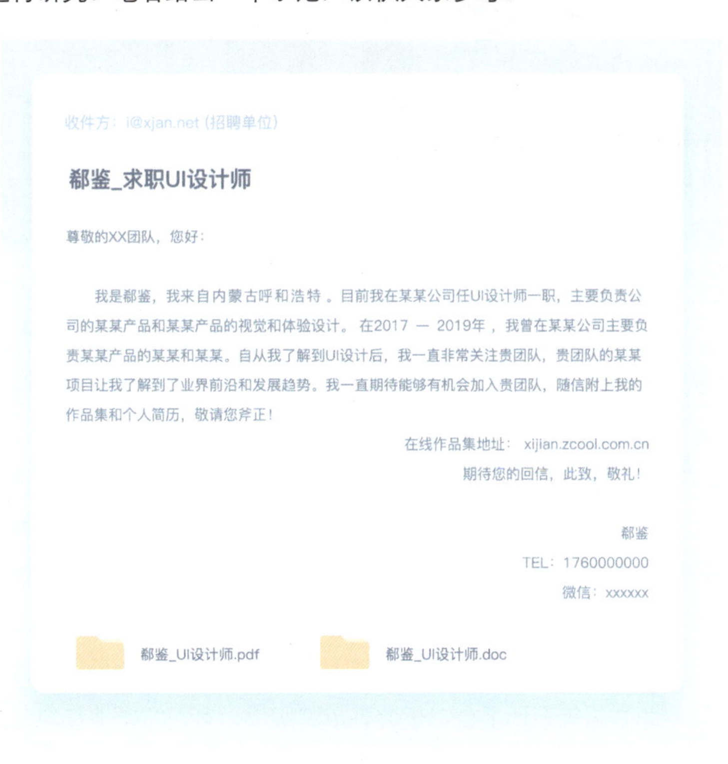

收件方：i@xjan.net (招聘单位)

郗鉴_求职UI设计师

尊敬的XX团队，您好：

我是郗鉴，我来自内蒙古呼和浩特 。目前我在某某公司任UI设计师一职，主要负责公司的某某产品和某某产品的视觉和体验设计。 在2017 — 2019年， 我曾在某某公司主要负责某某产品的某某和某某。自从我了解到UI设计后，我一直非常关注贵团队，贵团队的某某项目让我了解到了业界前沿和发展趋势。我一直期待能够有机会加入贵团队，随信附上我的作品集和个人简历，敬请您斧正！

在线作品集地址： xijian.zcool.com.cn

期待您的回信，此致，敬礼！

郗鉴

TEL：1760000000

微信：xxxxxx

郗鉴_UI设计师.pdf　　郗鉴_UI设计师.doc

正确的求职邮件格式

笔者曾面试过一位设计师，他的求职邮件很清晰，打开这封邮件可很快找到关键的信息，如个人简历、作品集PDF，并且求职者提供了三种方便联系的方式。笔者只花了三分钟便完成了筛选。下载PDF后，用鼠标滚轮滚动浏览，这名设计师的个人情况一目了然：该设计师毕业两年、本科学历、有无线和网页设计的经验，还有很多日常的插画练习，作品达到了一定的水准。笔者打开了公司内部OA的网站，选择上传简历，上传后，系统自动把DOC里的关键信息提取出来上传给HR。

12.4 简历投递

当有了作品集和个人简历以后，求职者就可以去寻找机会了。简历的投递主要分为熟人推荐、团队官网邮箱、专业招聘网站、一般招聘网站四种形式。笔者认为效率最高的是熟人推荐，如果有朋友在某公司，那么朋友帮助内推是最高效的。即使被拒绝也能最快地得到消息，甚至可以知道自己哪方面薄弱。如果要认识业内的朋友，就需要平时多加入一些设计的群和组织，慢慢积累人脉。业内的朋友其实也比较愿意帮助内推，因为除了赠人玫瑰手有余香之外，很多公司为了鼓励内推还设立了内推奖金。团队官网邮箱是指很多国内一线团队，如腾讯、阿里、百度、滴滴等设计部门都会有自己的官网，在这些官网上一般都会有投递简历的邮箱。求职者将自己的作品集和简历通过邮箱发送过去即可完成简历投递。专业招聘网站如站酷等设计平台，也会有招聘版块，可以方便地查询对方的邮箱和投递方式等。最后是一般招聘网站，这类网站招聘的范围非常广，往往不是为

设计师专门设计的招聘平台，没有提交作品集的通道。笔者提醒刚刚步入社会的新朋友，并不是投三五份简历就会遇到合适的，不要盲目地怀疑自己，多多投递，多试几次总会有合适的。如果投了特别多仍然没有回复，那就回到作品集和个人简历的环节继续完善。

12.5 面试准备

一天下午，求职者接到了一个陌生的电话号码（在找工作期间千万不要漏接电话），接通后对方说："您好，是某某吗？我是某某公司的HR，我们收到了您的简历，认为很优秀，想约您面试。您看这周五是否有时间？"

恭喜你！功夫不负苦心人，有人约你面试啦！好消息。但是有一点犯难，周末不上班，可否周末面试呢？这是不可以的，因为对方公司的面试官周末通常也要休息。那么求职者就需要请假去面试了，如果是请假，可能不可以多请。于是求职者就需要非常高效地利用请假的宝贵时间。例如，把相邻的公司安排在一起面试，这样每天大约可以面试三家公司。如果希望更有的放矢，可以把个人认为最满意的公司放在中间面试，不是特别心仪和满意的公司可以放在第一和后边。因为第一次面试求职者比较紧张，对面试流程也不熟练，所以可以用来练手。如果中间满意的公司发出录用通知，自然也就不需要再面试后面的公司了。

穿衣指南

首先，设计师没有穿着西服的要求所以不需要准备西服正装，但是穿着要整齐，不要穿拖鞋，不要化太浓的妆，举止得体就是唯一的准则。

面试的着装不需要太正式（图：@parkerburchfield）

男生去面试的时候要注意以下几点：面试之前最好洗头发，把头皮屑处理干净；记得要刮胡子，戴不戴眼镜无所谓，最关键的是穿着要干净整洁；如果体毛比较重，建议穿长裤；穿运动鞋或者皮鞋都可以；戴手表或背包，包里放iPad/笔记本电脑或者U盘存储作品，作品集不用打印，可以打印一份简历。

女生面试的时候要注意以下几点：不要穿得太性感，服装要得体，穿文艺风或者小清新都没问题；面试的时候穿衬衫/长裙/牛仔裤都可以；高跟鞋也可以避免，方便走路；同样准备好作品集和个人简历、电脑或U盘之类的随身物品。

12.6 面试

一面

一面的时候是最紧张的。首先进入对方公司后，前台的文员会询问来意，可能会做访客登记。然后将求职者领让到一间会议室等待，这时不要慌张，不要东张西望。十分钟后，一阵脚步声，1～3位面试官走到求职者面前。一阵寒暄后，面试官说："请你介绍一下自己吧！"这时，求职者要介绍自己的姓名、工作经历等。

二面

一面结束后，面试官会对一面的所有面试者进行综合评比，包括作品和面试发挥，然后选择优秀者进入二面。如果收到了二面电话，求职者还需要安排时间去对方公司进行第二轮面试。二面的主要问题将集中在更加实际的问题上，如待遇、福利等。二面的主要主持者一般是公司的人力资源部门人员。当面试官询问求职者期望薪资的时候，求职者要考虑自身的情况，正常情况下，每次换工作的薪资浮动应该是之前待遇的130%。例如，上一份工作的薪资是10 000元，那么正常情况是涨薪到13 000元。如果是跨行业的转行，那么建议是平移或者略降，因为求职者缺乏该行业的从业经验。工资翻两倍（Double）或者翻三倍（Trible）的情况凤毛麟角。想好了个人的期望薪资，那就说出来。这里常见的错误回答方式有："您觉得我的待遇多少合适？"这种语言会让面试官认为你不够专业和自信；"5 000～8 000元吧！"通常这种回答，HR都会给出5 000元的待遇。

面试官同样会介绍该公司的薪酬结构和福利等。这时求职者需要认真记下来，如果还有其他的机会，可以综合考虑后决定。值得注意的是，如股票、期权等须有条件方可兑换的福利，建议不要计算进待遇之中。

社保与福利

同样，二面的时候也应该询问对方是否会为员工缴纳社保与福利，以及社保与福利的缴纳额度。社保与福利会让很多没有接触过社会的毕业生摸不着头脑。社保与福利包括养老保险、医疗保险、失业保险、工伤保险和生育保险，以及住房公积金。社保与福利是劳动者的福利，缴纳社保与福利也是公司对劳动者应做的保障。特别说明的是，社保与福利除了劳动者自己缴纳一部分外，企业也会为劳动者缴纳一部分。因此，如果员工工资中社保与福利扣除比例越多，则说明企业为员工缴纳数额也越多，则福利越好。社保与福利从长远看是很重要的，当达到一定工作年限员工就可以退休、生病可以报销、买房可以享受无息或低息贷款等。根据《中华人民共和国社会保险法》及《住房公积金管理条例》等，企业不按时足额为员工缴纳社保的，将被加收万分之五的滞纳金，甚至是处以欠缴数额1倍以上3倍以下的罚款；逾期不缴纳公积金的，将被处以1万元以上5万元以下的罚款。

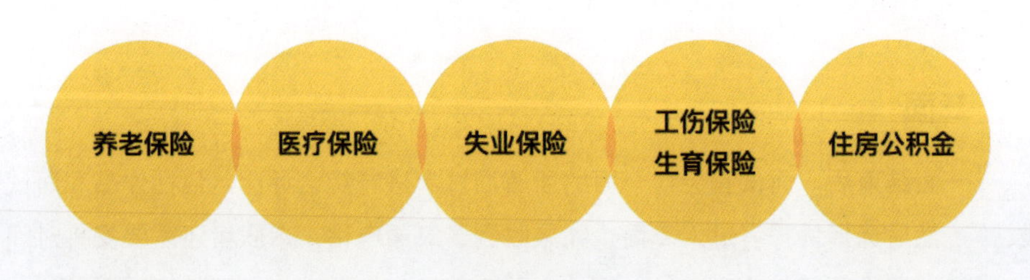

社保与福利的构成

面试题：产品类

二面结束后，求职者很可能会收到一封面试题的邮件。这是因为很多公司担心作品集有水分，而一面也无法判断出设计师的真实水平。那么最好的方式就是让面试者做一个设计，测试面试者的真实能力。产品类面试题通常是一个App的首页（内容复杂）或者下载页（内容空洞）的设计。如果是内容非常庞杂的首页，这是为了判断设计师是否有能力处理好内容如此之多的界面；如果内容比较空洞，那么就要考核设计师能否用原创图形和插画的情感化设计来填充空洞的部分。设计完成后不要盲目回复邮件，而是要完成三个文件：1：1的设计稿；有一定展示的Mockup效果图；Word格式的设计说明，陈述如此设计的理论原因。

产品类面试题的三个文件

面试题：运营类

运营类面试题很有可能和产品类面试题一起发送。如果求职者收到了产品类和运营类两份面试题，可能是该团队分为产品组和运营组，用面试题判断求职者更适合做什么业务。运营类面试题就是Banner或者是一张海报，文案是不变的，求职者要做的是用图形化的设计美化这个信息。需要注意的是，很多朋友习惯使用大量素材完成运营类的设计，在运营类面试题中如果素材比例太高，那么基本上就没有什么机会了。因此，求职者一定要使用原创图形。

三面

如果求职者顺利通过了二面，仍然需要回去等消息，那么很可能是该公司这个职位仍然有候选人，需要进一步筛选。那么当求职者接到三面通知的时候，其实基本可以锁定有很大概率可获得该公司的录用通知。如果三面的面试官进来以后没有自我介绍，并且他讲的全是公司战略级的计划时，那么基本可以确定他是公司的高层管理者。很多公司的领导都有面试必须经过他自己的习惯，因此三面通常就是部门负责人甚至是首席执行官。求职者在三面时不必做特殊准备，三面并无太多考核求职者业务水平和待遇问题的挑战，大家可以放轻松。三面结束后，求职者可直接等最后一通电话。

12.7 入职

“您好，是某某某吗？恭喜你，通过了我公司的面试！”没错！对方公司即将给你发录用通知啦！恭喜，离这个充满活力的新团队又近了一步！但不要着急辞职，耐心一点儿。为了防止变故，最好在收到录用通知后再提离职。

录用通知

邮箱里收到了一份邮件，标题是“欢迎您加入××公司！”打开一看，薪资、职位、福利写得清清楚楚。在规定时间内考虑好，如果要接受，须回复邮件才生效。邮件的回复是有法律效力的。因此，在回复之前一定要考虑好。如果确定就是它了，则回复确认。

郗鉴先生：

非常高兴地通知您，经过我公司的面试和讨论，我们一致认为您是我公司 的合适人选。根据公司的薪资福利政策，我们将给您提供以下薪酬福利待遇。

一、薪酬

您的年度目标总现金收入由以下三部分构成：

1、转正后固定月薪 月 （试用期3个月，试用期工资与转正后一致）。

2、年度服务奖金：年度结束后，公司将为您提供相当于1个月固定月薪的年度服务奖金。

录用通知样式参考

如果新的团队询问什么时候能够入职，保险的回答就是：“我会在一个月内入职，尽量尽早。”因为以前的企业是有权利在员工提出离职后留其一个月进行工作交接的，所以一方面作为新员工应告知新公司会尽快离职并办理入职手续，作为离职员工也要和以前的公司沟通，尽早办理完交接，处理好手上的项目，办理离职手续及离职证明。

入职所携带的证件

新员工去办理入职手续的时候，需要准备的证件在入职手续办理邮件通知中已经写明，一般需要携带学历证、毕业证、身份证、离职证明、银行流水单（作为上一家公司待遇的证明）等。

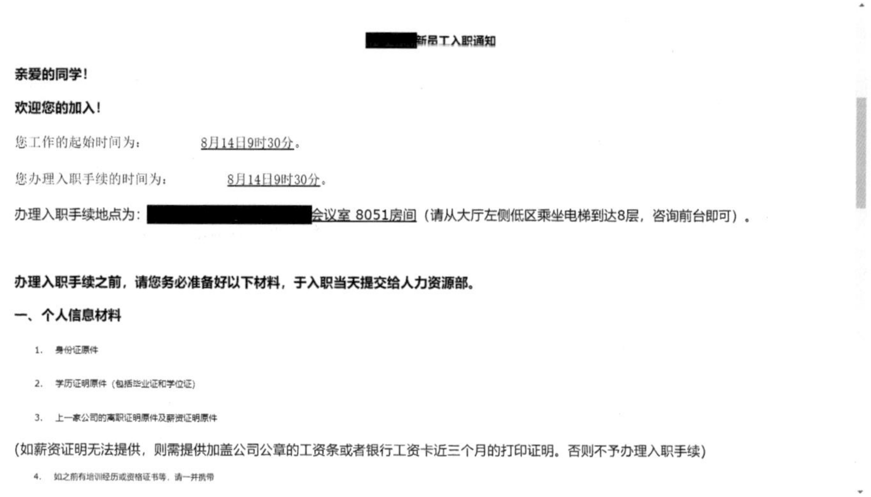

新员工入职通知

亲爱的同学！

欢迎您的加入！

您工作的起始时间为：　8月14日9时30分。

您办理入职手续的时间为：　8月14日9时30分。

办理入职手续地点为：会议室 8051房间（请从大厅左侧低区乘坐电梯到达8层，咨询前台即可）。

办理入职手续之前，请您务必准备好以下材料，于入职当天提交给人力资源部。

一、个人信息材料

1. 身份证原件
2. 学历证明原件（包括毕业证和学位证）
3. 上一家公司的离职证明原件及薪资证明原件

(如薪资证明无法提供，则需提供加盖公司公章的工资条或者银行工资卡近三个月的打印证明。否则不予办理入职手续)

4. 如之前有培训经历或资格证书等，请一并携带

入职邮件样式

劳动合同

当新员工去公司报到时，会签订一份劳动合同，劳动合同是劳动者与用人单位确立劳动关系的协议。 根据《中华人民共和国劳动法》第十六条第一款规定，劳动合同是劳动者与用人单位确立劳动关系、明确双方权利和义务的协议。根据这个协议，劳动者加入企业成为该单位的一员，遵守所在单位的内部劳动规则和规章制度。劳动合同一般来说会签订五年，有人以为这会影响五年内换工作，其实并不会。劳动合同的主旨是保证双方的权利，规定双方的义务。因此，仔细阅览一遍没问题就可以签字了。

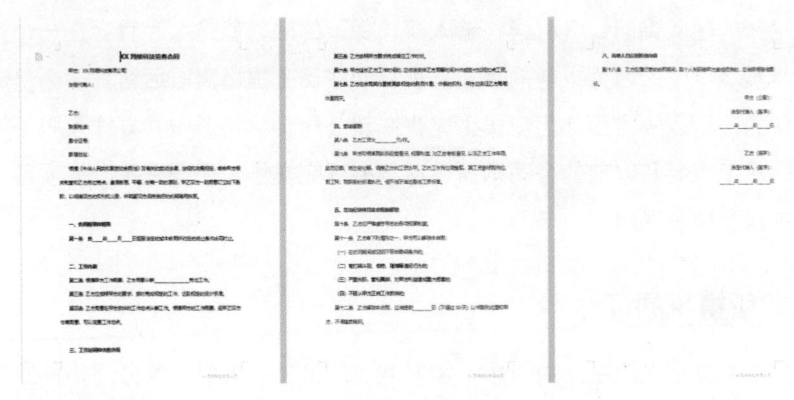

劳动合同样式参考

保密协议

如果所在的公司规模比较大，还可能让员工签一份保密协议。签订保密协议后员工就负有保密义务的责任。一旦员工违反协议约定，将保密信息披露给第三方，就要承担民事责任甚至刑事责任。保密协议一般包括保密内容、责任主体、保密期限、保密义务及违约责任等条款。

竞业协议

竞业协议的目的在于，禁止劳动者在企业任职期间同时在有业务竞争的企业中兼职或在离职后一段时间内跳槽到有业务竞争的单位，当然，也包括劳动者自己开办与原公司业务有竞争关系的公司。有些可能会比较犹豫是否要签署竞业协议，笔者认为，竞业协议在互联网企业中主要规范的是那些掌握和接触核心算法的工程师和产品经理，对设计师来说影响不是很大。设计师一般不会涉及公司的核心技术，所以可以签署竞业协议。

12.8 本章小结

每年都会有很多人跳槽、离职、入职，所以笔者祝福大家都能找到自己称心如意的工作。作为设计师如果找工作觉得有些吃力，不妨花些时间提高作品集里作品的维度和质量。同时，如果遇到入职需要缴费培训的、不依法签订劳动合同的、变向传销的，不要犹豫，可直接拨打当地劳动仲裁机构和公安局的电话，以维护自己的合法权益。